John Gribbin, bekannter Autor von Sachbüchern über Grundlagenprobleme der modernen Physik, und Martin Rees, Direktor des Astronomischen Instituts der Universität Cambridge, spüren den Bedingungen unserer Existenz nach:
dem sorgsam ausbalancierten Gleichgewicht des sich immer weiter ausdehnenden Universums und der diese Ausdehnung bremsenden Materie, der Tatsache, daß ungefähr 90 Prozent dieser Materie bisher nicht nachweisbar sind, gleichwohl aber vorhanden sein müssen, der für die Bildung von Leben notwendigen Verteilung der schweren Elemente im Weltraum und vielem mehr.
Fesselnd geschrieben und für jedermann verständlich, macht dieses Buch dem Leser deutlich, was in der Astrophysik zur Erkenntnis geworden ist: »unser« Universum ist ein Universum nach Maß für die Menschheit, und es ist das einzig denkbare, in dem wir existieren können.

insel taschenbuch 1579

John Gribbin

Martin Rees

Ein Universum nach Maß

John Gribbin
Martin Rees

Ein Universum nach Maß

Bedingungen unserer Existenz

Mit zahlreichen Abbildungen

Aus dem Englischen von
Anita Ehlers

Mit einem Vorwort von
Jürgen Ehlers

Insel Verlag

insel taschenbuch 1579
Erste Auflage 1994
Insel Verlag Frankfurt am Main und Leipzig

Lizenzausgabe mit freundlicher Genehmigung des
Birkhäuser Verlags, Basel
Hinweise zu dieser Ausgabe am Schluß des Bandes
Vertrieb durch den Suhrkamp Taschenbuch Verlag
Umschlag nach Entwürfen von Hermann Michels
Druck: Nomos Verlagsgesellschaft, Baden-Baden
Printed in Germany

1 2 3 4 5 6 – 99 98 97 96 95 94

Inhalt

Vorwort zur deutschen Ausgabe 9
Einleitung: Warum sind wir hier? 11

Teil I
Zufälle im Weltall

1. Wie außergewöhnlich ist unsere Welt? 17
2. Himmelskunde 41
3. Zwei Arten dunkler Materie 73

Teil II
Der Stoff, aus dem die Welt besteht

4. Der Teilchenzoo 111
5. Halomaterie 138
6. Der Stoff, aus dem die Kerne sind 157
7. Kosmische Strings 179
8. Die Schwerkraft als Fernrohr 204
9. Der Lyman-Wald:
   Entstehung und Entwicklung von Galaxien 223

Teil III
Ein Universum nach Maß?

10. Dem Menschen auf den Leib geschneidert? 241
11. Ein Weltall von der Stange? 268

Empfohlene Lektüre 289
Index 291

Vorwort zur deutschen Ausgabe

Zu den Entwicklungen, die die wissenschaftliche Weltsicht dieses Jahrhunderts überraschend und grundlegend verändert haben, gehört außer der Relativitäts- und der Quantentheorie die von beiden mitgeprägte Kosmologie, die Lehre vom Aufbau des Weltalls und den in ihm stattfindenden Vorgängen. Noch um die Jahrhundertwende begegnete der Versuch, mit den damals bekannten physikalischen Gesetzen ein widerspruchsfreies Modell des Universums zu entwerfen, scheinbar unüberwindlichen Schwierigkeiten, die hauptsächlich auf der als selbstverständlich unterstellten Annahme beruhten, die Welt der Sterne und Sternsysteme sei zeitlich unveränderlich. Mit neuen Beobachtungsmitteln wurde 1929 die Fluchtbewegung der Galaxien entdeckt; dazu paßte die Erkenntnis, daß Einsteins Allgemeine Relativitätstheorie einfache Modelle einer expandierenden Welt zuläßt. Erst unter dem Eindruck dieser beiden Ergebnisse begann sich die Vorstellung durchzusetzen, daß der Kosmos vor etwa 15-20 Milliarden Jahren in einer Urexplosion entstanden ist und sich seither ausdehnt, wobei sich unter fortwährender Abkühlung der kosmischen Materie Galaxien, Sterne und all die anderen Strukturen bildeten, die wir heute beobachten – einschließlich (angeblich) vernunftbegabter Wesen.

Das hier ins Deutsche übersetzte Buch von John Gribbin und Martin Rees ist hauptsächlich zwei miteinander verknüpften Fragenkomplexen gewidmet, die in den letzten 15 Jahren zunehmend in den Vordergrund der kosmologischen Forschung gerückt sind. Erstens haben sich immer mehr Hinweise darauf ergeben, daß die hauptsächlich in Sternen gebundene leuchtende Materie nur einen Bruchteil der insgesamt vorhandenen Materie ausmacht, so daß die Frage nach Art und Rolle einer anderen, nämlich der dunklen Materie dringlich geworden ist, und zweitens haben Theoretiker durch das Studium vieler Beispiele bemerkt, daß selbst kleine, hypothetische Änderungen der in den Naturgesetzen vorkommenden Parameter, wie z. B. der Newtonschen Gravitationskonstanten, die Bedingungen nicht erfüllen würden, unter denen Leben der uns vertrauten Art möglich zu sein scheint bzw. sich seit dem sogenannten Urknall gebildet haben kann. Wie immer man sich zu diesen »anthropischen« Überlegungen stellt, eines ist sicher: Sie tragen dazu bei, die Einbettung des Lebendigen und insbesondere von uns Menschen in die Architektur des Universums auf neue und vielfältige Weise zu beleuchten. Es ist zu begrüßen, daß diese viele Gebiete der Physik und Astronomie verbindenden, die Naturphilosophie berührenden Überlegungen nun auch in deutscher Sprache zugänglich sind.

In Absprache mit den Verfassern wurden in der deutschen Ausgabe einige neuere Entwicklungen berücksichtigt und das Literaturverzeichnis durch einschlägige deutschsprachige Titel ergänzt.

Garching, den 25.2.1991 *Jürgen Ehlers*

Einleitung: Warum sind wir hier?

Wir haben drei Gründe, das Universum zu erforschen. Der erste beruht auf der Freude am Entdecken: Wir möchten wissen, was es alles gibt in unserem eigenen Sonnensystem wie im außergalaktischen Raum. Ob es nun um die Oberfläche des Mars geht oder um die Struktur der Spiralgalaxien – auch eine breite Öffentlichkeit kann die Wege dieser Forschung nacherleben.

Für den Astrophysiker ist diese Forschung das Vorspiel zu einem zweiten Ziel: Er möchte mit Hilfe der hier auf der Erde gefundenen physikalischen Gesetze das, was wir sehen, verstehen und deuten und unser ganzes Sonnensystem in eine Entwicklung einordnen, die bis zur Geburt des Milchstraßensystems und noch weiter zurück führt – zurück sogar zu den ersten Momenten des sogenannten Urknalls, mit dem unser Universum begann.

Für den Physiker gibt es zudem noch ein drittes Motiv: Der Kosmos ist ein »Laboratorium«, in dem die Bedingungen extremer sind, als sie sich hier auf der Erde simulieren lassen. Die bekannten Gesetze können gelegentlich bis an ihre Gültigkeitsgrenzen geprüft werden, wenn wir sie zum Beispiel auf die verblüffenden Dichten der Neutronensterne anwenden. Wenn wir die erstaunlich hohen Temperaturen und Energien des Urknalls besser verstehen, offenbaren sich uns möglicherweise neue Gesetze. Fast *alles*, was wir über die Schwerkraft wissen – sie ist eine der vier Grundkräfte, nämlich diejenige, die die Bewegung der Sterne, Galaxien und des ganzen sich ausdehnenden Weltraums bestimmt –, haben wir von der Astronomie gelernt.

Die Astronomie ist natürlich alt – vielleicht war sie die erste Wissenschaft, die zum Beruf gemacht wurde –, aber sie hat ihren Wirkungsbereich in den letzten beiden Jahrzehnten deutlich erweitert. Die neuere Entwicklung wurde zum großen Teil durch die Fortschritte in Experiment und Beobachtung »angetrieben«. Kein Theoretiker hätte, selbst wenn er im Besitz des heutigen physikalischen Wissens gewesen wäre, die außerordentlichen Phänomene und Objekte vorhersagen können, die in den letzten Jahren entdeckt wurden. Diese Entwicklung beruht zu einem

Teil auf technischen Verbesserungen der optischen Astronomie, aber noch mehr darauf, daß die Radioastronomie und Beobachtungen vom Weltraum aus neue Fenster zum Universum öffneten. Auch auf andere Weise haben wir wertvolle Daten gewonnen – unterirdische Neutrinodetektoren und Gravitationswellenexperimente haben uns geholfen. Es gibt wirklich nur wenige Bereiche der irdischen Physik, die nicht irgendwo auf die Astronomie angewendet werden können.

In diesem Buch stellen wir (besonders im Mittelteil) jene neueren Entwicklungen dar, die (nach unserer Erfahrung in Vorträgen und Veröffentlichungen) anscheinend die Nichtspezialisten am meisten faszinieren. Wir möchten die Fragen beantworten, die uns am häufigsten gestellt werden. Nur wenige dieser Themen – Spektren von Quasaren, Protogalaxien, Gravitationslinsen, Gravitationswellen und kosmische Strings – wurden bisher in allgemeinverständlichen Veröffentlichungen gebührend beachtet. Andererseits erörtern wir hier Themen wie die Schwarzen Löcher nur am Rande, weil diese exotischen Objekte uns inzwischen aus vielen ausgezeichneten Büchern vertraut sind.

All diese Themen beziehen sich auf einen einzigen Schluß – etwas, das mit mehr Recht als alles andere in der Astronomie des zwanzigsten Jahrhunderts verdient, Paradigmenwechsel zu heißen. Es ist die Erkenntnis, daß die Dynamik unseres Universums und aller in ihm enthaltenen Galaxien nicht durch das bestimmt ist, was wir sehen, sondern durch *dunkle Materie.* Nur (höchstens) 10% des Weltalls leuchtet. Was wir sehen, ist ein verzerrtes und unvollständiges Bild dessen, was das Weltall enthält. Ohne die dunkle Materie wäre unser Weltall ganz anders, als es sich heute darstellt: Die dunkle Materie bestimmt die Struktur und das Schicksal des Universums. Herauszufinden, woraus die »dunkle Materie« besteht, ist sicherlich das vorrangige Problem der heutigen Kosmologie.

Die Suche nach der Lösung dieses Rätsels ist eine natürliche Weiterentwicklung neuerer kosmologischer Entdeckungen. Im vorliegenden Buch geht es uns bei der Weiterentwicklung dieser Entdeckungen mehr um die Eigenschaften der dunklen Materie, um das, was das Weltall im Innersten zusammenhält, als um die Einzelheiten des Beweises, daß es dunkle Materie gibt.

Es ist keine Übertreibung, wenn wir sagen, daß es uns nicht gäbe und wir uns nicht über das Universum wundern würden, wenn es keine dunkle Materie gäbe. Wir können uns allenfalls vorstellen, wie das Weltall sich aus dem Urknall ohne dieses Meer von Masse im Hintergrund entwickelt haben könnte, so daß Sterne, Galaxien und Geschöpfe wie wir niemals erzeugt worden wären. Doch es gibt uns, und das betrifft das zweite Hauptthema des Buchs.

Die Naturwissenschaft beschäftigt sich hauptsächlich mit komplexen Manifestationen von Gesetzen, die im wesentlichen bekannt sind – die wirkliche Herausforderung liegt im Verständnis für die Komplexität, die diesen Phänomenen innewohnt. Kosmologie und Teilchenphysik sind jedoch zwei Grenzgebiete, in denen selbst die Grundgesetze noch geheimnisvoll sind. Zudem zeigen sich tiefe Beziehungen zwischen beiden – zwischen der Untersuchung des Kosmos und der Mikrowelt. So hat die das Weltall beherrschende dunkle Materie vermutlich die Form von Myriaden kleiner Teilchen, deren individuelle Eigenschaften sich nur durch mikrophysikalische Begriffe verstehen lassen.

Die Erforschung des Weltalls und unseres Platzes darin entwickelt sich in kleinen Etappen. Wir können nur dann Fortschritte machen, wenn wir ein Problem schrittweise angehen; Spezialisten sind deshalb oft zur Beschäftigung mit technischen Einzelheiten gezwungen. Aber die Herausforderung für Astrophysiker und sogar für alle Wissenschaftler liegt darin, daß sie ihre Scheuklappen – die die umfassenderen wichtigen Fragen verdecken – vergessen; ein Hauptziel unseres schrittweisen Vorgehens muß sein, diese Scheuklappen schließlich zu entfernen.

Warum ist unser Weltall so, wie es ist? Wo ist unser Platz? Könnte das Universum auch anders beschaffen sein, und könnten andere Welten existieren? Warum vor allem weist das Weltall die Symmetrie und Einfachheit auf, die uns Fortschritte bei seiner Erforschung ermöglichten? Diese Themen, bei denen auch die Fachleute noch nach Hinweisen und Hilfen suchen, werden am häufigsten angesprochen. Ihre Erforschung läuft manchmal unter dem Namen *anthropische Kosmologie*. Doch wenn eine Sache einen Namen hat, bedeutet das noch nicht, daß wir alle oder auch nur einige der Antworten kennen.

In dem Maße, in dem das kosmologische Wissen sich Neuland erschlossen hat, hat sich sein Umfeld ausgedehnt, und Themen, die früher reine Vermutungen waren, kamen in den Bereich ernsthafter Erforschung. Fragen danach, wie das Weltall begann und wie es enden könnte, lassen sich heute wissenschaftlich angehen. Wir haben uns nicht vor eher spekulativen Fragestellungen gescheut, die heute gerade erst in die Reichweite der seriösen Wissenschaft kommen, und wir wollen versuchen, ein Gefühl für die Debatten zu vermitteln, die sich an der Grenze zum Neuland (aber nicht jenseits davon) abspielen.

Die alles verbindende Leitfrage dieses Buches läßt sich ohne Fachsprache formulieren: *Welche Eigenschaften des Weltalls waren wesentlich, damit Geschöpfe wie wir entstehen konnten, und besitzt das Weltall diese Eigenschaften rein zufällig, oder gibt es dafür tiefere Gründe?* Wir hoffen, daß unsere Behandlung dieser Themen einige Ihrer Fragen dazu beantworten wird.

John Gribbin
Martin Rees

Teil I

Zufälle im Weltall

1. Wie außergewöhnlich ist unsere Welt?

Naturwissenschaft betreiben heißt nicht, immer mehr Tatsachen über die Natur anzuhäufen. Wäre das so, träte die Naturwissenschaft schon seit langem auf der Stelle, weil ihr ein Berg von Daten den Weg versperrte. Vielmehr macht sie Fortschritte, weil wir in unserer Welt Strukturen und Regelmäßigkeiten erkennen können. Wenn wir begreifen, wie scheinbar unzusammenhängende Daten zusammengehören, können wir immer mehr Daten durch immer allgemeinere und umfassendere Gesetze erfassen; wir müssen uns dann immer *weniger* voneinander unabhängige Grundtatsachen merken, aus denen sich alles andere ableiten läßt. Der erstaunliche Siegeszug der modernen Naturwissenschaften, insbesondere von Physik und Astronomie, rührt daher, daß sie die verwirrende Vielschichtigkeit der Welt so weitgehend durch wenige Grundprinzipien erklären können. Dieser Erfolg beruht jedoch anscheinend darauf, daß unser Universum nach sehr einfachen Regeln »aufgebaut« wurde. Nicht nur sind die physikalischen Gesetze einfach genug, um vom menschlichen Verstand begriffen zu werden; die Gesetze, die wir hier auf der Erde herleiten, scheinen auch jederzeit und überall zu gelten. Gehört diese Einfachheit ganz unvermeidlich zum Universum? Ist es reiner Zufall, daß Geschöpfe, die intelligent genug sind, einige einfache physikalische Gesetze zu verstehen, in einer Welt leben, zu deren Verständnis sie nur diese physikalischen Gesetze benötigen? Oder gibt es einen tieferen Plan, der gewährleistet, daß das Weltall auf die Menschheit zugeschnitten ist?

Um diese Fragen, die das betreffen, was *anthropische Kosmologie* genannt wird, geht es in diesem Buch. Wie erfolgreich die Naturwissenschaften komplizierte Verhaltensmuster durch einfache Gesetze erklären können, läßt sich an einigen Beispielen veranschaulichen. Der regelmäßige Lauf von Mond und Planeten am Himmel war seit alten Zeiten bekannt, wurde aber erst verstanden, als Newton erkannte, daß dabei diejenige Kraft wirkt, die uns als Schwerkraft oder Gravitation auf der Erde hält. Und die Komplexität der Chemie, ein großes Rätsel für die Alchemisten, konnte allmählich geklärt werden, als Meyer und

Mendelejew im neunzehnten Jahrhundert Beziehungen zwischen den Eigenschaften der chemischen Elemente aufdeckten. Diese Beziehungen werden heute darauf zurückgeführt, daß Atome nur drei Grundbestandteile haben, nämlich Protonen und Neutronen (die zusammen den Atomkern ausmachen) und Elektronen (die in Übereinstimmung mit den Regeln der Quantenmechanik den Kern umgeben).

Die Physiker haben die Natur inzwischen noch weiter reduziert. Sie glauben, daß die Grundstruktur der gesamten physikalischen Welt – nicht nur der Atome, sondern auch der Menschen und Sterne – im Prinzip durch einige wenige grundlegende »Konstanten« bestimmt ist. Dazu gehören die Massen einiger sogenannter Elementarteilchen und die Stärke der Kräfte – elektrische, Kern- und Schwerkraft –, die diese Teilchen zusammenhalten und ihre Bewegung beherrschen.

Mit Hilfe dieser einfachen Regeln lassen sich einige Naturphänomene leichter erklären als andere. Biologische Vorgänge zum Beispiel sind viel schwerer zu verstehen als der Fall eines Apfels oder die Bahn eines Planeten um die Sonne. Es ist jedoch die *Komplexität*, nicht die Größe an sich, die das Verständnis für einen Vorgang erschwert. Wir verstehen heute das Innere der Sonne besser als das Innere der Erde. Die Erde ist schwerer zu verstehen, weil in ihr die Temperatur und die Druckverhältnisse weniger extrem und deshalb viel subtiler sind als in der Sonne. Im Erdinneren existieren komplexe Strukturen – chemische Verbindungen vieler Atome –, im Sonneninneren jedoch haben Hitze und Druck alles in Atomkerne und Elektronen zerlegt, deren Verhalten durch einfache Grundregeln bestimmt wird.

Unser Weltall enthält Milliarden von Galaxien, und jede dieser Galaxien enthält wie unser Milchstraßensystem Milliarden von Sternen, die alle mehr oder weniger sonnenähnlich sind. Beobachtungen zeigen eine Ausdehnung des Weltalls; Gruppen von Galaxien entfernen sich im Lauf der Zeit voneinander. Kosmologen folgern, daß vor etwa 15 Milliarden Jahren alle Materie und Energie der Welt in einem überheißen Feuerball, dem Urknall, vereint waren. In den ersten Stadien des Urknalls muß die Materie in die allereinfachsten Bestandteile zerlegt gewesen sein – eine »Ursuppe« brodelte bei einer Temperatur von 10 Milliarden Grad. Sie dehnte sich anfangs rasch aus – in jeder Sekunde verdoppelte sie ihr Volumen. So gesehen war der Zustand des Weltalls beim Urknall einfacher als der des heutigen Sonneninneren. Wir haben deshalb guten Grund zur Hoffnung, eines Tages erklären zu können, warum sich das Universum ausdehnt. Vielleicht können wir dann auch verstehen, wie im expandierenden Universum Sterne und Galaxien entstanden sind, und damit unseren eigenen Ursprüngen näherkommen. Aber sobald wir beginnen, diese Vorgänge zu begreifen, stoßen wir auf das Rätsel der »Zufälle« im Weltall.

Das anthropische Weltall

Das Universum ist einfach, aber wir sind komplexe Geschöpfe. Das liegt zum Teil daran, daß wir einen ungewöhnlichen Ort des Weltalls bewohnen. Der größte Teil des Weltalls ist leerer Raum, dessen Hintergrund von einer schwachen elektromagnetischen Strahlung erfüllt ist, deren Temperatur nur 3° über dem absoluten Nullpunkt liegt (also bei –270° C). Wir aber leben auf einem Planeten, der einen einfachen, stabilen Stern umkreist. Die Vorgänge im Inneren dieses Sterns – unserer Sonne – liefern die Energie, die Lebewesen, Menschen eingeschlossen, benötigen. Die Bedingungen auf der Oberfläche des Planeten – der Erde – lassen die Komplexität zu, die für Leben, wie wir es kennen, anscheinend notwendig ist. Offenbar ist unsere Heimat im Weltall ein außerordentlicher Ort (wenn auch nicht unbedingt *einzigartig*). Eine etwas subtilere Überlegung zeigt, daß wir auch zu einer besonderen *Zeit* leben. Beim Urknall selbst waren die Bedingungen zu extrem, als daß die Komplexität, die menschliches Leben bedeutet, im Weltall hätte existieren können. Heute sind sie gerade richtig (jedenfalls auf diesem einen Planeten, der diesen einen Stern in dieser einen Galaxie umkreist). In Zukunft sind die Bedingungen für Leben, wie wir es kennen, vielleicht wieder ungeeignet. Wir leben hier und jetzt, weil zwischen den Grundkräften und Elementarteilchen genau die jetzigen Beziehungen bestehen. Und das wirft viele Fragen auf.

Warum zum Beispiel sind Sterne so groß? Die Stärke der elektrischen Kraft zwischen zwei Protonen (etwa in einem Wasserstoffmolekül) läßt sich mit der der Gravitation zwischen diesen beiden Teilchen vergleichen. Die elektrische Kraft ist 10^{36}mal (eine 1 mit 36 Nullen) stärker als die Schwerkraft, die darum im Bereich der Atome völlig ignoriert werden kann. Wenn aber sehr viele Atome zusammenkommen, nimmt die im Mittel auf ein Teilchen wirkende Schwerkraft zu, wenn die Gesamtmasse anwächst. Ein Atom hat insgesamt keine elektrische Ladung, weil die positive Ladung eines jeden Protons durch die negative Ladung eines Elektrons genau ausgeglichen wird. (Manche Menschen sehen übrigens auch in dieser Gleichheit der Ladungen eines Elektrons und eines Protons einen bemerkenswerten Zufall.) Eine große Masse trägt also insgesamt keine elektrische Ladung und übt keine elektrische Kraft aus. Wenn ein Apfel vom Baum fällt, so geschieht das nicht, weil elektrische Kräfte ihn zur Erde ziehen, sondern weil die ungeheuer vielen Atome, die alle zusammen die Erde ausmachen, mit ihrer gesamten Schwerkraft auf ihn wirken. Elektrische Kräfte zwischen seinen Atomen und Molekülen wiederum halten den Apfel zusammen. Dieselben Kräfte halten die Atome und Moleküle des Stengels zusammen, mit dem der Apfel am Baum hängt. Der Apfel fällt, wenn und falls die Schwerkraft der gesamten Erde so stark ist, daß sie die elektrischen Kräfte im Stengel übertrifft und den Apfel von seinem Baum zu lösen vermag. Es braucht die Schwerkraft der ganzen Erde, um die elektrischen Kräfte zu übertreffen, die die relativ wenigen Atome im Apfelstengel ausüben.

Theoretische Untersuchungen der Sterne und ihrer Lebensläufe wurden durch die Möglichkeiten zur Beobachtung angeregt – Menschen sahen die Sterne und fragten sich, woraus sie bestehen. Nun könnten die Eigenschaften von Sternen auch von Physikern erschlossen werden, die auf einem stets umwölkten Planeten leben. Sie könnten sich fragen: Ist ein Fusionsreaktor möglich, den die Schwerkraft zusammenhält, und wie müßte er beschaffen sein? Sie könnten dann weiter denken: Weil die Schwerkraft niemals so aufgehoben werden kann, wie sich elektrische Kräfte aufheben, muß sie in hinreichend großen Körpern stärker sein als die elektrischen Kräfte. Aber wie groß müßten sie sein?

Wir stellen uns in Gedanken eine Reihe von Körpern vor, von denen der erste 10 Atome enthält, der zweite 100, der dritte 1000 und so weiter. Das 24. Objekt wäre so groß wie ein Zukkerwürfel, etwa 1 ccm. Das 39. wäre wie ein Fels mit einem Durchmesser von 1 km. Die Schwerkraft beginnt mit einem »Rückstand« von 10^{36}, aber sie überholt die elektrischen Kräfte, weil ihr Einfluß mit der Potenz 2/3 der Atomanzahl anwächst. Wenn wir bei unserem 54. Objekt ankommen, hat sie aufgeholt, denn 36 ist 2/3 von 54. Unser 54. Objekt hat die Größe des Jupiter; alles, was größer ist als Jupiter, wird von der Schwerkraft zusammengepreßt. Ein Objekt, das von der Schwerkraft zusammengedrückt und bis zu dem Punkt erhitzt werden soll, an dem eine Kernfusion ausgelöst wird, muß also um einiges mehr als 10^{54} Atome enthalten.

Durch die Gravitation gebundene Fusionsreaktoren – Sterne – müssen massereich sein, weil die Schwerkraft so schwach ist. Wenn das einmal klar ist, könnten unsere hypothetischen Physiker theoretisch den gesamten Lebenslauf eines Sterns berechnen. Sir Arthur Eddington war der erste, der diese Überlegung anstellte. Er schloß etwa 1920: »Wenn wir den Wolkenschleier beiseite ziehen, unter dem unser Physiker arbeitet, und ihn den Himmel sehen lassen, findet er dort Tausende von Millionen Gaskugeln, deren Massen fast alle [im berechneten Bereich] liegen.«

Die Schwerkraft übertrifft die elektrischen Kräfte und zermalmt Atome, wenn die Gesamtmasse einer Ansammlung von Atomen etwa das 10^{57}fache der Masse eines Protons beträgt. Selbst das Innere der Erde kann dem nach innen gerichteten Druck der Schwerkraft widerstehen und Atome als Ganzes erhalten. Wenn sich aber die Gesamtmasse diesem kritischen Wert nähert, wird die Atomstruktur zerstört. Was bleibt, ist ein Meer freier Kerne und Elektronen. Tatsächlich haben Sterne Massen, die etwa das 10^{57}fache der Protonenmasse betragen. Sie werden durch die Schwerkraft zusammengehalten; diese wiederum löst die Kernfusion aus, bei der Atomkerne so zusammengepreßt werden, daß neue Kerne entstehen, woraus wiederum die Energie stammt, die die Sterne heiß hält. Wenn die Schwerkraft noch schwächer wäre, könnten die Sterne noch größer sein; wäre die

Schwerkraft stärker, wären die Sterne kleiner. Sie müßten ihren Lebenslauf früher beenden – vielleicht so rasch, daß intelligente Wesen keine Zeit hätten, sich auf einem der jene Sterne umlaufenden Planeten zu entwickeln.

Die Grundkräfte bestimmen auch, wie groß ein Mensch werden kann. Unsere Körper werden wie alle chemischen Strukturen durch elektrische Kräfte zusammengehalten. Diese Kräfte sind durch die Grundgesetze der Natur festgelegt. Aber weil die auf uns wirkende Schwerkraft – unser Gewicht – davon abhängt, wieviel Atome der Körper enthält, ist die Kraft für größere Menschen (oder andere Wesen) stärker. Je größer sie sind, um so härter fallen sie. Eine einfache Berechnung zeigt, daß alle Geschöpfe, die sehr viel größer sind als Menschen und auf einem Planeten leben, der die Größe der Erde hat, einfach zerbrechen müßten, wenn sie umfallen. Wir sind so groß, wie wir in Anbetracht unserer Lebensweise – oder vielmehr der unserer nahen Vorfahren – sein können. Wale können groß sein, weil ihre Masse vom Wasser getragen wird. Unsere Vorfahren jedoch, die baumbewohnenden Primaten, durften nicht so groß sein, daß ein gelegentlicher Fall sich unweigerlich als tödlich erweisen mußte.

Wir werden uns diese und andere Zufälle im Weltall im dritten Teil des Buches genauer ansehen. Aber es ist angezeigt, schon jetzt ausdrücklich darauf hinzuweisen, wie empfindlich das Gleichgewicht zwischen den Grundkräften ist, die unsere Existenz ermöglichen. Wenn zum Beispiel die Kernkräfte, die das Verhalten von Protonen und Neutronen im Innern des Atomkerns bestimmen, im Vergleich mit den elektrischen Kräften etwas stärker wären, als sie es sind, wäre das Di-Proton (ein aus zwei Protonen bestehender Atomkern) stabil. In unserem Universum übertrifft die abstoßende elektrische Kraft zwischen zwei positiv geladenen Protonen die anziehende Kernkraft zwischen ihnen, und deshalb gibt es keine Di-Protonen. Zwei Protonen können nur dann in einem stabilen Atomkern zusammengehalten werden, wenn er auch ein oder zwei Neutronen enthält. Diese ungeladenen Teilchen tragen zur Anziehungskraft bei, wirken sich aber nicht auf die Abstoßung aus. Sterne erhalten ihre Energie, indem sie Protonen und Neutronen zu solchen

Kernen verschmelzen. Wenn sie statt dessen Protonenpaare zu Di-Protonen verschmelzen könnten, würden sich die Sterne ganz anders entwickeln, und das Weltall wäre völlig anders beschaffen. Wenn andererseits die Kernkräfte etwas schwächer wären, als sie es in unserem Weltall sind, könnten sich überhaupt keine komplexen Kerne bilden. Das ganze Weltall bestünde dann aus Wasserstoff, dem einfachsten Element, dessen Atome nur ein einzelnes Proton und ein einzelnes Elektron enthalten.

All die bekannten chemischen Elemente mit Ausnahme von Wasserstoff und ursprünglichem Helium wurden in der Tat bei Kernumwandlungen im Innern von Sternen aufgebaut, die lange vor der Entstehung unseres Sonnensystems explodierten. Eisen, Kohlenstoff, Sauerstoff und alle übrigen sind Erzeugnisse der stellaren Kernsynthese, eines Vorgangs, in dessen Verlauf sich, worauf Fred Hoyle um 1950 hingewiesen hat, manche merkwürdigen physikalischen Übereinstimmungen aufzeigen lassen. Wir werden uns diese »Zufälle« später genauer ansehen. An dieser Stelle ist wichtig, daß das Universum so beschaffen zu sein scheint, daß in ihm interessante Dinge geschehen können. Es ist sehr leicht, sich andere Welten vorzustellen, die totgeboren wären, weil sich nach den in ihnen herrschenden physikalischen Gesetzen nichts irgendwie Bemerkenswertes hätte entwickeln können.

Stellen Sie sich zum Beispiel vor, Sie könnten am Universum herumbasteln und die Stärke der Schwerkraft verändern. Sagen wir, sie betrüge statt des etwa 10^{-36}fachen nur das 10^{-26}fache der elektrischen Kraft. Die Welt wäre dann kleiner, und in den Sternen würden sich alle Vorgänge schneller abspielen. Sterne, von der Schwerkraft zusammengehaltene Fusionsreaktoren, hätten dann nur das 10^{-15}fache der Sonnenmasse. Zwar hätte jeder noch immer eine Masse von einer Billion Tonnen, aber erst 10 Millionen von ihnen hätten soviel Masse wie unser Mond und alle würden schon nach einem Jahr verbrannt sein. Höchstwahrscheinlich reicht diese Zeitspanne nicht für die Entwicklung von so komplexem Leben wie dem unsrigen. Jedenfalls könnten komplexe Strukturen nicht sehr groß werden, bevor sie die Schwerkraft zermalmt.

Die Tatsache, daß es uns gibt, sagt uns also gewissermaßen,

welche Bedingungen im Innern von Sternen und im Weltall insgesamt herrschen. Dies ist die mildeste Form dessen, was heute als anthropisches Prinzip oder anthropische Kosmologie bekannt ist. Allein aus der simplen Tatsache, daß wir eine auf Kohlenstoff basierende Lebensform sind, die sich langsam auf einem Planeten entwickelte, der einen Stern wie unsere Sonne (der sogenannten Spektralklasse G) umläuft, lassen sich einige Züge des Weltalls, einige Einschränkungen für die möglichen Werte physikalischer Konstanten, ziemlich direkt herleiten. Diese Überlegungen lassen uns sogar verstehen, warum das Weltall so ungeheuer groß ist.

Das Weltall ist groß genug für Leben

Auf den ersten Blick mag es so aussehen, als ob nichts anderes nötig wäre, um dem Leben eine Heimat und der Intelligenz Entwicklungsmöglichkeiten zu bieten, als ein Planet wie die Erde, der einen Stern wie unsere Sonne umläuft. Wir können das Ausmaß unseres Weltalls und die Zahl der in ihr enthaltenen Sterne und Planeten nicht annähernd genau angeben, wissen jedoch, daß das Universum mindestens eine Milliarde Milliarden (10^{18}) Sterne enthält und daß mindestens 1% dieser Anzahl – etwa 10 Millionen Milliarden Sterne – vermutlich unserer Sonne weitgehend ähneln. Wenn wir annehmen, daß nur 1% dieser sonnenähnlichen Sterne tatsächlich einen Planeten wie die Erde hat, ergäbe das noch immer einhundert Milliarden möglicher Wahlheimaten für Leben, wie wir es kennen. Diese Zahl ist so außerordentlich groß, daß unser Ort im Weltall demgegenüber völlig unbedeutend erscheint. Und dennoch könnte es sein, daß all diese Milliarden möglicher Behausungen für Leben existieren, weil es *eine* solche Behausung für Lebewesen gibt, unsere Erde.

Wir können die Überlegungen statt anhand der Anzahl von Sternen auch mit Hilfe der Größe des Universums durchführen. Kosmologen schätzen aus gutem Grund, daß das beobachtbare Universum einen Durchmesser von etwa 15 Milliarden Lichtjahren hat. Ein Lichtjahr ist einfach die Entfernung, die das Licht in einem Jahr zurücklegt, und deshalb ist es kein Zufall, daß dieser Wert dem geschätzten Alter des Weltalls entspricht – 15 Milliarden Lichtjahre. Wir können im Prinzip so weit »sehen«, wie das Licht seit dem Beginn der Welt Zeit hatte zu reisen.

Der Feuerball des Urknalls war in dem Sinne einfach strukturiert, daß Materie in ihm in ihre Komponenten aufgebrochen war. Mit der Ausdehnung und Abkühlung des Weltalls bildeten sich aus den Grundbausteinen der Materie die einfachsten Elemente, Wasserstoff und Helium. Am Licht von sehr alten Sternen läßt sich jedoch nachweisen, daß beim Urknall kaum schwerere Elemente als diese beiden entstanden sind. Die lebenswichtigen Moleküle, zu denen Kohlenstoff, Sauerstoff, Stickstoff und Phosphor gehören, wurden *nach* dem Urknall bei thermonuklearen Prozessen im Sterninnern hergestellt. Unsere Sonne ist nicht einer der ersten im jungen Weltall entstandenen Sterne. Die ersten Sterne haben vielmehr ihr Leben schon zu Ende gelebt, indem sie Wasserstoff und Helium in komplexere Kerne verwandelten. Einige dieser alten Sterne sind als Supernovae explodiert, wobei sie die Erzeugnisse der stellaren Kernsynthese über die Staub- und Gaswolken der jungen Galaxie verteilten. Erst spätere Sterngenerationen, die aus kollabierenden Bruchstücken jener interstellaren Wolken entstanden, enthielten genug von den schwereren Elementen, um Planeten wie die Erde bilden zu können und Lebensformen wie die unsere entstehen zu lassen.

All das brauchte Zeit. Rund gerechnet dauert es einige Milliarden Jahre, bis sich eine Galaxie gebildet hat, bis ihre ersten Sterne Wasserstoff und Helium in schwerere Elemente verwandelt und ihr Leben beendet haben, um in einem großartigen Ausbruch zu sterben, bei dem sie ihre Elemente weit in den Weltraum hinaus schleudern. Es dauert noch länger, bis sich aus den Trümmern neue Sterne bilden und sich auf den Planeten, die jene neuen Sterne umkreisen, Leben entwickeln kann. Damit es uns gibt, und wir uns über all das wundern können, *muß* das Weltall etwa 15 Milliarden Jahre alt sein und also einen Durchmesser von etwa 15 Milliarden Lichtjahren haben.

Diese Einsicht beweist die Argumentationskraft des anthropischen Prinzips. Allein aus der Tatsache, daß wir eine auf Kohlenstoff basierende Lebensform sind, können wir die Mindestgröße

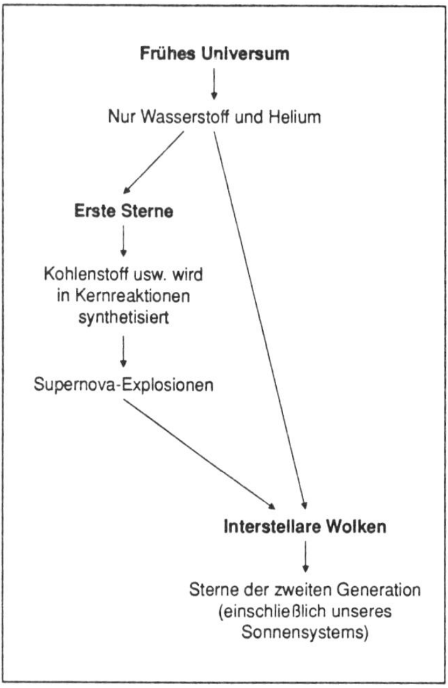

Abb. 1: Die Herkunft der irdischen Atome.

und das Mindestalter des Universums abschätzen. Manche meinen, das Weltall könne unmöglich entworfen oder erschaffen worden sein, nur um ein auf Kohlenstoff basierendes intelligentes Leben hervorzubringen, das einen einzigen Planeten bewohnt, der einen höchst gewöhnlichen Stern umläuft. Sie weisen darauf hin, daß das Universum für diesen Zweck geradezu grotesk *über*entwickelt wurde, denn es ist größer und älter und enthält mehr Sterne, als nötig erscheint. Falls die physikalischen Gesetze so sein müssen, wie sie sind, trifft das Argument daneben. Denn wenn diese Gesetze vorausgesetzt werden, sind all die Milliarden Sterne und Milliarden Lichtjahre für unsere Existenz nötig. Das Argument trifft jedoch ins Schwarze, wenn man annimmt, daß es dem Erschaffer der Welt, wer immer es auch sein mag, möglich gewesen wäre, für die Naturkonstanten andere Werte zu wählen.

Es lohnt sich vielleicht auch, darauf hinzuweisen, daß die Überlegung auch dann nicht entkräftet wird, wenn es im Universum Formen intelligenten Lebens gibt, die für ihr Sein nicht auf die Kohlenstoffchemie angewiesen sind. Verfasser von Science-fiction-Romanen und auch einige Sachbuchautoren haben über die Möglichkeit nachgedacht, ob es zum Beispiel auf einem Neutronenstern Leben geben oder ob Intelligenz von Magnetfeldern erzeugt werden könnte, die durch eine schwarze Wolke im Raum hindurchwirbeln. Aber *wir* sind Lebewesen, die auf Kohlenstoff basieren, und deshalb überrascht es nicht, wenn wir ein Weltall vorfinden, das 15 Milliarden Jahre alt ist und 15 Milliarden Lichtjahre Durchmesser hat. Wir beobachten das Weltall *nicht* zu einem zufällig gewählten Zeitpunkt, sondern zu dem frühest möglichen Zeitpunkt, an dem Lebewesen wie wir sich Fragen über das Universum im Großen stellen können.

Und doch ist etwas sehr Merkwürdiges daran, daß das Universum sich vom Urknall an mit genau der Geschwindigkeit entwikkelt hat, die erlaubte, daß sich Galaxien, Sterne und Planeten bildeten und daß auf mindestens einem dieser Planeten auf Kohlenstoff basierende Lebensformen existieren. Das Rätsel ist fast zu einfach, um überhaupt Aufmerksamkeit zu erregen, weist aber auf den erstaunlichsten aller Zufälle im Weltall hin. Es hat damit zu tun, wieviel Materie das Universum enthält und wie rasch es sich ausdehnt. In der Fachsprache geht es darum, wie »flach« die Raumzeit des Weltalls sein muß.

Das Urrätsel

Um den merkwürdigsten aller Zufälle im Weltall zu begreifen, betrachten wir wieder die Vielfalt der chemischen Elemente im Universum und insbesondere auf unserem Planeten. Wasserstoff und Helium können zum Teil deshalb im Sterninneren in schwerere Elemente verwandelt werden, weil schwerere Elemente effektiver Energie speichern können. Protonen und Neutronen werden in Kohlenstoffkernen wirksamer zusammengehalten als in Heliumkernen. Deshalb wird bei der Umwandlung von Heliumkernen in Kohlenstoffkerne Energie frei, die dazu beiträgt, den Stern aufzuheizen. Weil alle Atomkerne proportional zur Anzahl der in ihnen enthaltenen Protonen positiv geladen sind, müssen die Kerne kräftig zusammengedrückt werden, damit die elektrische Abstoßung zwischen Teilchen gleicher Ladung überwunden wird. Sie müssen einander auch sehr nahe sein, damit die Kernkraft, die zwar stärker ist als die elektrische Kraft, aber eine kürzere Reichweite hat, das Übergewicht erhält. Kernfusion setzt deshalb erst ein, wenn die Kerne große Zufallsbewegungen ausführen, die zu harten Zusammenstößen führen – wenn, anders gesagt, die Temperatur sehr hoch ist. Wenn 10^{57} Teilchen in einem Stern beisammen sind, kann die Schwerkraft sie zusammenhalten und zusammendrücken und hinreichend stark erhitzen. Dann dominiert schließlich die Schwerkraft über die elektrische Kraft und ermöglicht der Kernkraft die Arbeit.

Auch beim Urknall waren die Bedingungen so extrem, daß diese Prozesse ablaufen konnten. Es war heiß, und der Druck war sehr groß. Zunächst jedoch konnten die gerade eben aus reiner Energie entstandenen Protonen und Neutronen nicht als komplexe Kerne zusammenbleiben, weil sie durch den Beschuß mit anderen Teilchen und immer neue Zusammenstöße mit ihnen zerrissen wurden. Aber als sich das Weltall ausdehnte, kühlte es sich auch ab, genau wie sich Gas abkühlt, wenn es sich ausdehnt; nach diesem Prinzip arbeitet ja jeder Kühlschrank. Es muß einmal eine Zeit gegeben haben, als die Bedingungen für Protonen und Neutronen gerade so waren, daß sie zu Kernen schwererer Elemente zusammengeschmiedet werden konnten. Der Vorgang begann mit der Erzeugung von Heliumkernen, die jeweils zwei Protonen und zwei Neutronen enthalten, und hätte bald zu schwereren Elementen geführt, wenn die Bedingungen gleichgeblieben wären. Der energiereichste stabile Kern ist der von Eisen; hätte sich das Weltall langsam genug abgekühlt, wären die meisten Protonen und Neutronen in Eisenkerne eingeschlossen. Das Weltall wäre dann ein langweiliger Ort, denn es hätten keine weiteren interessanten Reaktionen ablaufen können. Es gäbe keine Sterne, und die uns vertraute biologische Komplexität irdischen Lebens hätte sich nicht aufbauen können.

Der entscheidende Faktor, der die Urmaterie davon abhielt,

vollständig zu Eisen zu werden, und der ermöglichte, daß sich Sterne wie unsere Sonne bilden und außer Wasserstoff und Helium eine Vielfalt von Elementen entstehen konnten, war die Geschwindigkeit, mit der sich das frühe Weltall ausdehnte. Je rascher es sich ausdehnt, um so schneller kühlt es sich ab, und je höher die Kerndichte, um so wahrscheinlicher erreichen die Reaktionen in der zur Verfügung stehenden Zeit ein Gleichgewicht. Die Analyse des Lichts alter Sterne zeigt, daß nur 25% der beim Urknall entstandenen Materie die Form von Helium hatte und fast alles andere noch Wasserstoff war. Im Urknall bildete sich kaum ein Kern, der mehr Masse hatte als Helium. Diese Zahl, das Verhältnis von Wasserstoff zu Helium in alten Sternen, kann Kosmologen viel über den Inhalt des Universums zu der Zeit verraten, als es erst eine Sekunde alt war, und darüber, wie schnell es sich beim Urknall ausdehnte und abkühlte.

Das frühe Universum muß eine Mischung von Kernen und Strahlung gewesen sein, wobei der Anteil der Strahlung bei weitem überwog. Berechnungen von Kernreaktionen zeigen, daß auf $2 \cdot 10^9$ Strahlungsquanten – oder Photonen – nur ein Kern kam. Dieses Verhältnis hat sich in der Folge nicht merklich geändert. Heute gibt es in jedem Kubikzentimeter etwa 400 Photonen, damit ergibt sich eine mittlere Dichte von einem Atom pro fünf Kubikmetern. Das paßt auch ungefähr zu dem Ergebnis, das Astronomen erhalten, wenn sie sich alle Sternmaterie gleichmäßig verteilt denken. Wir beschäftigen uns später mit der Bedeutung dieser Zahlen.

Gibt es andere Einschränkungen für die Geschwindigkeit, mit der das Universum sich unter der Voraussetzung, daß es uns gibt, ausdehnen »darf«? Nachdem sich der Wasserstoff und das Helium, die beim Urknall entstanden waren, abgekühlt hatten, bildeten sie Gaswolken, die durch die Schwerkraft zusammengehalten wurden. Einige dieser Wolken kollabierten unter dem Sog ihrer eigenen Schwerkraft, obwohl sich das Universum im ganzen ausdehnte. Die Keimzellen der Galaxien könnten also Bereiche des Weltalls gewesen sein, in denen die Dichte etwas größer war als im Durchschnitt, Bereiche also, deren Ausdehnung hinter der Ausdehnung des Weltalls insgesamt hinterherhinkte, und in denen Gaswolken zu Sternen und Galaxien kollabierten. Dies passierte, als das Weltall ca. 10% seines heutigen Alters hatte – etwa ein bis zwei Milliarden Jahre nach dem Urknall. Wir wissen nicht genau, wie sich Galaxien bildeten, aber es ist klar, daß diese Wolken dünn geworden und zerfallen wären, bevor die Schwerkraft in ihnen das Übergewicht erhalten und sie zu Galaxien und Sternen werden lassen konnte, wenn sich das Weltall zu schnell ausgedehnt hätte. Ohne diesen Kollaps wären im Sterninnern keine schweren Elemente gekocht worden und wieder gäbe es niemanden, der sich über das Wesen der Welt Gedanken machen könnte. Andererseits wäre die Ausdehnung des Universums zum Stillstand gekommen, wenn sie zu langsam begonnen hätte. Dann würde die Welt jetzt schon wieder zusammenstürzen, und die Galaxien würden ineinanderfallen. Wir können uns sogar ein Weltall vorstellen, in dem sich die Ausdehnung innerhalb der ersten Million Jahre umkehrte. Entstehende Galaxien und Sterne wären erloschen, bevor sie sich entwickeln konnten.

Unsere Existenz sagt uns also, daß das Weltall sich ausgedehnt haben muß und sich weiter ausdehnt, nicht zu schnell und nicht zu langsam, sondern gerade »richtig«, damit in Sternen Elemente gekocht werden können.

Diese Einsicht beeindruckt vielleicht nicht besonders. Schließlich gibt es einen großen Bereich von Ausdehnungsgeschwindigkeiten, die für Sterne wie unsere Sonne »richtig« zu sein scheinen und ihre Existenz garantieren können. Wenn wir jedoch zur genauen Beschreibung des Universums, zu Einsteins mathematischer Beschreibung von Raum und Zeit, übergehen wollen und bedenken, wie entscheidend die Ausdehnungsgeschwindigkeit zur Zeit des Urknalls gewesen sein muß, stellen wir fest, daß sich das Weltall nicht nur auf des sprichwörtlichen Messers Schneide, sondern in einem viel kritischeren Gleichgewicht befindet. Wenn wir in die früheste Zeit zurückgehen, in der unsere physikalischen Theorien Gültigkeit gehabt haben können, folgt, daß die wichtige Zahl, der sogenannte »Dichteparameter«, mit einer Genauigkeit von 1 zu 10^{60} festgelegt ist. Wenn dieser Parameter nach oben oder unten auch nur um den Bruchteil verändert würde, der durch eine 1 gegeben wird, die sechzig Stellen nach dem Komma steht, wäre das Weltall für Leben, wie wir es kennen, ungeeignet. Die Folgerungen aus diesen erstaunlichsten der anscheinend zufälligen Feinabstimmungen im Weltall machen den Kern dieses Buchs aus. In Teil zwei werden wir die merkwürdigen Formen dunkler Materie betrachten, die es im heutigen Universum geben könnte. Im Vergleich mit ihr ist die gesamte Materie in allen hellen Sternen und in allen sichtbaren Galaxien weniger als die Spitze des gern zitierten Eisbergs. Diese dunkle Materie könnte für die Existenz jener Sterne so entscheidend sein, wie die Vielzahl der Sterne es für die Existenz des Lebens auf der Erde ist.

Das flache Weltall

Die Schwerkraft ist die Kraft, die Planeten, Sterne und alle großen himmlischen Systeme, sogar das Universum selbst beherrscht. Auf der Erde und im ganzen Sonnensystem ist die Newtonsche Gravitationstheorie eine ausgezeichnete Näherung; sie besagt, daß die Anziehung zwischen zwei Körpern umgekehrt proportional zum Quadrat ihres Abstands ist. (Einige neuere Untersuchungen deuten darauf hin, daß Newtons Gesetz selbst auf der Erde wegen der Wirkung einer sogenannten »fünften Kraft« geringfügig verändert werden muß.) Aber wenn die Schwerkraft stärker ist, wie etwa dann, wenn Objekte sehr stark zusammengepreßt werden, oder wenn es sich um Massen handelt, die noch größer sind als die von Sternen, reichen die Newtonschen Ideen zur Beschreibung der Gravitationswirkungen nicht aus. Die Theorie, die die Schwerkraft unter solchen Extrembedingungen über Newton hinausgehend beschreibt, stammt von Einstein – es ist die Allgemeine Relativitätstheorie.

In Universitätsbibliotheken werden alte Ausgaben wissenschaftlicher Zeitschriften selten ausgeliehen und deshalb meist in abgelegenen Magazinen aufbewahrt. Aber zwei Hefte – die Ausgaben der *Annalen der Physik* 1905 und 1916 – sind wertvolle Sammlerstücke geworden: Sie enthalten die Arbeiten, die Albert Einstein zum größten Physiker seit Newton gemacht haben.

Als 26jähriger stellte Einstein 1905 nicht nur seine »Spezielle Relativitätstheorie« auf. Er behauptete auch, daß Licht in Energieteilchen (Photonen) quantisiert sei und formulierte eine statistische Theorie darüber, wie sich winzige Teilchen in der Luft oder in einer Flüssigkeit bewegen (Brownsche Bewegung). Allein durch diese Arbeiten zählt er zu den fünf oder sechs größten Wegbereitern der Physik des zwanzigsten Jahrhunderts.

Seine Gravitationstheorie jedoch, die zehn Jahre später entwickelte »Allgemeine« Relativitätstheorie, macht Einstein zu einer alle überragenden Gestalt. Selbst wenn er keine seiner Arbeiten von 1905 geschrieben hätte, hätte es wohl nicht lange gedauert, bevor dieselben Begriffe durch einen seiner großen Zeitgenossen formuliert worden wären. Die Gedanken »lagen in der Luft«; wohlbekannte Ungereimtheiten früherer Theorien und verwirrende experimentelle Daten lenkten das Interesse darauf. Aber die Allgemeine Relativitätstheorie, die Deutung der Schwerkraft als gekrümmte Raumzeit, so daß »der Raum der Materie sagt, wie sie sich bewegen soll, und die Materie dem Raum, wie er sich krümmen soll«, war keine Antwort auf eine bestimmte von der Beobachtung gestellte Frage. Gewiß, die Theorie konnte ein altes Problem mit der Bahn des Merkur klären und wurde während einer Sonnenfinsternis 1919 durch Messungen großartig bestätigt. Einstein jedoch war durch den Wunsch nach Einfachheit und Einheitlichkeit motiviert. Als er seine neue Arbeit ankündigte, bemerkte er: »Dem Zauber dieser Theorie wird sich kaum jemand entziehen können, der sie wirklich erfaßt hat.« Der Mathematiker Hermann Weyl, ein Zeitgenosse Einsteins, beschrieb sie als »das großartigste Beispiel der Macht spekulativen Denkens«, und Max Born, einer der Väter der Quantenphysik, sagte, sie sei »die größte Leistung menschlichen Nachdenkens über die Natur«. Ohne Einstein wäre eine ähnlich umfassende Gravitationstheorie vielleicht erst Jahrzehnte später entwickelt worden, und dann auf ganz anderem Wege. Einstein zeichnet sich unter den Wissenschaftlern dieses Jahrhunderts durch die Eigenständigkeit und Unabhängigkeit seiner Arbeit aus.

In der Tat wurde die Allgemeine Relativitätstheorie viel früher aufgestellt, als an eine wirkliche Anwendung zu denken war.

Vierzig Jahre nach ihrer Entstehung war sie noch immer ein hehres Monument einer intellektuellen Leistung, ein etwas steriles, von den aktuellen Fragen der Physik und Astronomie isoliertes Thema. Das steht in stärkstem Kontrast zu ihrem heutigen Status als einem der lebendigsten Gebiete der Grundlagenforschung. Aufregende Fortschritte bei den Beobachtungsmöglichkeiten, die die Existenz von Schwarzen Löchern wahrscheinlich machen und Ausdrücke wie *Quasar, Pulsar* und *Urknall* zu Bestandteilen unseres Wortschatzes werden ließen, haben Einsteins Meisterwerk vom Abstellgleis in das Zentrum moderner Forschung gerückt.

Einsteins Theorie ist entscheidend für die *Kosmologie*, die unser Universum als ein einheitliches dynamisches System beschreibt.*

Die wissenschaftliche Kosmologie ist, genaugenommen, ein ziemlich ungewöhnlicher Zweig der Wissenschaft. Kosmologen untersuchen ein einziges Objekt – das Universum – und ein einziges Ereignis – den Urknall. Kein Physiker würde gern eine Theorie (und schon gar nicht seine Karriere) auf ein einzelnes, unwiederholbares Experiment gründen. Kein Biologe würde allgemeine Gedanken über das Verhalten von Tieren formulieren, wenn er nichts anderes beobachtet hat als eine einzige Ratte, die ein einziges Mal durch ein einziges Labyrinth gelaufen ist. Wir können unsere kosmologischen Vorstellungen jedoch nicht überprüfen, indem wir sie auf andere Universen anwenden. Wir können auch die bisherige Entwicklung des Weltalls nicht wiederholen – wohl aber erlaubt uns die Endlichkeit der Lichtgeschwindigkeit, Stichproben aus der Vergangenheit zu betrachten, denn wir sehen sehr ferne Objekte in dem Licht, das sie vor langer Zeit ausschickten. Trotz dieser Nachteile hat sich Kosmologie als möglich erwiesen. Der Grund für ihren Erfolg liegt darin, daß das beobachtbare Weltall in seiner großräumigen Struktur einfacher ist, als zu vermuten war.

In den zwanziger Jahren, als Kosmologen zuerst mit Hilfe der Einsteinschen Theorie mathematische Beschreibungen des Weltalls (»kosmologische Modelle«) entwarfen, setzten sie für diese

* Wir bezeichnen die Erforschung der Entstehung und Entwicklung einzelner *Teile* des Weltalls, etwa der Galaxien, als *Kosmogonie*.

Modelle Einfachheit voraus, um die Gleichungen lösen zu können. Das Überraschende ist, daß diese absichtlich so einfach wie möglich gewählten Modelle heute noch richtig sind. Mit der Verbesserung der Beobachtungsverfahren hat sich gezeigt, daß das Weltall so einfach ist wie die Modelle – daß es im großen und ganzen in allen Richtungen gleich (isotrop) und sogar, soweit wir wissen, überall fast gleich beschaffen ist (homogen). (Galaxien gruppieren sich zu Haufen und Superhaufen, aber selbst die größten Superhaufen sind im Vergleich zum ganzen beobachtbaren Universum noch kleinformatige Details.) Diese Gleichungen erhärten gemeinsam mit den Beobachtungen des Auseinanderfliehens von Galaxien und den Messungen der den gesamten Raum erfüllenden Hintergrundstrahlung die Vorstellung, daß das Weltall mit einem Urknall begann.

Das kosmologische Beweismaterial ist in den letzten zwei Jahrzehnten immer überzeugender geworden. Aber es ist auch vorstellbar, daß unsere Zufriedenheit mit dem Urknallmodell sich schließlich als so illusorisch und vergänglich erweist wie die Theorie eines Astronomen zur Zeit des Ptolemäus, der in der Überzeugung, die Erde stünde in der Mitte der Welt, mit Erfolg der Bewegung eines Planeten einen neuen Epizyklus hinzufügt. Niemand kann die Zeit zurückdrehen und den Urknall selbst untersuchen, aber wir können etwas über ihn erfahren, wenn wir »Fossilien« aus der Vorzeit untersuchen, genau wie Geologen oder Paläontologen die Frühgeschichte der Erde durch die Erforschung von Spuren im Gestein erschließen können. Die Theorie kann natürlich niemals »bewiesen« werden, aber sie ist sicherlich plausibler als alle anderen ähnlich detaillierten Modelle, und wir sind überzeugt davon, daß ihre Überlebenschancen gar nicht schlecht sind.

Da die Allgemeine Relativitätstheorie und das mit ihrer Hilfe entwickelte Urknallmodell heute am besten beschreiben, wie das Universum so wurde, wie es ist, bieten sie auch die beste Grundlage für die Erforschung seiner zukünftigen Entwicklung. Wird das Weltall sich immer weiter ausdehnen, und werden die Galaxien im Lauf der Zeit verschwinden und sich zerstreuen? Oder wird es eines Tages wieder zusammenfallen, wird der Himmel einstürzen und wieder wie beim Urknall ein Feuerball werden?

Die Antwort hängt davon ab, wieviel schwere Materie es im Weltall gibt. Stellen wir uns eine große Kugel oder einen Asteroiden vor, der bei einer Explosion zerstört wurde. Die Trümmer fliegen in alle Himmelsrichtungen. Jedes Bruchstück spürt die Gravitationswirkung aller anderen und wird dadurch langsamer. Wenn die Explosion heftig genug war, fliegen die Trümmer für immer auseinander, werden dabei aber wegen der Gravitationswirkung immer langsamer. Wenn sich die Fragmente jedoch nicht so schnell bewegen, hält die Schwerkraft sie zusammen, so daß die Ausdehnung schließlich aufhört und die Bruchstücke wieder zurückfallen. Nach der Allgemeinen Relativitätstheorie gilt eine ganz ähnliche Überlegung für das Universum.

Wenn die Ausdehnung des Weltalls immer weitergeht, ist die von Einsteins Gleichungen beschriebene Krümmung des Weltraums von einer Form, die einer Sattelfläche entspricht und negativ genannt wird. Wenn das Universum schließlich wieder zum Zusammenfall bestimmt ist, ist die Raumkrümmung kugelartig und wird als positiv bezeichnet. Dazwischen liegt der Fall, daß die Ausdehnung immer weitergeht, aber schließlich *gerade eben* zu einem Halt kommt (wobei jeder Raumteil leer und statisch ist). Das entspricht einer nichtgekrümmten Raumzeit oder einem Modell vom »flachen Universum«. Es läßt sich leicht berechnen, wieviel Materie nötig ist, damit ihre gesamte Gravitationswirkung die heute beobachtete universale Ausdehnung zum Halten bringt; das Ergebnis beträgt etwa drei Atome pro Kubikmeter des heutigen Universums. Vor langer Zeit, als die Welt jung war und sich rascher ausdehnte, wäre eine größere Materiedichte nötig gewesen, wenn die Schwerkraft die schnellere Expansion ebenso hätte ausgleichen sollen. Aber vor langer Zeit *war* das Universum natürlich auch viel dichter. Wie zu erwarten, zeigen die Gleichungen, daß das Weltall zusammenstürzen würde, wenn es mit einer größeren als der kritischen Dichte begänne. Für jede Epoche läßt sich berechnen, welcher Bruchteil des Zyklus verstrichen ist, wenn wir wissen, um welchen Bruchteil die Dichte den kritischen Wert übersteigt. Entsprechend bleibt die Dichte während der Entwicklung des Universums unter dem kritischen Wert, wenn die Anfangsdichte nicht ausreicht, um die Ausdehnung anzuhalten. Mit der Ausdehnung des

Weltalls entfernt sich im Lauf der Zeit die tatsächliche Dichte also immer weiter von der kritischen Dichte.*

Dunkle Materie macht es möglich

Hier werden wir wieder mit dem erstaunlichen, bereits erwähnten Zufall im Weltall konfrontiert. Die Dichte der sichtbaren Materie – helle Sterne und Galaxien – im heutigen Weltall läßt sich aus der Anzahl der Galaxien in unserem Raumbereich und auch durch Messung ihrer Bewegung ableiten. Veränderungen im Licht ferner Galaxien (ihrer Rot- und Blauverschiebungen) geben uns Auskunft über die Geschwindigkeit der Galaxien, und zwar sowohl über ihre Fluchtgeschwindigkeit infolge der allgemeinen Ausdehnung als auch über die Bahngeschwindigkeit, mit der sie in Galaxienhaufen einander umrunden. Genau wie die Geschwindigkeit der Erde in ihrer Bahn um die Sonne von der Sonnenmasse abhängt, geben die jeweiligen Geschwindigkeiten der Galaxien eines Haufens darüber Auskunft, wieviel Materie der Haufen enthält. Wenn Kosmologen all diese mit Hilfe der Mechanik aus Beobachtungen gewonnenen Daten zusammenfassen, finden sie, grob gesprochen, daß die Materie im Weltall etwa ein Zehntel der »kritischen« Dichte ausmacht.

Nicht all diese Materie ist sichtbar. Die aus den Bewegungen herleitbaren Kräfteverhältnisse zeigen, daß die gesamte »leuchtende« Materie von Galaxien (helle Sterne und Gas) kaum 1% der kritischen Dichte ausmacht und nicht annähernd ausreicht, um auch nur große Galaxien und Galaxienhaufen zusammenzuhalten. Und das ist vielleicht noch nicht das Ende der Geschichte: Es könnte noch mehr dunkle Materie in den scheinbar leeren Räumen zwischen Galaxienhaufen geben, die sich bei diesen Verfahren nicht zeigen würde, aber zu der Verlangsamung der universellen Expansion beitragen könnte. Wieviel mehr dunkle

* Solche mathematischen Modelle für das Universum werden gewöhnlich Weltmodelle genannt. Je nachdem, ob die Raumkrümmung negativ oder positiv ist, sprechen wir von offenen oder geschlossenen Welten, selbst wenn wir nicht sicher wissen, ob *unser* Weltall tatsächlich offen oder geschlossen ist.

Materie es geben könnte, ist heutzutage unter den Experten Gegenstand heißer Debatten. Kein uns bekannter Kosmologe glaubt, daß das Weltall so viel Materie enthält, daß sie dem Zehnfachen der kritischen Dichte entspricht; die meisten würden das Doppelte der kritischen Dichte für eine grobe Überschätzung halten.

Untersuchungen der Ausdehnung des Weltalls bestätigen diese vorsichtigen Schätzungen. Das Licht der fernsten beobachteten Galaxien hat, wenn es uns erreicht, mehrere Milliarden Jahre auf der Reise verbracht und kann deshalb verraten, wie schnell sich das Weltall in der fernen Vergangenheit ausdehnte. Durch Vergleich der Fluchtgeschwindigkeiten entfernterer und näherer Galaxien könnten Kosmologen im Prinzip berechnen, wie rasch sich die Expansion verlangsamt, und so ableiten, ob sie schließlich zu einem Halt kommen und sich umkehren wird. In der Praxis zeigen diese Messungen nur, daß das Weltall der Trennlinie so nah ist – es so nahezu flach ist –, daß wir nicht sagen können, auf welcher Seite der Linie es ist. Heute, 15 Milliarden Jahre nach dem Urknall, liegt die Dichte bis auf einen Faktor zehn (also zwischen einem Zehntel und dem Zehnfachen) bei dem kritischen Wert, der einem flachen Weltall entspricht. Und doch hat sich dieser Dichteparameter 15 Milliarden Jahre lang stetig weiter vom kritischen Wert entfernt! Wie nahe muß er ihm zu Beginn gewesen sein, wenn er sich jetzt noch immer nur um einen Faktor zehn davon unterscheidet?

Die Berechnung ist eine der einfachsten, die sich mit Hilfe der kosmologischen Gleichungen ausführen läßt. Sie ergibt, daß das Weltall eine Sekunde nach dem Augenblick der Schöpfung bis auf 10^{-15} flach gewesen sein muß – der Betrag, um den sich die Dichte vom kritischen Wert unterschied, war also ein Wert, bei dem einer Null vor dem Komma 14 Nullen und eine 1 folgen. Bis in welche Zeit zurück die physikalischen Gesetze, wie wir sie kennen, angewandt werden können, ist bis zu einem gewissen Grade unsicher. In der Quantenphysik jedoch gibt es eine grundsätzliche Grenze für die Genauigkeit, mit der die Zeit beschrieben werden kann – gewissermaßen ein »Zeitquant«. Diese Einheit, die Planckzeit, beträgt 10^{-43} Sekunden. Kosmologen versuchen heute mit Bezug auf teilchenphysikalische Theorien, den eigentlichen Ursprung des Weltalls durch Quantenereignisse zu beschreiben, die sich in solch kurzen Zeiträumen abgespielt haben. Solche Theorien, die wir später genauer behandeln werden, sind bis heute viel weniger bestätigt als das Standardmodell vom Urknall. Wenn wir sie dennoch wörtlich nehmen, leiten wir aus ihnen her, daß das Weltall seit 10^{-43} Sekunden nach dem Zeitpunkt »Null« sich ausgedehnt hat – aber wir haben keine Möglichkeit herauszufinden, was zwischen dem Nullpunkt und 10^{-43} s geschah. Wenn wir bis zu diesem Augenblick zurückgehen, also so nahe wie möglich an das, was wir Anfang nennen könnten, muß das Weltall bis auf 10^{-60} genau flach gewesen sein. Damit ist die Flachheit die am genauesten bestimmte Zahl der gesamten Physik. Das Weltall muß also mit außerordentlicher Präzision feinabgestimmt gewesen sein, damit sich Bedingungen ergeben konnten, die für das Entstehen von Sternen, Galaxien und Leben geeignet waren.

Wäre dies tatsächlich reiner Zufall, dann wäre es ein solcher Glückstreffer, daß alle anderen Zufälle im Weltall daneben verblassen würden. Viel vernünftiger erscheint die Annahme, die physikalischen Gesetze bedingten irgendwie, daß das Weltall *genau* flach sein muß. Schließlich ist die kritische Dichte für die Flachheit die *einzige* besondere Dichte. Kein anderer Wert hat irgendeine kosmische Bedeutung. Es scheint sinnvoller anzunehmen, das Weltall hätte mit *genau* der kritischen Expansionsgeschwindigkeit geboren werden müssen, als zu glauben, blinder Zufall habe es mit einer Abweichung von höchstens 10^{-60} vom kritischen Wert beginnen lassen. Physiker argumentieren ähnlich, wenn sie sagen, daß die Masse eines Photons, des Strahlungsquants, genau Null sei. Kein Experiment kann eine Masse messen, die genau Null ist. Bestenfalls kann man aufgrund der Experimente eine Schranke angeben und sagen, daß die Masse kleiner sein muß als 10^{-58} g. In beiden Fällen nehmen wir an, daß *keine* Abweichung von dem interessanten Zahlenwert vorliegt.

Es gibt sogar eine Theorie (oder genauer eine Gruppe von Theorien), nach der die Flachheit eine unvermeidliche Eigenschaft der Welt ist. Diese *Inflations*-Theorien behaupten, daß das Weltall sich sehr früh (während des ersten Sekundenbruchteils) ungeheuer rasch ausdehnte, wobei sich ein Volumen, das kleiner war als das eines Protons, in einer winzigen Zeitspanne (etwa 10^{-35} s) auf die Größe eines Fußballs aufblähte. Diese Phase der schnell beschleunigten Ausdehnung oder Inflation hätte alle Runzeln der Raumzeit geglättet und das Weltall flach hinterlassen. Der Vorgang ist das Gegenteil von dem, was einer glatten Pflaume passiert, wenn sie trocknet und zur runzligen Trockenpflaume schrumpft. In diesen Modellen glättet die Inflation alle Runzeln der Raumzeit.

Die Inflation ist auch an sich interessant. Wir werden Folgerungen aus den sonderbaren physikalischen Vorgängen der sehr frühen Stadien später untersuchen. Aus unserer jetzigen Sicht jedoch ist die Inflationstheorie wichtig, weil sie den besten physikalischen Grund dafür angibt, *warum* unser Weltall *genau* flach sein sollte. Die Folgerungen daraus sind wirklich grundsätzlich und scheinen die Menschheit in gewisser Weise weiter denn je aus der Mitte der kosmischen Bühne zu verdrängen.

Wie wir erwähnten, zeigen Untersuchungen der Bewegungen der Galaxien innerhalb von Haufen, daß die Haufen etwa ein Zehntel der Materie enthalten, die nötig ist, damit das Weltall flach ist. Diese Schätzungen entsprechen einer Dichte von etwa 0,3 Atomen pro Kubikmeter und stimmen recht gut mit Berechnungen überein, die besagen, welche Bedingungen beim Urknall (ab etwa einem Hundertstel einer Sekunde nach dem Augenblick der Schöpfung bis zum Ende der ersten vier Minuten) geherrscht haben müssen, damit sich die richtige Mischung aus Wasserstoff, Helium und Deuterium ergab. Diese Rechnungen zeigen, daß die Energiemenge, die im Urknall zu Protonen und Neutronen hätte verarbeitet werden können, nur ein Zehntel oder vielleicht auch noch weniger dessen betrug, was nötig ist, damit das Weltall flach ist. Etwa zwanzig Jahre lang haben die meisten Kosmologen das als selbstverständlichen Hinweis darauf betrachtet, daß das Weltall offen sein muß. Sie haben einfach niemals ernsthaft erwogen, daß es außer Protonen und Neutronen (und ihren Verbündeten, den leichtgewichtigen Elektronen) im Weltall noch andere Formen von Materie geben könnte.

Im vergangenen Jahrzehnt jedoch begannen manche Theoretiker, sich mehr als zuvor mit den anscheinend zufälligen Feinabstimmungen im frühen Weltall zu beschäftigen, die das fast flache heutige Universum vermuten läßt, während Teilchenphysiker den Verdacht schöpften, daß die physikalischen Gesetze auch andere Formen von Materie zulassen (und sogar *fordern*), die in großen Mengen beim Urknall entstanden sein könnten. Nur weil unsere eigenen Körper, der Planet Erde, die Sonne und alle Sterne am Himmel aus Protonen und Neutronen bestehen (die insgesamt *Baryonen* heißen), war noch nicht bewiesen, so machten sich die Kosmologen klar, daß *alle* Materie im Weltall aus Baryonen bestehen muß.* Die Überlegung, daß das Weltall aus Baryonen bestehen muß, weil wir selbst aus Baryonen bestehen, ist so anthropozentrisch und unbegründet wie die, daß die Erde der Mittelpunkt der Welt sein muß, weil wir sehen, wie Sterne am Himmel die Erde umkreisen. Im Gegenteil: Wenn das Weltall nur aus Baryonen bestünde, und zwar in solcher Anzahl, wie es die Urknalltheorie fordert, und wenn es überhaupt keine nichtbaryonische dunkle Materie enthielte, dann wäre die Materie so dünn verteilt, daß Galaxien (und Galaxienhaufen) sich fast sicher nicht so hätten bilden können, wie wir sie um uns herum sehen. Ohne die dunkle Materie könnten Galaxien und wir selbst vielleicht gar nicht existieren.

Die Antwort auf die Frage in der Überschrift dieses Kapitels muß also lauten, daß das Weltall in der Tat außergewöhnlich ist und auf des Messers Schneide zwischen offen und geschlossen balanciert. Wir können nicht wissen, was es so außerordentlich machte – warum die Gesetze der Physik fordern, daß es flach ist –, aber unsere Überlegungen sagen uns, daß zum Weltall mehr gehört als die Art Atome, aus denen unser eigener Körper besteht, und die Protonen und Neutronen, die die Sternmaterie ausmachen. Mindestens 90% der Materie des Weltalls hat die Form von dunkler Materie, und die kann nicht nur aus Baryonen bestehen. Ohne die dunkle Materie – das unsichtbare Material des Weltalls – wäre das Weltall selbst jedoch ganz anders, und wir würden nicht existieren. Existiert die dunkle Materie gewissermaßen unseretwegen? Gibt es sie, weil wir hier sind? Was ist sie? Wo ist sie? Und wie hat sie an dem Entstehen der Strukturen mitgewirkt, die wir im Weltall sehen?

* Wir lassen hier die Elektronen wegen ihrer geringen Masse außer Betracht.

2. Himmelskunde

Wie wir gesehen haben, denken Astronomen und Kosmologen in Größenordnungen von Milliarden Lichtjahren des Raums und Milliarden Jahren der Zeit. Unsere eigene Sonne ist 4,5 Milliarden Jahre alt und wird sich mindestens noch einmal so lange weiterentwickeln, bis ihr der Kernbrennstoff ausgeht. Wenn wir den Aufbau des Weltalls beschreiben, beschreiben wir den Aufbau von Raum und Zeit, denn wenn wir in den Raum hineinsehen, sehen wir die Dinge, wie sie waren, als das Licht, das jetzt unsere Teleskope erreicht, die betrachteten Himmelskörper verließ. Selbst die Sonne, der uns nächste Stern, ist so weit entfernt, daß das Licht von dort über acht Minuten braucht, um die Erde zu erreichen.

Es leuchtet ein, daß Astronomen den Lebenslauf der Sterne nicht erforschen können, indem sie die Lebenszeit eines einzelnen Sternes, etwa die unserer Sonne, vollständig beobachten. Aber genauso wie ein Botaniker den Lebenslauf eines Baums erforschen könnte, indem er im Wald umhergeht und Bäume in den verschiedenen Lebensstadien untersucht, kann ein Astronom den Werdegang eines Sterns in Erfahrung bringen, indem er viele verschieden alte Sterne betrachtet. Sterne wie die Sonne beginnen ihr Leben, indem sie unter dem nach innen gerichteten Sog der Schwerkraft aus interstellaren Wolken kondensieren. Nach einigen kleineren Schwierigkeiten, Zeichen jugendlicher Rebellion, gelangen sie in ein Stadium, in dem sie durch die ständige Fusion von Wasserstoff zu Helium ihre innere Hitze behalten. Während dieser ruhigen Lebensphase, die unsere Sonne jetzt etwa zur Hälfte durchlebt hat, sagt man, der Stern sei ein »Hauptreihenstern«.

Wenn jedoch der Wasserstoff im Inneren eines Sterns wie unserer Sonne erschöpft ist, schwillt der Stern an und wird zunächst ein Roter Riese. Dann sinkt er zusammen und kühlt sich ab zu einer Kugel etwa von der Größe der Erde, wird also ein sogenannter Weißer Zwerg.

All dies wird gut verstanden. Aber nicht alles im Kosmos geschieht so gemächlich und gemäßigt. Einige Sterne, viel schwerer

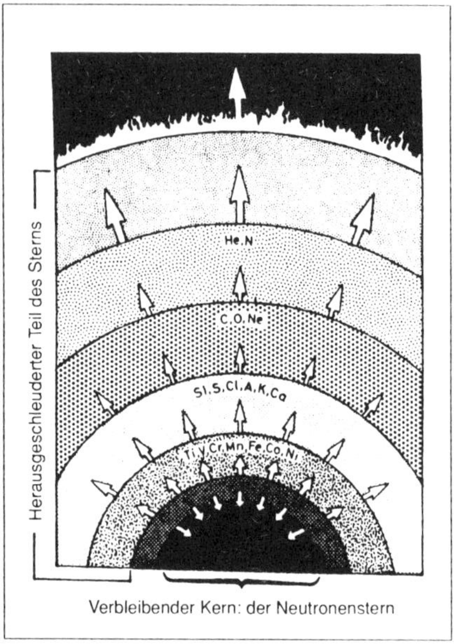

Abb. 2: Die »Zwiebelschalenstruktur« eines massereichen Sterns, bevor er als Supernova explodiert. Die heißeren inneren Schalen enthalten Atome, die im Periodensystem eine höhere Ordnungszahl haben. Es wird immer mehr Energie frei, bis die Materie in Eisen, den am festesten gebundenen Kern, verwandelt ist. Endothermische Kernreaktionen hinter der Stoßwelle, die die äußeren Hüllen des Kerns wegsprengt, können kleinere Mengen noch schwererer Kerne synthetisieren.

als unsere Sonne, beenden ihr Leben in einer heftigen Explosion als Supernova. Solche Ereignisse sind relativ selten – das Jahr 1987 war für die Astronomen aufregend, weil sie zum ersten Mal seit der Erfindung des Fernrohrs im 17. Jahrhundert eine »nahe« Supernova untersuchen konnten. Selbst dieses »nahe« Ereignis spielte sich jedoch in einer Entfernung von 170 000 Lichtjahren ab, nämlich in der Großen Magellanschen Wolke, einer unserem Milchstraßensystem benachbarten Galaxie. Das Licht, das Astronomen 1987 als Supernova sahen, hatte sich vor dem Beginn der letzten irdischen Eiszeit auf den Weg gemacht. Trotzdem sind Supernovae wichtig. Sie markieren die ungestü-

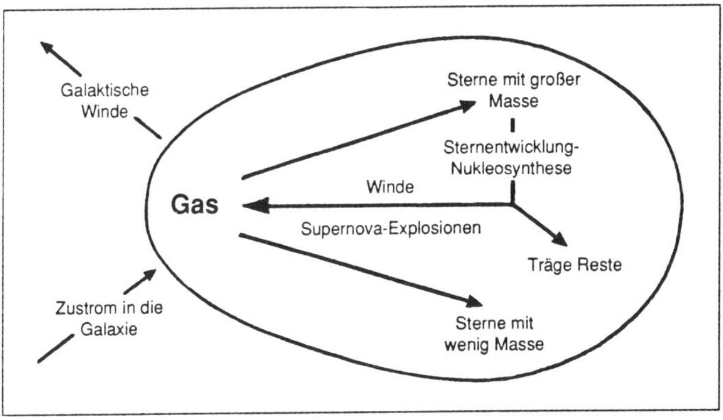

Abb. 3: Vorgänge, die den Inhalt einer Galaxie allmählich in schwere Elemente und langlebige Sterne verwandeln.

men Endpunkte der Sternentwicklung, wenn ein Stern, der zu massereich ist, um ein weißer Zwerg zu werden, seine zur Verfügung stehende Kernenergie verschleudert hat. Der Kern dieses Sterns stürzt wahrhaft katastrophal zusammen (»implodiert«), während die Hülle in den Raum geblasen wird. Übrig bleibt dichte Sternschlacke, ein *Neutronenstern* mit nur 10 km Durchmesser, der aber etwa so viel Masse enthält wie unsere Sonne.

In einem solchen Stern wird die Materie auf Kerndichte zusammengepreßt, eine Dichte also, die die gewöhnlicher Festkörper um das 10^{14}fache übertrifft. Die Gravitationskraft auf der Oberfläche eines Neutronensterns ist 10^{12}mal größer als auf der Erdoberfläche. Wenn eine Rakete an der Oberfläche eines solchen Sterns dem Sog seiner Schwerkraft entkommen wollte, müßte sie mit etwa halber Lichtgeschwindigkeit hochgeschossen werden. Die Bedingungen im Inneren eines Neutronensterns sind extremer als in den Sternen, die wir am Himmel leuchten sehen. Aus einem Neutronenstern hat die Schwerkraft jede Erinnerung an seine ursprüngliche Zusammensetzung herausgepreßt. Wir wissen heute noch nicht viel über ihre innere Struktur, weil die Bedingungen so exotisch und fremd sind. Aber Neutronensterne sind ein gutes Beispiel dafür, wie Physiker ihre Theorien überprüfen – und eventuell auch falsifizieren – können, indem sie sie auf das Verhalten von Materie unter Extrembedingungen anwenden. Der Urknall war ein Ereignis mit noch radikaleren Bedingungen. Wenn auch die Physik des Urknalls noch nicht gesichert ist, könnte sie sich als einfacher herausstellen als die von Neutronensternen – die Materie hatte damals weniger Möglichkeiten.

Selbst nahe Supernovae mögen uns räumlich und zeitlich weit entfernt erscheinen. Aber nur wenn die Astronomen solche Ereignisse untersuchen, können sie eine so alltägliche Frage angehen wie die, *woher die Atome kommen, aus denen wir bestehen*. Wie wir in Kapitel 10 erläutern, werden komplexe chemische Elemente durch Kernreaktionen, die Kraftquelle gewöhnlicher Sterne, aus Wasserstoff aufgebaut. Wenn Sterne von der Art der Sonne sterben, bleiben die dort entstandenen Elemente Bestandteile des abkühlenden Weißen Zwergs. Wenn aber massereiche Sterne als Supernovae explodieren, streuen sie damit Spuren der schweren Elemente in ihre Umgebung. Wir sind aus solchen Atomen entstanden. Biologen verfolgen unsere Abstammung bis auf primitive Protozoen zurück, aber der Astronom geht noch weiter. Jedes Kohlenstoffatom Ihres Körpers läßt sich zu Sternen zurückverfolgen, die vor Bildung des Sonnensystems gewaltsam starben. Wir bestehen buchstäblich aus der Asche toter Sterne.

Ohne Supernovae würde es uns nicht geben. Deshalb erlauben dieselben physikalischen Gesetze, die Supernovae ermöglichen, auch unser Sein. Sie gehören zu den anthropischen Zufällen im Weltall. All dies ist jedoch eine ziemlich engstirnige Sicht kosmischer Ereignisse. So interessant die Herstellung schwerer Elemente in den Supernovae der Milchstraße für unser eigenes Leben auch sein mag (und sie ist, wie wir sehen werden, doppelt interessant angesichts der erstaunlichen Präzision dieser zufälligen Übereinstimmungen im Weltall, die dafür sorgen, daß sich in den Sternen genau die richtigen Kernreaktionen abspielen), so ist unser ganzes Milchstraßensystem doch winzig im Vergleich mit dem ganzen bekannten Universum. Eine Galaxie wie die unsere enthält vielleicht hundert Milliarden (10^{11}) Sterne, und Millionen dieser Sterne könnten nach allem, was wir wissen, ein Gefolge von Planeten haben, auf denen es Leben gibt. Aber für einen Kosmologen ist eine Galaxie einfach ein Fleck im Raum, ein »Probekörper«, nützlich vor allem als Markierung für die Messung der Geschwindigkeit, mit der sich der Raum ausdehnt, denn der Schlüssel zur Entfernungsbestimmung im Universum ist die Rotverschiebung. Sie ist dem Kosmologen, was der Theodolit dem Geographen bedeutet.

Rotverschiebungen, Galaxien und Quasare

Die beobachtende Kosmologie wurde in den zwanziger Jahren dieses Jahrhunderts möglich, als Edwin Hubble einen Schlüssel zum Weltall entdeckte. Er bemerkte, daß für alle Galaxien mit Ausnahme der nächsten Nachbarn des Milchstraßensystems (wie etwa die Große Magellansche Wolke, die von der Schwerkraft auf einer Umlaufbahn um unsere Galaxis gehalten wird) die Rotverschiebung einer Galaxie proportional zu ihrer Entfernung von uns ist. Diese Entdeckung war Teil einer Revolution im Verständnis des Kosmos, bei der den Wissenschaftlern erstmals klar wurde, daß unsere Milchstraße nur eine ganz gewöhnliche, ziemlich typische Galaxie ist, ähnlich wie Millionen andere, und daß Galaxien die Grundbausteine des Weltalls sind. Sie sind Sternsysteme, die durch ein Gleichgewicht zwischen der Schwerkraft, mit der die Sterne einander anziehen, und der Gegenbewegung der Sterne, die das System auseinanderfliegen lassen würde, zusammengehalten werden. In einigen Galaxien, auch in unserer eigenen, bewegen sich die Sterne auf fast kreisförmigen Bahnen in riesigen Scheiben; in anderen, den weniger photogenen *elliptischen* Galaxien, schwärmen die Sterne eher zufällig herum; jeder Stern fühlt die Anziehungskraft aller anderen.

Galaxien sind für die Astronomen, was die Ökosysteme für die Biologen sind. Sie sind nicht nur *dynamische* Einheiten, die durch die Schwerkraft zusammengehalten werden, sondern auch *chemische*. Die Atome, aus denen wir bestehen, stammen aus allen Teilen unseres Milchstraßensystems. Sie wurden in vielen verschiedenen Sternen geschmiedet und können mehr als eine Milliarde Jahre im interstellaren Raum auf Wanderschaft gewesen sein, bevor sie sich in der Gaswolke wiederfanden, die zu unserem Sonnensystem wurde. Aber nur wenige der Atome unserer Körper stammen aus anderen Galaxien. Jede Galaxie durchläuft ihre eigene Entwicklung, wenn sich aus dem Schutt ihrer Vorgänger immer neue Sterne bilden – die »Organismen« des galaktischen Ökosystems.

Das Licht der meisten Galaxien stammt im wesentlichen von dem Gas und den Sternen in ihnen. Sterne anderer Galaxien sind (außer bei unseren nächsten galaktischen Nachbarn) zu schwach, um einzeln entdeckt zu werden, aber das Licht von Milliarden Sternen verbindet sich zu einem verwaschenen Flekken im Gesichtsfeld eines Teleskops, das nur dann zu einem hellen Bild wird, wenn es für eine astronomische Fotografie lange belichtet wird. Dieser verschwommene Lichtfleck kann spektroskopisch untersucht werden. So läßt sich die Lage vertrauter spektraler Eigenschaften – zum Beispiel das deutliche Muster der Natriumlinien – bestimmen. Selbst wenn wir nicht wüßten, *warum* die Rotverschiebung zur Entfernung der Galaxie von uns proportional sein sollte (eine Tatsache, die heute als Hubbles Gesetz bekannt ist), könnten sich die Kosmologen diese Entdekkung zunutze machen. Das »Gesetz« wurde aufgrund von Messungen des Lichts relativ naher Galaxien aufgestellt, deren Entfernungen sich mit anderen Mitteln schätzen lassen. Bei den meisten der verwaschenen Kleckse auf ihren Fotografien können Astronomen die Entfernung nicht direkt bestimmen. Aber Hubbles Gesetz wird dadurch erhärtet, daß Galaxien desselben Typs, bei denen man dieselbe innere Helligkeit vermutet, schwächer erscheinen, wenn ihre Rotverschiebungen größer sind – wie es sein sollte, wenn die Rotverschiebung ein Mittel der Entfernungsmessung ist. Soweit das Gesetz zutrifft, ist die *Entfernung proportional zur Rotverschiebung.* Mit der Umkehrung dieses Gesetzes können die Astronomen jetzt die Entfernung zu jeder Galaxie schätzen, deren Spektrum sie bestimmen können, indem sie einfach die Rotverschiebung messen.

Dabei gibt es einige Unwägbarkeiten. Die Schätzung der Entfernungen naher Galaxien beruht auf einer komplizierten Kette von Überlegungen. Weitere Ungewißheit rührt daher, daß Galaxien sich nicht genau mit der Hubbleschen »Fluchtgeschwindigkeit« bewegen, sondern auch ihre speziellen »Eigengeschwindigkeiten« von einigen hundert Kilometern pro Sekunde haben. Diese Geschwindigkeiten machen bei den relativ nahen Galaxien, deren Entfernungen sich auch mit anderen Mitteln messen lassen und an denen gerade die Beziehung zwischen Rotverschiebung und Entfernung aufgezeigt wird, einen wesentlichen Teil der Gesamtgeschwindigkeit aus. Diese Beziehung ist folglich noch um einen Faktor zwei unsicher. Manche Kosmologen schätzen also alle Entfernungen im Weltall doppelt so groß wie andere. Hubbles Gesetz legt auch eine *Zeitskala* fest – die Zeit, die zwei Galaxien gebraucht hätten, um mit der konstanten, durch ihre Rotverschiebung angezeigten Geschwindigkeit bis auf ihre heutige Entfernung auseinanderzulaufen, wenn sie einander anfangs berührt hätten. Diese Zeit liegt zwischen 10 und 20 Milliarden Jahren. Um die Unsicherheit zu mindern, fügen die meisten Experten in ihre Gleichungen einen Faktor *h* ein, der den Wert 1 hat, wenn die »Hubblezeit« 10 Milliarden Jahre beträgt, und den Wert 0,5, wenn es 20 Milliarden Jahre sind. So lassen sich die von den Kosmologen angegebenen Zahlen sofort durch die Abänderung von *h* an den jeweils bevorzugten Wert der kosmischen Entfernungsskala anpassen.

Eine andere Frage ist, *warum* es eine Beziehung zwischen Rotverschiebung und Entfernung gibt. Die übliche Erklärung haben wir schon angedeutet. Das Licht eines Objekts, das sich schnell genug vom Beobachter entfernt, wird durch den sogenannten Dopplereffekt rotverschoben. Das gleiche passiert mit Schallwellen in der Luft, wenn die Quelle der Schallwellen sich schnell entfernt, wodurch zum Beispiel der Ton des Martinshorns auf dem vorbeirasenden Krankenwagen tiefer wird. Ähnlich ist das Licht eines Körpers blauverschoben, wenn er sich auf den Beobachter zu bewegt, die Wellenlängen sind also kürzer, und der Ton desselben Warnsignals, der tiefer klingt, wenn der Wagen sich entfernt, ist höher. Die Wellen werden einfach durch die Bewegung des sie aussendenden Körpers entweder mehr auseinandergezogen oder mehr zusammengedrängt. Diese Dopplerverschiebungen (sowohl die Rot- als auch die Blauverschiebung) sind für die Astronomie sehr nützlich. Sie können uns etwas darüber mitteilen, wie sich Sterne und Gaswolken innerhalb unserer

Galaxie bewegen, wie andere Galaxien rotieren und wie Galaxien in einem Haufen sich relativ zueinander bewegen.

Es gibt noch eine andere Möglichkeit, sich Hubbles Gesetz zu veranschaulichen. Das Universum (also der Weltraum zwischen den Galaxien) dehnt sich aus und nimmt dabei, so die Vorstellung, die Galaxien mit. Wenn das Licht durch den sich ausdehnenden Raum läuft, wird es zu längeren Wellenlängen gedehnt, also zum roten Ende des Spektrums hin. In einem sich gleichförmig ausdehnenden Weltall ist der Effekt für entferntere Galaxien größer; für sie ist die Rotverschiebung in der Tat proportional zur Entfernung.

Eine Rotverschiebung könnte auch durch ein starkes Gravitationsfeld bewirkt werden. Wenn Licht zum Beispiel der Oberfläche eines Neutronensterns zu entkommen versucht, muß es so sehr gegen die Schwerkraft ankämpfen, daß es rotverschoben wird. Licht kann nicht langsamer werden, aber es kann Energie verlieren. Rotes Licht hat nicht nur eine längere Wellenlänge als blaues Licht, sondern auch weniger Energie.

Diese Vorgänge verstehen wir gut. Aber manche Menschen meinen, es könnte auch andere Möglichkeiten der Entstehung von Rotverschiebungen geben, die wir noch nicht verstehen, und einige unserer Ideen über den Aufbau des Weltalls könnten falsch sein, weil wir zu sehr auf Hubbles Gesetz vertrauen. Diese Bedenken beziehen sich vor allem auf jene Objekte, zu denen auch, falls die Interpretation des Hubbleschen Gesetzes als Rotverschiebung richtig ist, die entferntesten und energiereichsten je beobachteten Körper gehören – die Quasare.

Galaxien zeigen sich auf astronomischen Fotografien als verschwommene Lichtflecken, ganz anders als Sterne, die wie Lichtpunkte erscheinen. Aber um 1960 entdeckten Astronomen, daß einige der hellsten Lichtpunkte, die sie in ihren Teleskopen sehen und mit astronomischen Kameras fotografieren konnten, sehr große, mit denen entfernter Galaxien vergleichbare Rotverschiebungen haben. Weil diese Körper wegen ihrer Kleinheit wie Sterne aussehen, wurden sie *quasistellare Objekte* oder kurz *Quasare* genannt. Wenn sie jedoch so weit entfernt sind, wie ihre Rotverschiebungen nach Hubbles Gesetz vermuten lassen, müssen sie sehr hell sein – so hell wie eine Galaxie mit tausend Milliarden Sternen, und in einigen Fällen noch viel heller. Die ganze Energie, die einen Quasar so hell leuchten läßt, muß aus einem sehr kleinen Bereich kommen, einem Raumvolumen, das nicht größer ist als der Durchmesser unseres Sonnensystems. Obwohl ein Quasar mehr Energie erzeugt als unser gesamtes Milchstraßensystem, paßt er in die Umlaufbahn des Pluto um die Sonne herum hinein.

Einige Astronomen empfanden dies in den sechziger Jahren als eine Zumutung. Sie behaupteten, daß die Rotverschiebung in Quasaren nicht von der durch die Expansion des Weltalls bewirkten Dehnung der Raumzeit herrührt, sondern die vertraute Dopplerverschiebung ist. Quasare wären dann einfach Sterne (und nicht nur Sternen ähnlich), die aus der Mitte einer nahen Galaxie mit sehr hohen Geschwindigkeiten hinausgeschleudert worden wären. Das Argument versagte aus mehreren Gründen. So wurden zum Beispiel immer mehr Quasare entdeckt, aber keiner zeigte eine Blauverschiebung, obwohl sicherlich einige Bruchstücke einer nahe gelegenen kosmischen Katastrophe sich auf uns zu bewegt hätten. Und mit der Verbesserung der Beobachtungsinstrumente haben Astronomen jetzt Hinweise darauf, daß viele und vielleicht alle Quasare zu Galaxien gehören. Sie haben gemerkt, daß in den Zentren von Galaxien sehr viel ungestüme Aktivität abläuft, für die die Quasare nur ein extremes Beispiel sind. In einer Handvoll von Fällen haben wunderbar genaue Messungen die Rotverschiebung eines Quasars im Kern einer Galaxie und, ganz unabhängig davon, die Rotverschiebung der Materie der Galaxie außerhalb des Kerns messen können. Die beiden Rotverschiebungen stimmen überein, und das Spektrum des Lichts von den schwachen äußeren Regionen ähnelt dem des Lichts von den Sternen und Gasen einer gewöhnlichen Galaxie. Es gibt auch noch andere Hinweise, die Hubbles Gesetz für Quasare bestätigen. Insgesamt scheint die Deutung der Rotverschiebung von Quasaren als eine Auswirkung des expandierenden Universums – also als kosmologische Rotverschiebung – gut begründet zu sein. Doch glaubt eine Minderheit daß die übliche »kosmologische« Sicht der Quasare so verzerrt und unvollständig ist wie das Bild, das Ptolemäus vom Sonnensystem hatte.

Die Erforschung des Weltalls, die Erörterungen in diesem Buch eingeschlossen, beschäftigt sich meist mit den breiten Pinselstrichen des kosmischen Bildes, der allgemeinen Sicht dessen, was im Kosmos vor sich geht. Einige wenige Kosmologen jedoch richten ihre Aufmerksamkeit lieber auf Besonderheiten und Merkwürdigkeiten, die nicht leicht in das Gesamtbild hineinpassen. Manchmal stellt sich heraus, daß die Beschäftigung mit den Besonderheiten eines wissenschaftlichen Forschungsgebietes neue Einsichten offenbart, die dazu führen, daß das Bild neu gezeichnet werden muß. Häufiger können die Merkwürdigkeiten in das Gesamtbild eingeordnet werden, wenn sie besser verstanden werden. Die Besonderheiten der Rotverschiebung, die einigen Forschern große Sorge machen, betreffen das Erscheinungsbild von Objekten am Himmel (und deshalb auch in astronomischen Aufnahmen), die verschiedene Rotverschiebungen haben, aber miteinander verbunden zu sein scheinen. Die besten Beispiele dieser seltsamen Beziehung hat Halton Arp fotografiert, ein Amerikaner, der jetzt in München arbeitet. Er hat Bilder von Systemen aufgenommen, in denen diese »diskrepanten« Rotverschiebungen in Ketten von Galaxien und in Situationen auftauchen, in denen ein Quasar am Ende eines aus einer Galaxie herausgeschossenen Stroms von Materie zu liegen scheint.

Im einen Extrem behaupten einige Astronomen, daß diese Bilder das ganze Verständnis der kosmologischen Rotverschiebungen in Frage stellen. Offenbar sind zwei miteinander verbundene Objekte von uns gleich weit entfernt und sollten, wenn Hubbles Gesetz zutrifft, die gleiche Rotverschiebung haben. Wenn auch nur eine Rotverschiebung »falsch« ist, so lautet ihre Überlegung, stimmt vielleicht keine. Im anderen Extrem tun einige Astronomen alle Arpschen Fotos als bedeutungslose Zufälle ab. Die »Brücke«, die eine Galaxie mit einem Quasar mit anderer Rotverschiebung verbindet, ist, so behaupten sie, immer eine optische Täuschung, und deshalb gibt es überhaupt kein Problem. Dieses Argument leuchtete ein, als Arp nur ein oder zwei merkwürdige Verbindungen gefunden hatte, wird aber um so weniger haltbar, je mehr neue »Zufälle« auftauchen.

Wir stehen irgendwo zwischen den beiden Extremen. Wie die meisten Astronomen, die Arps Arbeit verfolgen, meinen wir, daß das Beweismaterial für die anomalen Rotverschiebungen in den letzten Jahren nicht an Gewicht gewonnen, sondern mit den Fortschritten der extragalaktischen Astronomie eher verloren hat. Arp selbst schreibt diese Skepsis den Scheuklappen seiner Kollegen zu, die etwas gegen radikale neue Ideen haben. Einige *wenige* Astronomen, insbesondere solche, die jahrelange Bemühungen auf Forschungsprogramme verwendet haben, die auf den »üblichen« kosmologischen Annahmen beruhen, mögen in der Tat psychologisch indisponiert sein, das Standardbild für falsch zu erachten. Aber die *meisten* wären wohl *entzückt*, wenn sich grundsätzlich neue Phänomene oder sogar eine »neue Physik« entdecken lassen würden. Astronomen nehmen im allgemeinen nur zu gern neue Gedanken auf, an deren weiterer Erforschung sie Anteil haben können. Der Widerstand der Astronomen, ihre Beobachtungszeit auf die Verfolgung der Gedanken Arps zu verwenden, ist vielleicht analog zu der Abneigung zu sehen, die fast alle Wissenschaftler gegen den »siebten Sinn«, die außersinnliche Wahrnehmung, hegen. Wenn solche Phänomene real wären, würde der Lohn enorm sein, aber die Wahrscheinlichkeit scheint so gering, daß auch ein Freigeist unter den Forschern sich hütet, viel Mühe hineinzustecken. Arp hat jedoch mittlerweile viele Hinweise auf sonderbare Zusammenhänge gefunden. Es läßt sich zumindest in manchen Fällen kaum leugnen, daß mehr als Zufall und optische Täuschung am Werk sind. Etwas *ist* in einigen Fällen merkwürdig, aber daraus folgt keineswegs, daß konventionelle Gedanken diese Phänomene nicht eines Tages erklären können, wenn sie besser verstanden sind. In der Astronomie wie in anderen Wissenschaften entziehen sich Phänomene oft jahrzehntelang unserem Verständnis, selbst wenn sie sich schließlich als voll durch bekannte Gesetze erklärbar erweisen. So scheint es voreilig zu sein, das Handtuch zu werfen und eine neue Physik zu fordern, bis Astronomen sich länger und intensiver mit diesen Zusammenhängen beschäftigt haben.

Die Einzelheiten mögen sich ändern, das Gesamtbild scheint gesichert – es sind jetzt Tausende von Quasaren bekannt und relativ wenige zeigen die Merkwürdigkeiten, die Arp faszinieren. Schwächere Quasare haben im großen und ganzen größere Rotverschiebungen, wie es zu erwarten ist, wenn große Rotverschiebungen große Entfernungen bedeuten, und man erkennt eine schöne Abstufung der in Galaxien beobachteten Aktivität, von ruhigen wie unserer eigenen über verschiedene Formen ungestümer Ausbrüche bis hin zu Quasaren. Es ist in gewisser Weise enttäuschend, daß wir in bezug auf das Verständnis der Rotverschiebung nicht mitten in einer Revolution sind, einer Revolution, die für Astronomen so aufregend wäre wie Hubbles revolutionäre Entdeckung der Ausdehnung des Weltalls. Aber wir sollten nicht vermessen sein – schließlich leben wir, was unser Verständnis des Weltalls betrifft, mitten in einer anderen Revolution, und sie ist das Hauptthema dieses Buchs.

Die ganze Debatte über anomale Rotverschiebungen ist bei unserer Betrachtung bis zu einem gewissen Grade nur ein Nebenthema. Für den Aufbau des Weltalls, wie wir es kennen, ist vor allem die Verteilung der Galaxien wichtig. Selbst Arp behauptet nicht, daß es bei den meisten der von Astronomen untersuchten Galaxien wirklich Zweifel an der Beziehung zwischen Rotverschiebung und Entfernung gibt. Unabhängig davon, was in einigen wenigen merkwürdigen Körpern abläuft, können wir die sichtbaren Bereiche des Weltalls also doch mit einiger Zuversicht beschreiben, wenn wir die Rotverschiebungen und damit die Entfernungen vieler Galaxien bestimmen. Dabei stoßen wir auf Überraschungen, die so aufregend und folgenreich sind wie die möglichen Folgerungen aus Arps Deutungen für spezielle Rotverschiebungen. Wir erhalten die Bestätigung dafür, daß 90% der Masse des Weltalls nicht die Form heller Sterne und Galaxien haben, und Hinweise darauf, welche Form sie haben könnten. Diese ungesehene dunkle Materie beherrscht den Aufbau des Weltraums und hat das Entstehen intelligenten Lebens auf mindestens einem Planeten ermöglicht. Wir werden uns in Kürze mit ihr beschäftigen. Aber der Vollständigkeit halber sollten wir uns zuerst die Messungen der Rotverschiebungen bei Quasaren zunutze machen, da die größten davon viel größer sind als alle gemessenen Rotverschiebungen einer normalen Galaxie und dem Kosmographen einen Blick bis an den Rand unseres Universums ermöglichen.

Die Rotverschiebung ist nach gewöhnlichen Maßstäben ein etwas ungewöhnliches Verfahren zur Entfernungsmessung. Astronomen bezeichnen die Rotverschiebung eines Objekts mit dem Buchstaben z (für die relative Veränderung der gemessenen Lichtwellenlänge). Wenn sie die Entfernungen zu den Galaxien in der Nähe des Milchstraßensystems messen, erhalten sie für z gewöhnlich kleine Werte – eine Rotverschiebung von 1 ist für eine Galaxie groß, obwohl Astronomen in diesem Jahrzehnt mit neuen Beobachtungsverfahren auch weiter entfernte Galaxien leicht erkennen und vermessen können sollten. Hubbles Gesetz, nach dem die Rotverschiebung zur Entfernung proportional ist, beruht auf Messungen an nahen Galaxien. Wenn all die Stangen in Eschers unendlichem Gitter (vgl. Abb. 4) im gleichen Maß länger würden, behielte das Gitter seine Form, dehnte sich jedoch aus – der Raum würde sich dehnen. Dabei gibt es aber keinen Mittelpunkt. Ein Beobachter würde von jedem Schnittpunkt aus beobachten, daß alle Schnittpunkte voneinander wegstreben; die »Fluchtgeschwindigkeit« wäre in Übereinstimmung mit Hubbles Gesetz für die entfernteren größer als für die nahen. Das ist eine gute Analogie zum expandierenden Weltall – natürlich bis auf die Tatsache, daß die Galaxien in einem komplizierten Muster in Gruppen und Haufen verstreut und gar nicht ordentlich angeordnet sind.

Die Allgemeine Relativitätstheorie bestätigt, daß dies dem Gesetz der Rotverschiebung entspricht, das in einem expandierenden Weltall in Übereinstimmung mit Einsteins Gleichungen bei nahen Galaxien beobachtbar sein »sollte«. Aber die Allgemeine Relativitätstheorie besagt auch, daß dies nur eine Annäherung an eine kompliziertere Regel ist, die ganz allgemein im Weltall gilt. Für relativ nahe Galaxien ist die Rotverschiebung in der Tat ziemlich genau proportional zur Entfernung. Je weiter wir jedoch in den Weltraum hineinschauen, um so mehr weicht das Rotverschiebungsgesetz von der einfachen Regel ab. Mit Hilfe der Allgemeinen Relativitätstheorie können wir immer noch die Entfernungen zu fernen Galaxien und Quasaren durch Messung

Abb. 4: Eschers unendliches Gitter.

der Rotverschiebung bestimmen. Aber eine Rotverschiebung von 2 bedeutet nicht, daß die Galaxie genau doppelt so weit von uns entfernt ist wie eine Galaxie mit einer Rotverschiebung von 1. Astronomen hüten sich, die Entfernungen zu Galaxien in Lichtjahren anzugeben, weil ihre Schätzungen der in Hubbles Gesetz und in der relativistischen Form des Gesetzes auftretenden Konstanten so wenig gesichert sind. Besser stellt man sich die Rotverschiebung als ein Maß dafür vor, wie weit sich das Weltall ausgedehnt hat – wie weit die Wellenlängen gedehnt wurden – seit das Licht sich auf den Weg zu uns machte.

Wenn eine Galaxie oder ein Quasar die Rotverschiebung z hat, beträgt das Grundmaß des Weltalls (der Abstand von zwei typischen Galaxien) jetzt das $(1 + z)$fache von dem, was es bei Aussendung des Lichts betrug. Wenn also zum Beispiel $z = 3$ ist, ist der Ausdehnungsfaktor 4. In welcher Beziehung steht die Rotverschiebung zur Rückblickzeit – der Zeit, zu der das Licht die Reise begann? Wenn die Galaxien sich immer mit derselben Geschwindigkeit bewegt hätten, wäre die Antwort einfach: Als das Weltall ein Viertel so groß war wie heute ($z = 3$), hätte es ein Viertel seines jetzigen Alters gehabt, und wir könnten drei Viertel des Weges zum Urknall zurückblicken. Allgemeiner entspräche eine Rotverschiebung z dem Bruchteil $1/(1 + z)$ des heutigen Alters. Das Alter der Welt wäre dann einfach die Hubblezeit, $10/h$ Milliarden Jahre. Es gibt jedoch keinen Grund für die Annahme, die Galaxien hätten sich immer mit ihrer heutigen Geschwindigkeit bewegt. Wir erwarten vielmehr aufgrund der Gravitationsanziehung, die jede Galaxie auf alle anderen ausübt, eine *Verzögerung*. Die Durchschnittsgeschwindigkeit von Galaxien muß im Lauf ihrer Vergangenheit viel höher gewesen sein als die Geschwindigkeiten, die wir heute mit Hilfe von Rotverschiebungen messen. Das schränkt unsere Schätzung der seit dem Urknall verstrichenen Zeit etwas ein.

Die Verzögerung beeinflußt auch die Beziehung zwischen Rotverschiebung und Rückblickzeit. Für unser bevorzugtes flaches Universum ist die Beziehung recht einfach: Das Alter dieses Universums ist bei einer Rotverschiebung z nicht $1/(1 + z)$, sondern etwa die Quadratwurzel der dritten Potenz dieses Bruchs. Wenn wir also einen Quasar mit einer Rotverschiebung von 3 anschauen, sehen wir ihn so, wie er war, als das Weltall nur ein Achtel seines heutigen Alters hatte ($4^{3/2} = 8$) – damals war es weniger als 2 Milliarden Jahre alt.

Diese einfache Rechnung wirft ein Licht auf ein grundlegendes kosmisches Rätsel: Wie kann das Weltall schon so früh so glatt und gleichförmig gewesen sein? Als das Weltall ein Viertel seiner jetzigen Größe hatte, war es nur ein Achtel so alt wie heute. Es stand also im Verhältnis zu später viel weniger Zeit zur Verfügung, in der sich ein Signal, das sich ja nie schneller als mit Lichtgeschwindigkeit ausbreitet, über das Weltall erstrecken kann. Bereiche, die nicht miteinander »in Verbindung stehen«, können auch nicht synchronisiert sein. Wie also können verschiedene Teile des Universums einander so ähnlich sein? Das Problem wird immer größer, je näher wir zum Urknall zurückkommen – wenn das Licht nur einen Augenblick braucht, um das Weltall zu durchmessen, steht nur sehr wenig Zeit zur Verfügung, in der die verschiedenen Teile des Weltalls miteinander wechselwirken können. Dieses Kausalitätsproblem, das Abbildung 5 illustriert, entsteht, weil die Schwerkraft die kosmische Ausdehnung verzögert. Die Inflationshypothese, die wir später behandeln werden, fordert eine im Frühstadium rasch *beschleunigte* Ausdehnung

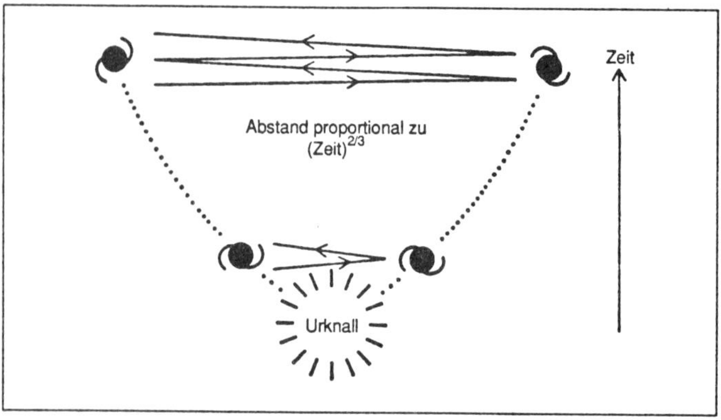

Abb. 5: Die Kommunikation zwischen verschiedenen Teilen des Weltalls war in früheren Zeiten *schwieriger* als heute. Betrachten wir zum Beispiel eine Galaxie, die von uns ein Viertel des Hubbleradius entfernt ist. Wir können jetzt, während der Expansionszeit des Universums, viermal Lichtsignale mit ihr austauschen. Als das Universum jedoch nur ein Viertel seiner heutigen Größe hatte (Rotverschiebung $z = 3$), war es nur ein Achtel so alt wie heute. Obwohl diese Galaxie dann viermal so nah war, hätte die Zeit nur zum Austausch von zwei Signalen gereicht. Wenn wir diese Überlegung verallgemeinern, ergibt sich, daß keine zwei Galaxien (oder Protogalaxien) in sehr früher Zeit miteinander in ursächlicher Verbindung gewesen sein können. Es ist deshalb ein Geheimnis, warum das Weltall seine Ausdehnung so gleichförmig und anscheinend gut synchronisiert beginnen konnte. In diesem Beispiel beträgt die seit dem Urknall verstrichene Zeit eigentlich sogar nur zwei Drittel der Hubblezeit, weil die Ausdehnung in der Vergangenheit rascher verlief.

und gibt eine Erklärung dafür, warum das Weltall selbst in den ersten Stadien des Urknalls sehr gleichförmig war.

Wenn wir weiter in die Welt hineinschauen, blicken wir natürlich auch weiter zurück in die Zeit und sehen das Weltall so, wie es war, als das Licht, das wir sehen, jene Galaxien verließ. Aber die Rotverschiebung baut zwischen uns und dem Urknall selbst eine Art Schranke auf. Eine Verdopplung der gemessenen Rotverschiebung verdoppelt nicht die gemessene Entfernung, weder in bezug auf die Zeit noch auf den Raum. Je weiter wir hinaussehen – je weiter zurück in die Zeit –, um so größer ist der Unterschied der Rotverschiebung, der nötig ist, damit eine bestimmte

Abb. 6: Weil die Lichtgeschwindigkeit endlich ist, sehen wir ferne Bereiche so, wie sie zu früheren Zeiten waren, als alles noch enger gepackt war. Das Weltall ähnelt so, wie wir es sehen, diesem Bild von Escher: Die Objekte scheinen sich zum Rand unseres Beobachtungs»horizonts« hin immer mehr zu drängen.

Entfernung zurückgelegt wird. Es bietet sich ein hinkender, aber hilfreicher Vergleich mit einem Kletterer an, der einen hohen Berg besteigt. Zuerst ist es für ihn einfach, voranzukommen, und er gewinnt mit wenig Mühe viel Höhe. Wenn er jedoch höher steigt und der Weg steiler wird, führt dieselbe Anstrengung zu immer geringerem Fortschritt. Im Fall des Universums ist die Rotverschiebung des Urknalls im Augenblick der Schöpfung *unendlich*; der Urknall kann niemals direkt gesehen werden. Es ist, als ob der Bergsteiger immer noch etwas höher kommt, wenn er sich nur genug anstrengt; aber um zum Gipfel zu kommen, braucht es unendliche Mühe.

Heute sind Quasare mit Rotverschiebungen von etwa 4,5 bekannt, und das bedeutet, daß wir grob geschätzt 90% der Geschichte der Welt bis zu einer Zeit von nur etwa einer Milliarde Jahren nach dem Urknall überblicken können. Wenn Rotverschiebungen von $z = 10$ gemessen werden könnten, könnten wir bis in die Zeit zurückschauen, in der das Weltall 3% seines heutigen Alters hatte. Wir wissen nicht, ob sich damals schon Galaxien gebildet hatten. Wegen des Zeitraums, den die Galaxienbildung nach dem Urknall brauchte, sind wir vielleicht schon nahe daran, praktisch den »Rand der Welt« »sehen« zu können, einen »Rand«, der die etwas sonderbare Eigenschaft hat, daß er einer Zeit entspricht, zu der das Weltall kleiner und dichter war, als es heute in unserer Umgebung ist.

Dieser »Rand« bedeutet keineswegs, daß wir in der Mitte des Weltalls sind. Ein besserer Vergleich wäre der mit einem Matrosen, der sich vom Deck seines Schiffes aus von einem kreisrunden Meer umgeben sieht, dessen Rand, der Horizont, sich deutlich abzeichnet. Wenn der Matrose auf den Mast des Schiffes klettert, läßt ihn die zusätzliche Höhe eine größere Meeresfläche sehen. Der neue Horizont sieht immer noch wie ein Rand aus, selbst wenn der Ozean grenzenlos ist.

Kosmologen drehen die Rotverschiebungsbeziehung sogar herum, wenn sie beschreiben wollen, wie sich ein Universum wie das unsere aus dem Urknall heraus entwickeln konnte. Bei hohen Werten von z dient sie ihnen als ein einfaches Mittel, die Folge der Ereignisse in ihren (auf der Allgemeinen Relativitätstheorie basierenden) mathematischen Modellen zu benennen. Sie sprechen von Ereignissen, die bei einer Rotverschiebung von 1000 oder 100 stattfanden, statt von der Zeit zu reden, die seit dem Augenblick der Schöpfung verstrich. Das ist eine bequeme Ausdrucksform, aber sie bedeutet nicht, daß ein Astronom je eine so große Rotverschiebung gemessen hätte oder daß die Hoffnung besteht, eine solche kosmologische Rotverschiebung könnte je beobachtet werden – außer in dem besonderen Fall der Hintergrundstrahlung, die das ganze Weltall erfüllt. Sie wird als das Licht des weißglühenden Weltalls gedeutet, das wenige hunderttausend Jahre nach dem Urknall entstand und so stark rotverschoben ist, daß es sich jetzt als ein schwaches Rauschen von Energie im Mikrowellenteil des elektromagnetischen Spektrums

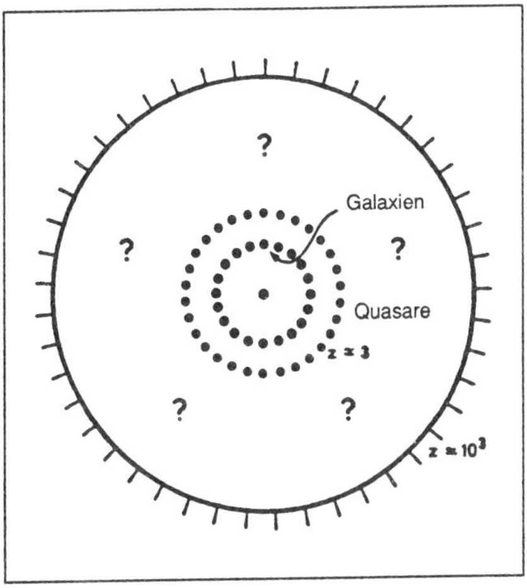

Abb. 7: Dieses Diagramm veranschaulicht verschiedene »Rotverschiebungsschalen« um uns herum. Der Mikrowellenhintergrund entstammt der »kosmischen Photosphäre« bei $z = 1000$, was einer Epoche entspricht, in der das Weltall etwa eine Million Jahre alt war. Die entferntesten Quasare schickten das Licht, das uns heute erreicht, aus, als das Weltall etwa eine Milliarde (10^9) Jahre alt war. Wir wissen sehr wenig über die Epoche der kosmischen Geschichte, die zwischen 10^6 und 10^9 Jahren liegt.

zeigt. Dies entspricht einer Rotverschiebung von etwa 1000. Bis jetzt ist nichts von dem Teil der kosmischen Geschichte entdeckt worden, der der Kluft zwischen $z = 1000$ und $z = 5$ entspricht und etwa 6% der Geschichte der Welt ausmacht. Irgendwo in diesem Bereich spielten sich die Prozesse ab, die zur Bildung von Galaxien führten. Da wir diese Vorgänge nicht direkt beobachten können, müssen wir erschließen, wie sich Galaxien bildeten, indem wir uns anschauen, wie sie im heutigen Weltall verteilt sind. Das bringt uns vom Rand der Welt zum Aufbau unserer eigenen kosmischen Nachbarschaft zurück.

Die helle Materie

Wir leben in einer Galaxie. Galaxien enthalten Sterne, und Sterne bestehen aus Baryonen, die für einen Physiker dasselbe Material sind wie das, aus dem unsere eigenen Körper bestehen. Galaxien, der sichtbare, helle Stoff des Weltalls, sind auch die Grundeinheiten, mit deren Hilfe wir den Aufbau des Universums studieren, aber nicht alle Galaxien sind gleich. Unterschiede zwischen den verschiedenen Galaxienarten können wichtige Hinweise darauf geben, wie sich die Galaxien vor langer Zeit, damals, als das Weltall jung war, bildeten, und sie können uns helfen, abzuschätzen, wie zuverlässig die Verteilung der Galaxien auch die Verteilung der gesamten kosmischen Materie einschließlich der dunklen Materie angibt. Wenn sich keine Galaxien gebildet hätten, wären wir nicht hier. Wenn wir über die Galaxien Bescheid wissen, verfügen wir über einen Schlüssel zum Verständnis unserer eigenen Existenz.

Unsere Milchstraße ist eine Scheibengalaxie. Scheibengalaxien werden auch Spiralgalaxien genannt, weil die hellen Sterne in solchen Galaxien oft eine deutliche Spirale bilden.* Da jedoch nicht alle Scheibengalaxien deutliche »Spiralarme« zeigen, ziehen wir es vor, von Scheiben zu sprechen. Außer der Scheibe hat eine solche Galaxie zwei andere Kennzeichen – einen Zentralbereich von Sternen um den Kern herum, der die Galaxie wie ein Spiegelei aussehen läßt, und einen »Hof« oder »Halo« alter Sterne, der sowohl die Scheibe als auch den Zentralbereich ungefähr kugelförmig umgibt. Einige der Sterne im Halo gruppieren sich in kugelförmigen Ansammlungen, den Kugelhaufen, die sich als Einheit durch den Raum bewegen. Ein solcher Haufen kann bis zu einer Million Sterne enthalten, die durch die Schwerkraft innerhalb einer Kugel mit einem Radius von etwa 100 Lichtjahren gehalten werden; zum Milchstraßensystem gehören

* Das Spiralmuster entsteht durch Wellen, die durch die Galaxie laufen. Jeder Stern umläuft das Zentrum der Galaxie näherungsweise auf einer Kreisbahn und nicht auf einem Spiral»arm«. Das ist etwa so, wie sich ein Wellenmuster auf einer Wasseroberfläche fortpflanzt, obwohl jedes Wassermolekül nur auf und ab schwingt und sich nicht mit der Welle vorwärtsbewegt.

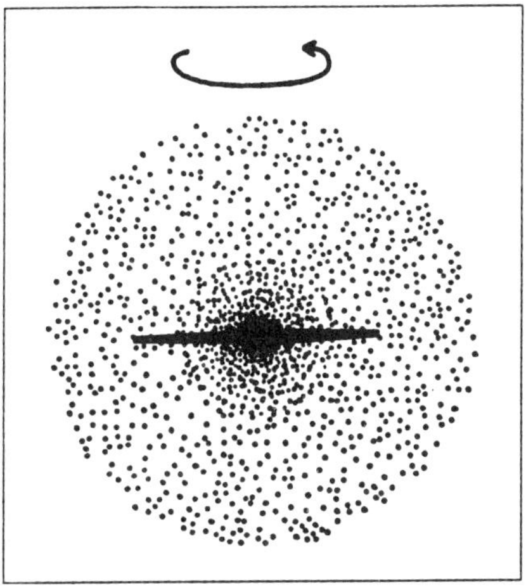

Abb. 8: Schematische »Seitenansicht« einer Scheibengalaxie wie unserer eigenen Milchstraße, die ihre drei Hauptkomponenten zeigt: Zentralbereich, Scheibe und Halo.

aber nur etwa 200 Kugelhaufen. Halosterne machen lediglich einen kleinen Teil der hundert Milliarden Sonnen aus, aus denen eine Scheibengalaxie besteht.

Messungen der Rotation der Scheibengalaxien mittels der allgegenwärtigen Rotverschiebung (diesmal in der direkten Dopplerversion) zeigen auch, daß es in dem Halo einer solchen Galaxie viel dunkle Materie geben muß, die die helle Materie der Scheibe an ihrem Platz hält und die Rotation stabilisiert (siehe Kapitel 5).

Die Scheibe einer solchen Galaxie ist im Vergleich zu ihrem Durchmesser wirklich dünn. In unserer eigenen Galaxis zum Beispiel bildet sie das himmlische Lichterband, dem das Milchstraßensystem seinen Namen verdankt, und im Bereich unseres Sonnensystems, das etwa 28 000 Lichtjahre vom Zentrum der Galaxie entfernt und zwei Drittel des Weges zum Rand der hellen Scheibe hin liegt, ist sie weniger als 1000 Lichtjahre dick. Diese Abmessungen sind ziemlich typisch. Alte Sterne, solche der sogenannten Population H, treten hauptsächlich im Halo und im Zentralbereich auf, der sich etwa halbwegs bis zum Sonnensystem hin erstreckt. Jüngere Sterne, die sich aus Wolken gebildet haben, die mit dem Schutt ehemaliger Supernovae durchsetzt waren, liegen vor allem in der Scheibe. Die meisten der hellen Sterne einer Galaxie wie der unseren sind junge Sterne der Population I.

Durch Messung der Geschwindigkeiten, mit denen sich andere Galaxien in der Nähe unserer eigenen, also in der sogenannten Lokalen Gruppe, bewegen, können Astronomen berechnen, wieviel Masse unsere Galaxie haben muß, damit diese Bewegungen auf die Wirkung der Schwerkraft zurückgeführt werden können. (Einige der Galaxien entfernen sich von uns; andere, etwa der Andromedanebel, kommen auf uns zu.) Das so geschätzte *Minimum* der Masse in unserer Galaxie beträgt rund eintausend Milliarden Sonnenmassen. Da die Galaxis rund gerechnet hundert Milliarden Sterne enthält und die mittlere Masse eines Sterns etwa gleich der Masse unserer Sonne ist, bedeutet das, daß es in der Galaxis mindestens zehnmal soviel dunkle Materie gibt wie helle Sterne. Diese Zahl ergibt sich auch bei Schätzungen an anderen Scheibengalaxien – im großen und ganzen enthalten solche Galaxien zehnmal soviel dunkle Materie wie helle.

Der andere Haupttyp der Galaxien ist das *Ellipsoid*. Diese »elliptischen Galaxien« kommen in vielen Formen und Größen vor. Einige sind kugelförmig, also wie riesige Kugelhaufen, andere länglich wie ein Rugbyball oder eine Zigarre, und viele sind abgeflacht wie ein etwas zerdrückter Ball. Sie bestehen alle fast ausschließlich aus alten Sternen und ähneln in mancher Hinsicht dem Kern und dem Halo einer Scheibengalaxie ohne die Scheibe. Manche elliptischen »Zwerg«galaxien sind im Vergleich mit unserer Galaxis sehr klein. Das andere Extrem bilden die sogenannten »CDs«, die größten bekannten Galaxien. Ihre Sterne erstrecken sich über einen Bereich von mehr als 300 000 Lichtjahren Ausdehnung. Eine solche Galaxie kann bis zu hundertmal mehr Sterne haben als unsere eigene Galaxis. Elliptische Zwerge sind wohl die häufigsten aller Galaxien. Vielleicht gebührt diese Ehre auch einer anderen Art kleiner Galaxie, den sogenannten irregulären Zwergen, die in allen möglichen unregelmäßigen Formen vorkommen.

Wir greifen etwas vor, wenn wir sagen, daß Galaxien sich aus Gaswolken gebildet haben müssen, die hauptsächlich aus dem beim Urknall gebildeten Wasserstoff und Helium bestanden und durch ihre eigene Schwerkraft und die Schwerkraft der Wolken dunkler Materie, in die sie eingebettet waren, zusammengehalten wurden. Die dunkle Materie erzeugte eine Art Gravitationsmulde oder Potentialtopf, in dem sich das Gas sammelte, bis es dicht genug war, um unter seiner eigenen Schwerkraft zusammenzufallen und zu Sternen zu kondensieren. Ohne die von der dunklen Materie ausgehende Gravitationsanziehung hätte sich eine Galaxie wie das Milchstraßensystem mit allen Sternen und Sternsystemen vielleicht niemals gebildet. Die entscheidende Frage, der wir uns in Kürze zuwenden werden, ist, wie die anfänglichen Unregelmäßigkeiten, die Gravitationsmulden, sich in einem Weltall ausbilden konnten, dessen Entwicklung vom Urknall an glatt und stetig verlief.

Die Verteilung der Galaxien im heutigen Weltall ist keineswegs vollkommen gleichmäßig. Über die Hälfte aller bekannten Galaxien gehören zu Gruppen. Kleinere Gruppen aus zehn oder zwanzig Galaxien, die durch ihre Schwerkraft zusammengehalten werden, heißen eben so: »Gruppen«. Größere Gruppen, die Hunderte oder Tausende von Galaxien enthalten, die im selben Teil des Weltalls liegen, heißen Haufen. Eine Gruppe von Galaxien innerhalb eines Haufens ähnelt einer einzelnen Insel in einer Inselgruppe. Einige Haufen sind ganz regelmäßig geformt; sie füllen kugelförmige Raumbereiche so, daß mehr Galaxien in der Mitte des Haufens liegen und relativ wenige weiter draußen. In anderen scheinen die Galaxien eher Klumpen zu bilden; diese irregulären Haufen enthalten gewöhnlich verhältnismäßig mehr Scheibengalaxien.

Haufen selbst sammeln sich zu Superhaufen. So gehört die Lokale Gruppe von Galaxien, in der sich das Milchstraßensystem befindet, zum Lokalen Superhaufen, einer weitverstreuten Ansammlung von Tausenden von Galaxien, die um den Virgohaufen herum zentriert zu sein scheinen. Der Virgohaufen heißt nach der Konstellation, in der er am Himmel gesehen wird – diese Art der Benennung ist in der Astronomie üblich. Aber diese Galaxiengruppe befindet sich, wie die Rotverschiebung zeigt,

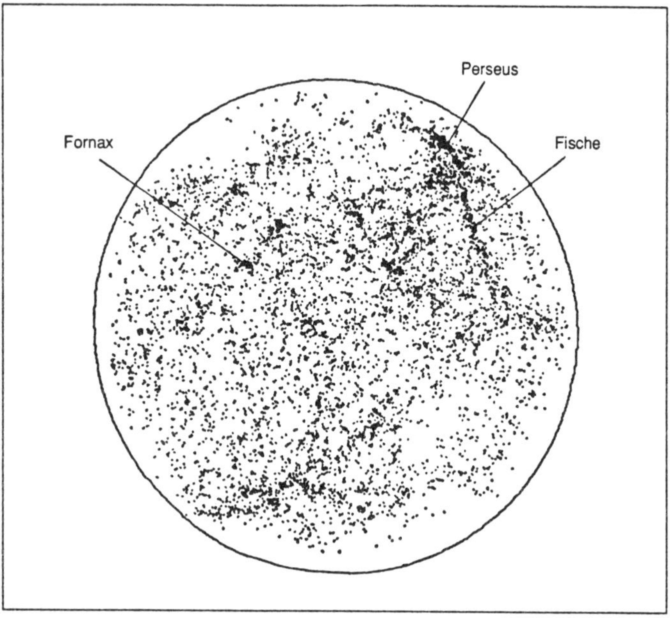

Abb. 9: Dieses Diagramm (das wir Ofer Lahav verdanken) zeigt die leuchtenden Galaxien des Nordhimmels bis zu einer Entfernung von 50 bis 100 Megaparsec. Drei wohlbekannte Haufen sind benannt. Das Bild zeigt deutlich, wie komplex sich die Galaxien in Girlanden verteilen.

tatsächlich weit hinter dem Sternbild Virgo oder Jungfrau (das nur ein von Sternen unseres Milchstraßensystems gebildetes Muster bezeichnet) in einer Entfernung von etwa 50/*h* Millionen Lichtjahren von unserer Galaxie. Daß sie für uns »im« Sternbild Jungfrau liegt, ist ebenso eine optische Täuschung wie die Annahme, daß ein hochfliegendes Flugzeug, das hinter den Zweigen des Baumes vorbeifliegt, unter dem wir sitzen, ein Spielzeugflugzeug sei, das sich »in« unserem Baum befindet.

Das Kartographieren von Superhaufen von Galaxien ist ein zeitraubender Prozeß, zu dem das Vermessen von Tausenden von Rotverschiebungen gehört. Diese Aufgabe hat sich erst vor kurzem als praktikabel erwiesen. Dabei hat sich gezeigt, daß es andere Superhaufen gibt, und daß sie wie der Lokale Superhaufen dazu neigen, sich in Flächen anzuordnen, wobei die meisten Galaxien in einem Superhaufen mehr oder weniger in derselben Ebene liegen. Einige Superhaufen zeigen sich als lange Girlanden, Galaxienketten, die sich Millionen von Lichtjahren weit in den Raum erstrecken. Das Gegenstück zu diesen großen Superhaufen sind große Leerräume, Raumbereiche mit einer Ausdehnung von etwa 200/*h* Millionen Lichtjahren, die nur sehr wenige helle Scheiben- oder Ellipsoidgalaxien zu enthalten scheinen, eher noch Zwerggalaxien. Das Urbild eines solchen »Leerraums« liegt im Sternbild Boötes (vielmehr in derselben Richtung, aber weit jenseits von Boötes). Auf der einen Seite des Leerraums gibt es einen riesigen Superhaufen, den Herkules-Superhaufen, auf der anderen Seite den Corona Borealis-Superhaufen. Und dazwischen liegt anscheinend nichts.

Selbst Superhaufen sind vielleicht nicht das Ende der Geschichte. Brent Tully von der Universität Hawaii war einer der ersten Astronomen, die das Ausmaß des Lokalen Superhaufens bestimmten. Es beträgt etwa 100 Millionen Lichtjahre, wenn $h = 0{,}5$ ist. Tully legte 1987 Daten vor, die zeigen, daß der ganze Superhaufen vielleicht mit anderen Superhaufen in Verbindung steht und mit ihnen eine Struktur bildet, die er den »Pisces-Cetus-Komplex« nennt, und die sich eine Milliarde Lichtjahre weit über das Weltall hinzieht. Dieser ganze »Komplex« liegt in einer Ebene, und zwar in derselben Ebene, in der die Galaxien des Lokalen Superhaufens liegen. Bis jetzt betrachten Beobachter und Theoretiker Tullys Behauptungen noch mit Argwohn. Der Pisces-Cetus-Komplex könnte eine reine Zufallsverteilung von Galaxien und Haufen sein – schließlich müssen die Haufen ja *irgendwo* sein. Das Auftreten der Superhaufen und Leerräume steht jedoch heute außer Frage. Sie sind die größten im Weltall eindeutig identifizierbaren Strukturen; wenn wir sie betrachten, betreiben wir also Himmelskunde im großen Stil. Aber im noch größeren Maßstab – dem größten beobachtbaren – glättet sich alles aus. Zählungen der Galaxien mit sehr hoher Rotverschiebung in den verschiedenen Himmelsrichtungen zeigen, daß das Weltall im allergrößten Maßstab gleichförmig ist. Theoretiker, die zu erklären versuchen, wie es zur Bildung von Galaxien kommt, müssen nicht nur erklären, wie sich in diesen Gravitationsmulden Galaxien bilden, sondern auch, warum sie sich in Flächen und Girlanden ansammeln, die durch dunkle Leerräume getrennt sind. Eine der entscheidenden Fragen ist, ob die dunkle Materie im Weltall genau so verteilt ist wie die Superhaufen, so daß die Leerräume wirklich leer sind, oder ob sich Galaxien mit hellen Sternen nur an speziellen Plätzen bilden, so daß die Leerräume viel dunkle Materie enthalten könnten, obwohl sich in ihnen nur wenige helle Galaxien finden. Die Indizien sprechen heute dafür, daß helle Galaxien *keine* guten »Indikatoren« für die Massenverteilung im Weltall sind, und daß das Weltall viel glatter ist, als es die Verteilung der Galaxien am Himmel vermuten läßt.

Ein glatter Hintergrund

Radioteleskope, die im Mikrowellenbereich arbeiten und für elektromagnetische Strahlung mit wenigen Zentimetern Wellenlänge empfindlich sind, empfangen aus allen Himmelsrichtungen ein schwaches Rauschen von Radiowellen. Dies ist die berühmte kosmische Hintergrundstrahlung. Selbst der intergalaktische Raum ist nicht völlig kalt, sondern mit dem verdünnten Überbleibsel oder »Echo« der heißen Strahlung aus den ersten Phasen der kosmischen Ausdehnung erfüllt. In den ersten wenigen Minuten hat die Temperatur dieser Strahlung eine Milliarde Kelvin (10^9 K) überstiegen – heiß genug also, um rasche Kernreaktionen zu ermöglichen. Solche Bedingungen lassen sich durch Gleichungen beschreiben, die im heutigen Weltall ausprobiert und überprüft wurden; mit ihrer Hilfe werden die Abläufe in den Sternen und in Atombomben berechnet. In der ersten Mikrosekunde jedoch waren die Temperaturen und Energien so groß, daß wir den Anwendungsmöglichkeiten unserer Physik weniger vertrauen können. Während der ersten 10 000 Jahre muß das Weltall ein undurchsichtiger Feuerball gewesen sein. Danach ähnelten die Bedingungen überall jenen, die heute im Sonnen*inneren* vorherrschen. Radioastronomen fangen heute als kosmischen Hintergrund Strahlung auf, die sich in der etwas späteren Epoche frei ausbreitete, als das ganze Weltall sich etwa auf die jetzige Temperatur der Sonnenoberfläche, einige tausend Grad Celsius, abgekühlt hatte. Bis zu dieser Zeit war das ganze expandierende Weltall noch zu heiß, als daß ein Elektron, das sich an einen positiv geladenen Kern, etwa ein Proton, angeheftet hätte, nicht prompt wieder abgestoßen worden wäre.

Aber in einem entscheidenden Augenblick in der Entwicklung des Weltalls, etwa eine halbe Million Jahre nach dem Augenblick der Schöpfung (oder im Rückblick von heute bei einer Rotverschiebung von etwa 1000), kühlte sich das Weltall bis zu dem Punkt ab, an dem sich Atome bilden und stabil bleiben konnten. Von diesem Moment an waren praktisch alle elektrisch geladenen Teilchen des Weltalls, also alle Elektronen und Protonen, in stabilen, elektrisch neutralen Atomen gebunden. Weil die elektromagnetische Strahlung nicht direkt mit neutralen Teilchen wechselwirken kann, sondern nur mit Teilchen, die eine elektrische Ladung tragen, gingen Masse und Strahlung von da an getrennte Wege und hatten fortan wenig miteinander zu tun. Sie »entkoppelten« sich, und seitdem hat sich die Strahlung abgekühlt, während die Ausdehnung des Weltalls ihre Wellenlängen ins Rote verschob. Ihre Temperatur beträgt jetzt –270°C oder 3 K; aber immer noch durchdringt sie den ganzen Raum. Sie erfüllt das Weltall und kann nirgendwo hin. Die Temperatur der kosmischen Hintergrundstrahlung (sie beträgt genaugenommen einen Bruchteil weniger als 3 K) gibt Kosmologen über die Bedingungen im frühen Universum Auskunft und bestätigt die Gültigkeit der auf der Allgemeinen Relativitätstheorie beruhenden Berechnungen des Urknalls. Aus unserer jetzigen Sicht jedoch kommt es nicht so sehr auf die genaue Temperatur dieser Strahlung an, sondern darauf, daß diese Temperatur in *allen* Richtungen genau gleich ist. Weil die Strahlung seit der Zeit, die $z = 1000$ entspricht, nicht mit Materie in Wechselwirkung gewesen ist, muß das Weltall also eine halbe Million Jahre nach dem Urknall *außerordentlich* glatt und gleichförmig gewesen sein. Zu dieser Zeit, kurz bevor Elektronen und Protonen zu Atomen verschmolzen, waren sie noch stark an die das Weltall erfüllende Strahlung gekoppelt. Diese Messungen der Hintergrundstrahlung sagen uns also auch, daß die Verteilung der Ba-

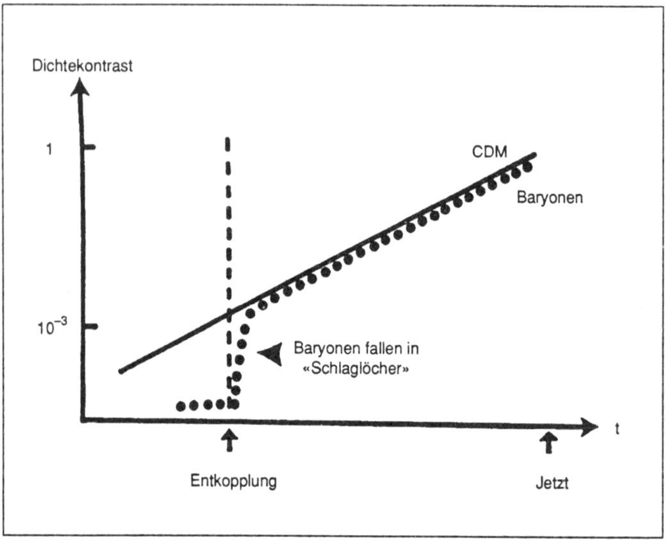

Abb. 10: Dieses Diagramm zeigt, wie der Dichtekontrast bei Störungen während der Ausdehnung eines »flachen« Universums wächst. Wenn der Druck vernachlässigt wird, ist der Wachstumsfaktor proportional zur Ausdehnung; er beträgt seit der Epoche, in der sich Baryonen von der Strahlung entkoppelten, 1000. Der Strahlungsdruck behinderte vor dieser Zeit das Wachstum *baryonischer* Fluktuationen. Fluktuationen in der »kalten dunklen Materie« (CDM) wurden nicht in dieser Weise behindert. Die CDM hat deshalb einen Vorsprung und kann Potentialtöpfe ausbilden, in denen die Baryonen nach der Entkopplung kondensieren. Wenn das Universum von CDM beherrscht wird, können wir die heutige »Klumpenstruktur« besser mit der scheinbar glatten Baryonenverteilung bei der Entkopplung in Einklang bringen, die die Isotropie des Mikrowellenhintergrunds anzeigt.

ryonen zur Zeit der Entkopplung außerordentlich glatt und gleichförmig war.

Die genauesten Messungen der Gleichförmigkeit des Mikrowellenhintergrunds vergleichen die Temperaturen der Strahlung aus verschiedenen Himmelsrichtungen mit mehr als ein tausendstel Grad Genauigkeit. Sie zeigen, daß Flecken am Himmel mit einer Ausdehnung von wenigen Bogenminuten (der von der Erde aus gesehenen Winkelgröße eines Protohaufens von Galaxien mit einer Rotverschiebung von $z = 1000$) alle bis auf 0,00005 die gleiche Temperatur haben. Als das Weltall nur ein Tausendstel so groß war wie heute, war seine mittlere Dichte eine Milliarde Male so groß wie jetzt – viel größer als die heutige mittlere Dichte selbst im Inneren einer Galaxie. Es kann deshalb damals keine Galaxien als eigene Gebilde gegeben haben, und es sollte uns nicht überraschen, daß das Weltall in früheren Zeiten weniger »strukturiert« war. Aber es überrascht doch, daß wir am Himmel keinerlei Hinweise auf irgendwelche Unregelmäßigkeiten entdecken können, die auf »Embryo«galaxien und -haufen zurückgehen, die es damals schon gegeben haben muß. Es stellt sich also die Frage, wie rasch sich die Struktur aus amorphen Anfängen heraus entwickeln kann. Sind die verdächtigen Galaxien und Haufen, die wir heute um uns herum sehen, mit einem solchen glatten Feuerball vereinbar?

Galaxien und Haufen könnten sich aus viel weniger extremen Anfangsbedingungen heraus entwickeln. Ein Bereich, der *etwas* dichter ist als der Durchschnitt oder sich etwas langsamer entwickelt, bleibt immer mehr hinter dem Rest des Universums zurück (und der Kontrast zwischen der Dichte innerhalb des Bereichs und der Dichte außerhalb würde sich stetig vergrößern), bis seine Ausdehnung schließlich anhält. Diese Massen werden dann von der eigenen Schwerkraft zusammengehalten. Der Dichtekontrast wächst proportional zum Maßstab des Universums und nicht rascher. Jedes Objekt, etwa ein Galaxienhaufen, das sich jetzt nicht mehr ausdehnt, muß bei $z = 1000$ mindestens um einen Faktor 1000 »überdicht« gewesen sein. Da individuelle Galaxien sich vermutlich bei einer Rotverschiebung von $z = 5$ gebildet haben, muß die Überdichte einer Embryo-Galaxie bei $z = 1000$ schon das 200fache betragen haben. Wenn das Weltall so gleichförmig war, wie es die Isotropie der Hintergrundstrahlung bei einer Rotverschiebung von 1000 bedingt, aber doch nur die Materie enthielt, die wir heute in Form heller Galaxien sehen, könnten Irregularitäten wie die Superhaufen, die wir heute sehen, niemals so groß geworden sein, wie sie es jetzt sind.

Dieses Dilemma kann auf zwei Arten behoben werden, wenn es im Weltall dunkle Materie gibt. Erstens könnte es in den Lükken zwischen den sichtbaren Haufen und Superhaufen noch mehr Materie geben, die gleichförmiger verteilt ist als die Galaxien, so daß der heutige Dichteunterschied zwischen einem Galaxienhaufen und einem dunklen Leerraum kleiner ist, als es scheint. Ein Teil dieser dunklen Materie könnten gewöhnliche Atome sein – baryonische Materie – wie die, aus denen Sterne bestehen. Die zweite Möglichkeit ist, daß die dunkle Materie bei $z = 1000$ *weniger* gleichförmig verteilt war als die Baryonen. Das ist nur möglich, wenn sie *nicht* baryonisch und nicht elektrisch geladen ist. Noch früher war das Weltall von Strahlung beherrscht, und dieses Meer aus strahlender Energie hätte die Baryonen vor dem Zusammenklumpen bewahren können. Elektrisch neutrale dunkle Materie, die nicht mit der Strahlung wechselwirkt, hätte den Trennungsprozeß jedoch auslösen und schon zur Zeit der Entkopplung bei $z = 1000$ überdichte Bereiche erzeugt haben können. Solche Gebiete würden sich in der Hintergrundstrahlung nicht zeigen, aber den Baryonen einen Vorsprung auf dem Weg zur Galaxienbildung geben, wenn sie einmal neutrale Atome gebildet haben und nicht länger durch die Strahlung beeinflußt werden.

In jedem Falle erzählt uns die Hintergrundstrahlung, daß sich Galaxien und wir selbst uns nicht ohne die Hilfe dunkler Materie entwickelt haben können. Die dunkle Materie erfüllt die Leerräume zwischen den Superhaufen, wobei die hellen Galaxien, die Spitze des Eisbergs, nur ungewöhnliche Bereiche des Weltraums markieren. Die Gründe für diese Glanzlichter – warum helle Galaxien nicht die gesamte Massenverteilung zuverlässig anzeigen – sind ein Thema, das die Astronomen heute beschäftigt.

Blasen im Raum?

Wie die Galaxienbildung im einzelnen erfolgte, ist immer noch ein Geheimnis. Theoretiker können berechnen, wie sich aus einem amorphen kosmischen Feuerball Strukturen entwickelt haben *könnten*. Aber bis heute haben wir nur einfache »Szenarien«, die auf unterschiedlichen Annahmen über die dunkle Materie und die anfänglichen Unregelmäßigkeiten beruhen.

Einige der Bilder sind so flüchtig wie Seifenblasen, die unter dem spitzen Stachel neuer Beobachtungen bald platzen. Manchmal ergibt sich ein Fortschritt, wenn die Vorteile verschiedener Auffassungen sich zu einem neuen Modell vereinigen. Aber die besten Einsichten entstehen, wenn unterschiedliche Szenarien, die auf jeweils unterschiedlichen Vorstellungen beruhen, alle auf dieselbe Voraussetzung hinweisen. Ein entscheidendes Kennzeichen der auf den neuesten Beobachtungsergebnissen beruhenden Vorstellung von der Galaxienbildung ist, daß sie sich auf einfache physikalische Gesetze berufen, die aus Experimenten und Beobachtungen hier auf der Erde hergeleitet wurden. Es gibt keine Hinweise darauf, daß es irgendwelche »neuen« Gesetze braucht, um zu erklären, wie die Dinge so wurden, wie sie sind. Aber es scheint erwiesen zu sein, daß das Weltall mehr enthält als nur helle Sterne und Galaxien.

Kopernikus entthronte die Erde, als er sie ihrer zentralen Stellung in der Welt beraubte; die Kosmologen degradierten uns um 1930 herum aus *jeglicher* bevorzugten Lage im Raum und lehrten uns, daß das Milchstraßensystem nur eine gewöhnliche Ansammlung von Sternen in einem gewöhnlichen und ganz normalen Bereich des Weltalls ist. Inzwischen muß wohl selbst der »Teilchenchauvinismus« aufgegeben werden. Die Protonen, Neutronen und Elektronen, aus denen wir und die gesamte astronomische Welt bestehen, könnten eine Art Nachgedanke sein in einem Weltall, in dem völlig andere Teilchenarten die Kräfte- und Bewegungsverhältnisse bestimmen. Alle Hoffnungen auf raschen Fortschritt bei dem Versuch zu verstehen, woraus das Weltall besteht, werden erstickt, da je nach dem (später zu behandelnden) Szenario das Weltall zu 90% aus Dingen besteht, deren Einzelmassen von 10^{-32} g bis zu 10^{39} g reichen – eine »Schwankung« von mehr als siebzig Zehnerpotenzen. (Die Astrophysik mag nicht immer eine exakte Wissenschaft sein, aber selten ist die Unsicherheit so groß!) Die Unsicherheit liegt jedoch in der Wahl zwischen den unterschiedlichen Szenarien, nicht innerhalb der Szenarien selbst. Wenn wir unsere Wahlmöglichkeiten verringern, können wir uns doch noch ein Bild davon machen, wie das Weltall so geworden sein *könnte*, wie es ist, und nach den zugrundeliegenden tiefen Wahrheiten und Zufällen im Weltall suchen, die so viele der Szenarien miteinander verbinden.

3. Zwei Arten dunkler Materie

Die Größe von Sternen, Planeten und Menschen ist, wie wir in Kapitel 1 sahen, direkt und unvermeidlich davon abhängig, wie stark die Grundkräfte und die Naturkonstanten sind. Passen auch Galaxien und Galaxienhaufen, die Indikatoren, mit deren Hilfe wir unsere Himmelskunde betreiben, in dieses Grundschema? Wir erahnen eine Art von kosmischer Regel, die sowohl die Größe von Galaxien als auch unsere eigene bestimmt, wenn wir die Beziehung zwischen der Masse aller uns bekannten Objekte und ihrer Größe auftragen. Abbildung 11 veranschaulicht diese Regel.

Wenn es keine einfache Regel für die Größe der Dinge gäbe, würden die Punkte auf diesem Graphen überall verstreut sein. Ihre Verteilung verrät also Ordnung im Weltall, und die Regelmäßigkeit, mit der diese Punkte mehr oder weniger auf einer Geraden liegen, gibt uns einen Hinweis auf diese Ordnung.

Zunächst fallen zwei »verbotene Bereiche« links im Diagramm auf. Oben links ist ein Bereich, der den Schwarzen Löchern entspricht, Objekten, die entweder sehr große Masse oder sehr große Dichte oder beides haben. Das Schwerefeld eines Schwarzen Lochs ist so stark, daß nichts, nicht einmal Licht, ihm entkommen kann – deshalb überrascht es nicht, daß wir im Weltall keine Körper sehen können, deren Massen und Größen diesem Teil des Diagramms entsprechen. Sehr interessant und sicherlich bedeutsam ist, daß das Weltall selbst genau auf der Trennlinie zwischen dem verbotenen Bereich und dem Bereich der Sterne, Planeten und Galaxien, zu dem auch wir Menschen gehören, liegt (ein weiterer Hinweis auf die Flachheit des Weltraums). Das ganze Weltall könnte in der Tat auch einem gigantischen Schwarzen Loch ähneln, bei dem sich die Raumzeit um sich selbst krümmt.

Die andere verbotene Zone ist mit unseren Alltagsbegriffen etwas schwieriger zu verstehen. Sie entspricht Dingen, die sehr leicht oder sehr klein oder beides zugleich sind – links unten im Diagramm. Die Quantenphysik besagt, daß solche Objekte im gewöhnlichen Wortsinn nicht »wirklich« existieren. Während

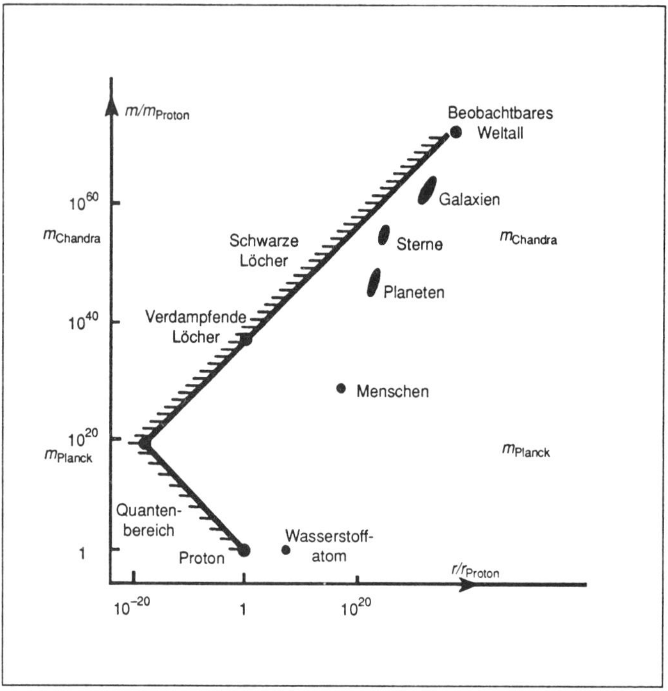

Abb. 11: Die Durchschnittsmassen und -radien verschiedener Körper – von Atomen bis zum ganzen Weltall – in einem Diagramm zusammengestellt (in einer logarithmischen Skala).

es gerade noch einigermaßen sinnvoll ist, sich Objekte wie Protonen oder Atome als eine Art winziger Billiardbälle vorzustellen, die als Teilchen eine deutliche Eigenart haben, werden noch kleinere oder leichtere Körper wie z. B. Elektronen nicht einfach als Teilchen, sondern auch als Wellen beschrieben. Die Lage eines so kleinen und leichten Objekts kann nicht absolut sicher bestimmt werden, und der Begriff der Größe verschwimmt. Die Größen aller bekannten Dinge liegen also in einem relativ schmalen Streifen, der sich vom Proton am Rand des Quantenbereichs bis zum Universum am Rand der Zone der Schwarzen Löcher erstreckt.

Die Grenzen der beiden verbotenen Bereiche treffen sich an dem Punkt, der Massen von etwa 10^{-5} g und Abständen von

10^{-33} cm entspricht. Hier sind sowohl die Schwerkraft als auch die Quanteneffekte wichtig, aber diese Bedingungen unterscheiden sich sehr von allem, was wir in unserer Umwelt antreffen. Deshalb können Physiker ohne eine mathematisch vollständige Synthese von Gravitations- und Quantentheorie eine gute Beschreibung vom Verhalten der Dinge in der Welt liefern. Für die Objekte in der heutigen Welt sind *entweder* die Schwerkraft *oder* die Quanteneffekte wichtig, aber niemals beide zusammen. Außer beim Urknall hat es niemals eine Überschneidung von Gravitation und Quantenzonen gegeben.

Das Taxieren von Galaxien

Wir haben uns schon überlegt, wie ein Gleichgewicht zwischen elektrischen und Gravitationskräften Planeten, Sterne und uns selbst in diesem schmalen Bereich hält. Was aber sind die Mechanismen – die anscheinend zufällig im Weltall zusammenwirkenden Faktoren –, die Galaxien und Haufen auf wohlbestimmte Bereiche des Diagramms beschränken? Die Einschränkungen sind für Galaxien nicht so deutlich wie für Sterne und uns selbst. Es gibt jedoch einen deutlichen Hinweis darauf, daß auch im größten Maßstab dieselben physikalischen Grundgesetze die Größe der Dinge bestimmen.

Für den Augenblick ignorieren wir die dunkle Materie, die über 90% der Masse des Universums ausmacht, und fragen nur nach den hellen Galaxien. Galaxien haben sich aus riesigen Gaswolken gebildet, die von der Schwerkraft zusammengehalten wurden und zu Sternen zerbrachen. Welche Art Galaxie entstand (Scheibe oder Ellipsoid), hing von Einzelheiten des Vorgangs ab – und im besonderen davon, wie rasch und effizient sich die Sterne bildeten, als sich die Protogalaxie zusammenzog. Obwohl es viele Arten von Galaxien gibt, lassen sich typische Kennzeichen problemlos zusammenstellen: Eine Galaxie enthält rund 10^{11} (hundert Milliarden) Sterne in einem Umkreis von 10 Kiloparsec (30000 Lichtjahre). Gibt es einen einfachen Grund, warum der Kosmos von Gebilden mit diesen Maßen und dieser

Masse beherrscht sein sollte, so wie es physikalische Gründe für die natürlichen Maße eines Sterns gibt? Eine Überlegung, die in den letzten Jahren ernsthaft erwogen wurde, könnte die Frage zum Teil beantworten.

Stellen Sie sich viele Gaskugeln vor, die alle durch ihre eigene Schwerkraft zusammengehalten werden. Eine solche Kugel könnte im Gleichgewicht sein, wenn ihre Temperatur hoch genug ist, um den Druck der Gravitation auszugleichen, den sie auf sich selbst ausübt. Die erforderliche Temperatur hängt nur von der Masse und dem Radius jeder einzelnen Kugel ab (genaugenommen von dem Verhältnis von Masse zu Radius; dies ist eine Version des in Kapitel 1 erwähnten Gesetzes) und läßt sich leicht berechnen. Jedes heiße Gas verliert Energie, wenn es in seine Umgebung abstrahlt. Auch die Strahlungsrate, die davon abhängt, wie heiß und dicht das Gas ist, läßt sich leicht berechnen. Wenn eine Wolke *langsam* verstrahlt, schrumpft sie allmählich, bleibt aber als eine einzige homogene Masse im Gleichgewicht. Wenn der Abkühlungsprozeß jedoch zu schnell abläuft, kann die Wolke ihren Druck nicht aufrechterhalten. Sie fällt dann (im freien Fall) in sich zusammen und zerbricht in kleinere Stücke. Jede Protogalaxie, in der sich Sterne bilden können, muß diesem zweiten Stadium der »schnellen Abkühlung« entstammen.

Es ist nicht schwer, die Trennlinie zwischen den beiden Bereichen zu berechnen und zu entdecken, welche Massen und Ausmaße zerbrechende Wolken haben müssen. Diese Größen hängen von den Grundkonstanten der Physik ab – von der Stärke der Gravitation und von den atomaren Konstanten, die bestimmen, wieviel Strahlung ein heißes Gas abgibt. Es stellt sich heraus, daß alle Wolken mit weniger Masse als dem 10^{12}fachen der Sonnenmasse und Radien unter 75 Kiloparsec zerbrechen – schwerere und größere Wolken aber nicht. Diese entscheidenden Dimensionen (die vermutlich nur wenige Physiker auch nur bis auf einen Faktor von einer Million so vorhergesagt hätten) ähneln denen der größten Galaxien. Die Erwägung »Abkühlung versus Kollaps« spielt bei den meisten genaueren kosmologischen Überlegungen eine Rolle. Sie bietet eine überzeugende Erklärung dafür, warum Galaxien nicht größer sein können, als sie sind.

Ein amüsantes Resultat dieser Überlegungen – kein reiner Zufall, weil es aus einfachen physikalischen Gesetzen folgt – bezieht sich auf das geometrische Mittel der Maße von wichtigen Größen unserer Welt. Das geometrische Mittel ist die Quadratwurzel aus dem Produkt der Längen (oder Durchmesser) zweier Dinge; es ist ein nützlicheres Maß zur Bestimmung des Mittelwerts von Körpern mit sehr verschiedener Ausdehnung als das arithmetische Mittel, das wir im alltäglichen Leben verwenden. Die Größe eines Menschen ist das geometrische Mittel aus der Größe eines Planeten und der eines Atoms. Die Größe eines Planeten ist das geometrische Mittel der Größe eines Atoms und der des Weltalls. Beide ergeben sich wie die Größen von Galaxien aus dem Gleichgewicht zwischen Gravitations- und elektrischen Kräften.

Es wäre jedoch unvernünftig zu erwarten, daß sich Galaxien genauso einfach erklären ließen wie Sterne. Schließlich können wir die Entstehung von Sternen heute ganz in unserer Nähe, im Milchstraßensystem, beobachten. Galaxien haben sich in fernen kosmischen Epochen gebildet. Wer Galaxien verstehen will, muß sie in einem kosmologischen Kontext sehen; physikalische Vorgänge können vielleicht die für Massen und Radien geeigneten Bereiche festlegen, aber nur, wenn die Kosmologen vorher eine Vielfalt protogalaktischer Wolken erklären können. Die heiße »Ursuppe« des Urknalls war zu Beginn fast, aber nicht ganz, unstrukturiert. Es muß (wir wissen nicht, warum) anfangs von Ort zu Ort kleine Schwankungen in der Ausdehnungsgeschwindigkeit oder der Dichte gegeben haben. Die überdichten Bereiche blieben dann immer mehr hinter der allgemeinen Ausdehnung zurück, kamen schließlich zur Ruhe und bildeten von der Schwerkraft zusammengehaltene Systeme. So entstanden Strukturen.

Theoretiker haben die Geschichte des Urknalls bis in die sogenannte Planckzeit (10^{-43} s) zurückverfolgt, die um etwa 60 Zehnerpotenzen (60 »Dekaden«) kleiner ist als das heutige Alter der Welt. Viele entscheidende Eigenschaften des Weltalls, einschließlich der Anfangsfluktuationen, wurden ihm während der sehr frühen Stadien eingeprägt. Weil die Physik der ultrakomprimierten, überdichten Stadien spekulativ ist, ist unser Wissen über den Ursprung der Fluktuationen nur wenig gesichert. Damit verwandt ist das Problem, warum das Universum im größten Maßstab so gleichförmig und flach ist. Wir kommen später auf dieses Thema zurück, aber für den Augenblick müssen wir es als Zufall ansehen, daß die anfänglichen Fluktuationen zwar so groß waren, daß sich Galaxien bilden konnten, aber wiederum nicht so groß, daß das Weltall in einem Chaos endete.

Die Physiker haben erkannt, daß es verschiedene Phasen des expandierenden Weltalls gab, in denen sich entscheidende Prozesse oder Übergänge abspielten. Ohne auf technische Einzelheiten einzugehen, können wir drei Epochen kosmischer Geschichte unterscheiden. In den ersten 10^{-4} s (den ersten 40 »Dekaden« logarithmischer Zeit) war alles auf supernukleare Dichte zusammengequetscht. Die Energien der Teilchen waren damals so groß, daß uns die einschlägigen physikalischen Gesetze nicht nur nicht vertraut, sondern in einigen Hinsichten sogar gänzlich unbekannt sind. Nach dieser Zeit wird die Mikrophysik weniger exotisch – die Bedingungen werden also jenen ähnlicher, die in irdischen Laboratorien geschaffen werden können. In dieser Ära, nach 10^{-4} s, konnten Kernreaktionen ablaufen. Die Geschwindigkeiten, mit denen sie abliefen, und die Fülle der bei diesen Reaktionen erzeugten Elemente hingen davon ab, wie groß die Baryonendichte bei einer Temperatur von 10^9 bis 10^{10} K war. Da wir die heutige Temperatur des Universums kennen (2,7 K), können wir das Vorkommen von Elementen mit der heutigen Baryonendichte im Weltall in Beziehung setzen. Das Vertrauen in die Urknalltheorie wurde durch die befriedigende Übereinstimmung zwischen dem beobachteten Gehalt an Helium und Deuterium in Sternen und diesen theoretischen Vorhersagen gestärkt. Die Kosmologen benutzen diese Berechnungen sogar, um die damalige Baryonendichte aus dem gemessenen Vorrat an Elementen *abzuleiten;* das Beweismaterial für das Geschehen in den ersten Minuten des Weltalls, das diese übriggebliebenen chemischen Elemente liefern, ist nicht weniger gesichert als einige der Aussagen, die Geologen und Paläontologen über die Frühgeschichte der Erde machen.

Die zweite und »theoretisch einfache« Ära der kosmischen Geschichte dauerte an, bis die überdichten Bereiche, die sich von

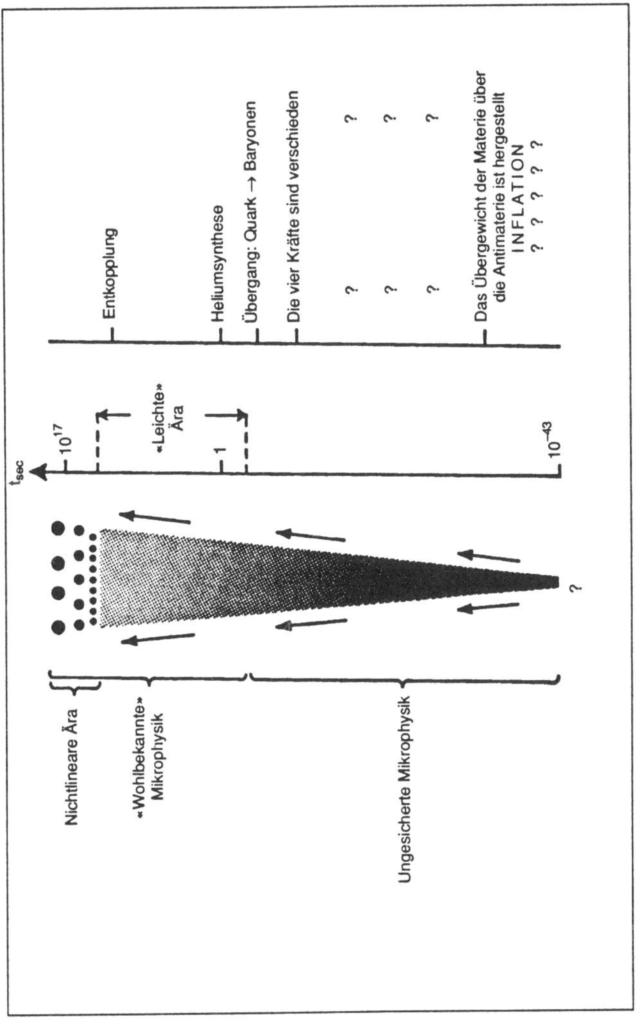

Abb. 12: Entscheidende Ereignisse in der Geschichte eines Universums mit »heißem Urknall«.

ihrer Umgebung immer mehr unterschieden, weil die Schwerkraft sie überdurchschnittlich verlangsamte, zu kondensieren begannen und zusammenfielen. Nach diesem Stadium konnte es

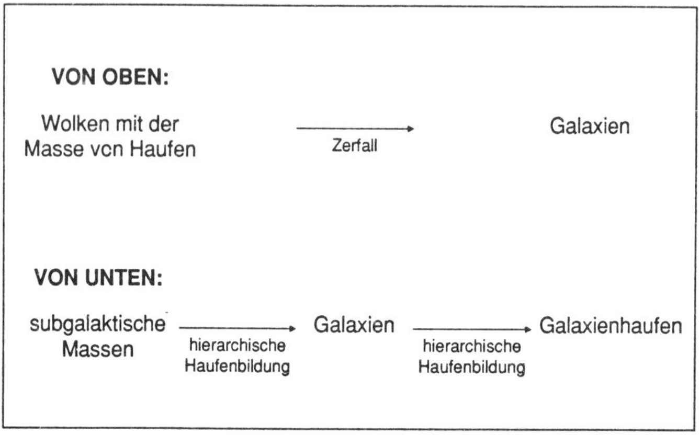

Abb. 13: Der Unterschied zwischen einem kosmogonischen »Von unten«-Schema, bei dem sich zuerst kleinere Systeme und dann der Hierarchie entsprechend die Haufen kondensieren, und einem »Von oben«-Schema, in dem die ersten kondensierenden Systeme die Masse ganzer Galaxienhaufen haben und in der Folge zerbrechen. Ein von kalter dunkler Materie beherrschtes Weltall ist ein Beispiel für die erste Möglichkeit. Wenn jedoch heiße dunkle Materie (zum Beispiel schnelle Neutrinos) die Dynamik beherrschten, dann würden alle Fluktuationen im kleineren Maßstab als Galaxienhaufen homogenisiert, und Galaxien würden sich später bilden als Haufen.

diskrete Objekte, Himmelskörper, geben, die im Prinzip beobachtbar sind. Aber die Theoretiker sehen sich vor neuen Schwierigkeiten. Zwar läßt sich diese Phase allein mit Hilfe der Newtonschen Gravitationstheorie und der Thermodynamik verstehen, doch die Schwierigkeiten liegen in der »Nichtlinearität«: Die Phänomene sind aus demselben Grund schwer erklärbar, aus dem zum Beispiel die Wettervorhersage schwierig ist – jeder kleine Teil des Systems gehorcht einfachen physikalischen Gesetzen, aber ungeheuer viele kleine Teile stehen miteinander in komplizierter Wechselwirkung. Eine entscheidende kosmogonische Frage ist die folgende: Wie weit läßt sich die Galaxienbildung auch nur im Prinzip durch Prozesse erklären, die in den relativ kurz zurückliegenden, der Beobachtung zugänglichen Epochen abliefen, und wie weit wurde sie schon in früheren Zeiten geprägt? Es gibt keine Hinweise darauf, daß das frühe Weltall schon im voraus von Galaxien »gewußt« hätte. Deshalb wäre zu erwarten, daß die anfänglichen Fluktuationen ein glattes »Spektrum« haben, daß also in vielen verschiedenen Größenordnungen alle möglichen Variationen vorkommen. Wenn alle Fluktuationen in allen Größenordnungen mit der Ausdehnung des Weltalls durch Gravitationsanziehung zunehmen, bleibt die relative Amplitude der Fluktuationen in den verschiedenen Größenordnungen gleich, genau wie es die Anfangsbedingungen festgelegt haben. Aber es laufen auch andere Vorgänge ab, die mit den Druckkräften und der Zufallsverteilung von Teilchen zu tun haben, und die selektiv einige Fluktuationen dämpfen und andere vergrößern; auch diese sind in der »theoretisch einfachen« Ära, als die Amplituden noch klein waren, ziemlich leicht zu analysieren. Obwohl sich das Weltall als Ganzes ausdehnt, dehnen sich überdichte Unregelmäßigkeiten langsamer aus und erreichen schließlich eine maximale Größe, bevor sie wieder in sich zusammenfallen, wenn ihre Schwerkraft die Ausdehnung des Weltalls kompensiert. In einem Von-unten-Szenario bildeten sich zuerst Objekte wie Zwerggalaxien und Kugelhaufen, die dann von der Schwerkraft zu Galaxien und Haufen geordnet wurden. Im alternativen Von-oben-Bild bildeten sich zuerst Haufen und Superhaufen, die dann zerbrachen. Keines der Bilder gibt eine perfekte Beschreibung des wirklichen Universums, aber jedes verschafft uns Einsichten, wie die Dinge so wurden, wie sie heute sind. Wenn wir ein etwas realistischeres Bild des Weltalls zeichnen wollen, finden wir, daß die Existenz von Galaxien eng mit dem Vorhandensein von dunkler Materie zusammenhängt.

»Bevorzugte« Sichtweisen

Die Verteilung der Galaxien am Himmel ist fast der einzige uns zur Verfügung stehende Hinweis auf den Aufbau des Weltalls. Die Gesamtmasse der Galaxien läßt sich am besten aus einer Untersuchung der Verteilung und Bewegung heller Galaxien in Haufen abschätzen. Untersuchungen der Spektren dieser Galaxien zeigen mit Hilfe des Dopplereffekts, wie sie sich bewegen. Wenn wir wissen, wie schnell sich die Galaxien in einem Haufen relativ zueinander bewegen, können wir die Gesamtmasse abschätzen, die nötig ist, den Haufen nicht auseinanderfliegen zu lassen und durch die Schwerkraft zu binden. Solche Untersuchungen erhärten die Hinweise, die Untersuchungen einzelner Galaxien geben: Es gibt etwa zehnmal soviel Materie in dunkler wie in sichtbarer Form als Sterne und Gas. Aber die mittlere Dichte all dieser auf Grund der Dynamik benötigten Materie beträgt doch nicht mehr als 10 bis 20% der »kritischen« Dichte, die nötig ist, damit das Weltall flach ist. Merkwürdigerweise besagen auch genaue Berechnungen der Elementerzeugung während des Urknalls, daß die Baryonendichte im Feuerball nicht mehr als 20% dessen betrug, was nötig ist, damit das Weltall flach ist. Das mag reiner Zufall sein, aber es ist einer, der Kosmologen zwanzig Jahre lang dazu verführte anzunehmen, daß Baryonen (einige in hellen Galaxien, aber 90% in dunkler Form) die ganze Materie ausmachen, die es im Weltall gibt. Für die meisten Kosmologen sind jedoch die theoretischen Gründe für ein flaches Weltall ganz zwingend, und unser einziges anderes Indiz, die Gleichförmigkeit der Hintergrundstrahlung, bestätigt diese Sicht. Motiviert durch theoretische Einwände und durch Beobachtungshinweise, bezweifeln sie, daß die hellen Galaxien wirklich alles darüber verraten, wie die Materie im Weltall verteilt ist.

Große »Leerräume« in der Verteilung heller Galaxien sind, wie wir jetzt wissen, recht häufig. Im Inneren dieser Leerräume sind die hellen Galaxien mindestens zehnmal dünner verteilt als im Weltall überhaupt. Wie sich solche Verhältnisse im wirklichen Universum entwickelten, läßt sich mit Hilfe von Computersimulationen verstehen. Man beginnt mit einer Galaxienverteilung, wie sie vermutlich vor langer Zeit bestand und die zu den Ergebnissen der Messungen der Hintergrundstrahlung paßt, und erlaubt dann dem Computermodell, sich zu entwickeln. Die Punkte entsprechen dabei Galaxien; sie klumpen sich unter dem Einfluß ihrer wechselseitigen Gravitationsanziehung zusammen, und diese Klumpen entfernen sich mit der Ausdehnung des Weltalls voneinander. Solche Simulationen zeigen, daß die Leerräume unmöglich so vollständig leer sein können, wie sie es zu

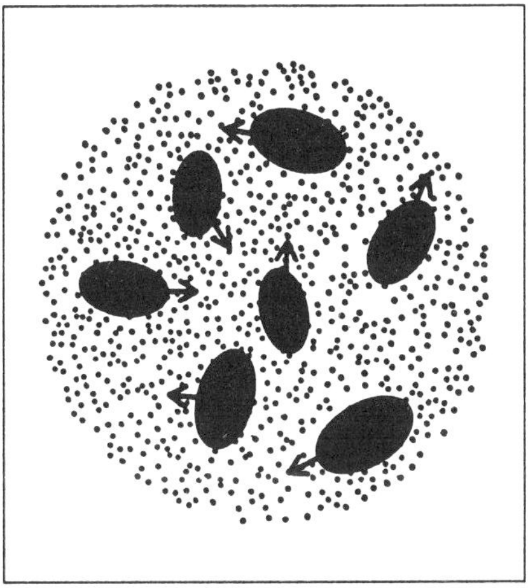

Abb. 14: Die Zufallsbewegungen der Galaxien in einem Haufen lassen sich aus dem Dopplereffekt herleiten. Damit der Haufen nicht auseinanderfliegt, muß er zehnmal soviel dunkle Materie enthalten, wie in all den Galaxien enthalten ist, aus denen er besteht.

sein scheinen. Wenn das Weltall genau die Masse enthält, die nötig ist, damit es flach ist, und diese Masse anfangs so verteilt war wie die hellen Galaxien, kann kein Leerraum weniger als 25% der heutigen mittleren Dichte haben. Wenn das Weltall weniger Masse enthält, ist es in der Simulation noch schwerer, die Leerräume leer zu lassen. In den Leerräumen muß sich Masse »verstecken«, während helle Galaxien ein verfälschtes Bild des Weltalls geben. Es gibt keine Regel der Natur, die besagt, alle dunkle Materie müsse von ein und derselben Art sein, und es wäre verblüffend, wenn es so wäre. Aber es läßt sich am einfachsten verstehen, was dunkle Materie sein könnte, wenn man sich Szenarien ausdenkt, die auf der Annahme beruhen, daß in ihnen eine Art Materie dominiert. Entscheidend ist, daß die dunkle Materie, die die Dynamik eines flachen Weltalls beherrscht, nicht die Materie (nämlich baryonische Materie) *sein kann*, die in Sternen, Planeten und in uns selbst gefunden wird, weil die maximale beim Urknall erzeugte Menge um mindestens das Fünffache zu gering ist, falls unsere Vorstellungen über die Elemententstehung

stehung richtig sind. Wenn es wirklich nur eine wichtige Form dunkler Materie gibt, dann besagt die Flachheit des Weltalls, daß sie weniger ungleichmäßig verteilt ist als Galaxien und daß Leerräume nicht so leer sind, wie sie aussehen. Es gibt im wesentlichen zwei Wege, wie das zustande gekommen sein kann.

Erstens könnten sich die Baryonen selbst von der dominierenden dunklen Materie abgetrennt haben. Alle Baryonen wären dann in den hellen Galaxien, die wir in Flächen und Girlanden verteilt sehen, während sich der größte Teil der dunklen Materie in den Leerräumen befände. Oder aber die Baryonen und die dunkle Materie wären im Weltall auf ähnliche Weise verteilt, so daß die beiden Materieformen sich selbst in den Leerräumen vermischen. Wir sehen dann helle Galaxien in Blasen und Girlanden um die Leerräume herum, weil besondere Bedingungen nötig sind, um die Bildung von Haufen heller Galaxien auszulösen; diese speziellen Bedingungen sind einfach nicht überall erfüllt. Baryonen können in den Leerräumen vorkommen, aber sie leuchten nicht und verraten uns nicht, daß es sie gibt.

Eine besondere Möglichkeit, die heute allgemein favorisiert wird, ist die, daß sich helle Galaxien *nur* in Raumbereichen bildeten, in denen die Materiedichte *außerordentlich* hoch war. Das läßt sich mit den Wellen auf dem Meer oder den Gipfeln einer Bergkette vergleichen. Nur die höchsten Wellenberge oder Berggipfel entsprechen Galaxien. Die Wellen- und Bergtäler, die immer noch enorm viel Materie enthalten (Wasser oder Fels, je nach dem Bild), stellen dann die dunklen Leerräume dar. Wenn die Dichte des Universums sich von Ort zu Ort zufällig ändert und innerhalb größerer Fluktuationen kleinere Fluktuationen vorkommen (wie Wellen auf einer langen Dünung), so wäre das eine sehr natürliche Art, wie Haufen und Superhaufen von Galaxien, mit Leerräumen dazwischen, entstehen können. In einem Bereich, in dem eine große Fluktuation (eine Dünung) schon die Dichte erhöht hat, bilden sich dort Galaxien, wo eine kleine zusätzliche Fluktuation (eine Welle) die Dichte noch etwas vergrößert. In einem Bereich, in dem es eine entsprechend große Reduktion der mittleren Dichte gibt (im Tal der Dünung), können kleinräumige, die Dichte vergrößernde Fluktuationen (Wellen) niemals so dicht werden, daß sie Galaxien bilden.

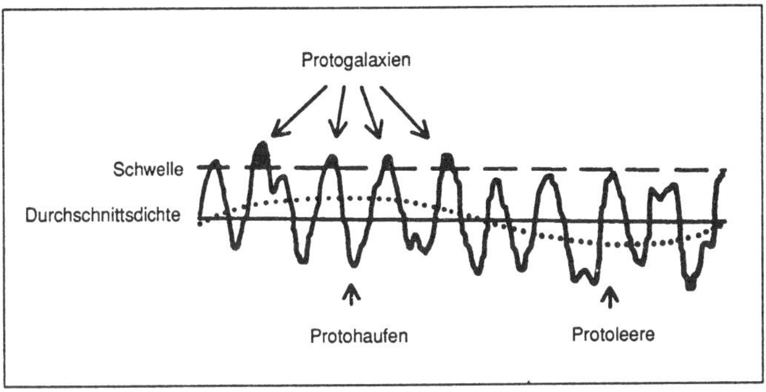

Abb. 15: Wenn sich Galaxien nur dort bilden, wo die anfängliche Dichte besonders groß ist, konzentrieren sie sich stärker in den Wellenbergen als in den -tälern der langwelligen Störungen. Sie bilden sich deshalb eher dort, wo Haufen entstehen, und fehlen, wo sich Leerräume bilden. Die Galaxien werden folglich »klumpiger« als die Masseverteilung insgesamt.

Darüber hinaus kann, wenn sich einmal in einem entstehenden Haufen oder Superhaufen helle Galaxien zu bilden beginnen, allein durch ihr Vorhandensein die Bildung weiterer Galaxien in jenen verdichteten Bereichen ausgelöst werden, in die sie eingebettet sind. Wenn sich Galaxienbildung wie eine Epidemie ausbreitet, müssen Galaxien natürlich in Haufen bleiben, und große Bereiche (die Leerräume) werden vielleicht gar nicht »angesteckt«.

Vielleicht erscheint Ihnen die Annahme, für die Entstehung von Galaxien sei eine hohe Dichte nötig, als ein letzter verzweifelter Versuch der Theoretiker, den Aufbau des Weltalls, wie ihn die Beobachtung der hellen Galaxien nahelegt, mit der Forderung nach einem flachen Weltall in Übereinstimmung zu bringen. Andererseits wäre es erstaunlich, wenn solche Prozesse nicht am Werk gewesen wären, ja es könnten sogar im jungen Weltall mehrere unterschiedliche solche Prozesse eine Rolle gespielt haben, die sich gegenseitig verstärkten. Die Vorstellung, daß Galaxien der einzige Indikator für Massen sind, ist nicht gerechtfertigt. Das Problem, den wirklichen Verteilungsmechanismus aufzufinden, ist eng mit der Suche nach der wahren Natur der dunklen Materie verknüpft. Wir werden im zweiten Teil des

Buches eine ganze Reihe von Möglichkeiten betrachten; schon jetzt können wir die Kategorien grob bestimmen.

Zwei Stoffarten

Der Urknall erzeugte für jedes Baryon etwa eine Milliarde Photonen (Energiepakete, auch als Strahlungsquanten bekannt). Aber diese Photonen (die jetzt den Mikrowellenhintergrund ausmachen) haben *Ruhe*masse Null, und das Masse-Äquivalent der Energie, die jedes trägt (und das nach Einsteins Formel $E = mc^2$ berechnet wird), ist so klein, daß die Photonen trotz ihrer überwältigenden Anzahl nur ein Zehntausendstel zur tatsächlichen kosmologischen Dichte beitragen. Die Urknalltheorie sagt mit Bestimmtheit vorher, daß es auch einen »Neutrino-Hintergrund« geben sollte; beim Urknall werden so viele Neutrinos erzeugt, wie es Photonen gibt. Neutrinos müssen deshalb wie die Photonen die Anzahl der Baryonen etwa um das 10^9fache übertreffen. Der Einfluß, den sie mittels ihrer Schwerkraft auf die Kräfte und Bewegungen des Weltalls haben, wird also auch dann wichtig sein, wenn ihre Massen im Vergleich mit denen von vertrauteren Elementarteilchen wie Elektronen und Protonen winzig sind. Das Elektron, das leichtgewichtigste Teilchen, das unser tägliches Leben direkt beeinflußt, hat eine Masse, die einer Energie von etwa 500 000 Elektronenvolt oder eV entspricht. Sie beträgt ungefähr 10^{-30} kg. Allerdings hilft es nicht wirklich, wenn wir eV in alltägliche Einheiten umrechnen, denn niemand hat ein wirkliches »Gefühl« für die Masse eines Elektrons. Wichtig ist vielmehr, daß jedes Neutrino einige zehn Elektronenvolt wiegen müßte, wenn man annimmt, daß sie genug Masse liefern, um das Weltall flach zu machen. Dies wäre weniger als ein Zehntausendstel der Elektronenmasse.

Weil solche Teilchen sehr leicht sind, haben sie bei ihrer Entstehung im Urknall oder bei Kernreaktionen im Inneren von heutigen Sternen fast Lichtgeschwindigkeit. So schnelle Teilchen finden sich unter dem Einfluß der Schwerkraft nur schwer zu Materieklumpen zusammen. In den Frühstadien des expandierenden Weltalls müssen sie sehr gleichförmig und gleichmäßig in alle Himmelsrichtungen ausgeschwärmt sein, so daß ihre Verteilung überall ganz homogen war. Ihre Gegenwart hätte auch alle die kleinräumigen Unregelmäßigkeiten der Verteilung der baryonischen Materie ausgeglichen, so wie die über einen Strand rollende Flutwelle die Fußspuren im Sand glättet, obwohl jedes Sandkorn viel massereicher ist als ein Wassermolekül. Als sich das Weltall ausdehnte und abkühlte, müssen sich die Neutrinos viel dünner verteilt und ihre übergroßen Anfangsgeschwindigkeiten etwas verlangsamt haben. Schließlich bewegten sie sich so langsam, daß sich durch die Wirkung der Schwerkraft Unregelmäßigkeiten ausbilden konnten; zu diesem Zeitpunkt entstanden die ersten Strukturen. Aber diese Strukturen waren noch keine Kugelhaufen, Galaxien oder gar Galaxienhaufen, denn die Neutrinos müssen auf diesem relativ kleinen Maßstab noch homogenisiert gewesen sein. Die *ersten* Strukturen in einem von Neutrinos beherrschten Universum müssen eher Superhaufen gewesen sein. Sie waren wohl flächen- und girlandenförmig verteilt und umhüllten gewaltige Leerräume, in denen die Gravitation keine Kondensation bewirken konnte.

Eine Zeitlang war das von Neutrinos dominierte Szenario für Kosmologen eben deswegen attraktiv. Aber bald stieß es auf ernsthafte Schwierigkeiten. In einem solchen Von-oben-Szenario zerbrechen Superhaufen zu Haufen, diese zu Galaxien und diese wiederum zu Sternen. All das braucht Zeit. Doch Computersimulationen zeigen, daß sich Superhaufen nicht vor $z = 3$ bilden würden. Galaxien (die sich nach dieser Vorstellung erst später bilden können) würden dann erst vor ganz kurzer Zeit bei einer Rotverschiebung weit unter 3 entstanden sein. Das ist schwer mit der Entdeckung von Quasaren mit Rotverschiebungen über 4 zu vereinbaren, denn Quasare werden für die aktiven Kerne junger Galaxien gehalten. Es birgt noch mehr Probleme. Warum sind, wenn sich Galaxien erst so spät bilden, die ältesten Sterne unserer Milchstraße, vor allem die Sterne in den Kugelhaufen, anscheinend fast so alt wie das Weltall selbst? Und woher stammen so kleine Strukturen wie die Kugelhaufen oder Zwerggalaxien? Neutrinos mit den richtigen Massen können solch kleine, durch die Gravitation bedingte Kondensationen *überhaupt* nicht bilden, wenn wir den Urknall und die physikalischen Gesetze richtig verstehen.

Die meisten dieser Schwierigkeiten ließen sich auflösen, wenn die dominante dunkle Materie aus Teilchen bestünde, die in dem Sinn »kalt« sind, daß sie kleine Zufallsgeschwindigkeiten haben und sich deshalb nicht in galaktischen Räumen verteilen und homogenisieren, wie Neutrinos es tun (die im Gegensatz dazu als »heiße« dunkle Materie bezeichnet werden). Der Unterschied entspricht dem zwischen den Molekülen flüssigen Wassers, die kalt sind und sich nicht schnell bewegen, und denen des Wasserdampfs, die sich rascher bewegen, weil sie heißer sind. Aber der Vergleich hinkt, weil in der Kosmologie »heiße« Teilchen nicht einfach »kalte« Teilchen sind, die mehr Energie haben, sondern zu einer ganz anderen Teilchenfamilie gehören. Deshalb war vor zehn Jahren der Vorschlag, das Weltall könnte von der Gravitationswirkung kalter dunkler Materie beherrscht sein, sehr gewagt. Die kalte Materie kann *nicht* einfach aus Neutrinos bestehen, die keine Energie mehr haben. Sie muß etwas ganz anderes sein. Kosmologen können die Eigenschaften definieren, die dunkle Materie haben »sollte«, um die beobachteten Eigenschaften des Universums zu erklären, aber damals waren keine Teilchen mit solchen Eigenschaften bekannt. Auch heute *wissen* wir nicht, ob es sie gibt. Aber etwa zur selben Zeit, und seit 1980 immer wieder, haben Teilchenphysiker Wechselwirkungen bei hohen Geschwindigkeiten in Beschleunigern hier auf der Erde (zum Beispiel im CERN, dem europäischen Kernforschungszentrum in Genf, bei DESY, dem deutschen Elektronensynchroton in Hamburg und im US-Staat Illinois) untersucht. Sie behaupteten die Existenz »neuer« Teilchen, die Lücken in ihren Theorien füllen sollten. Einige der Teilchen, die jene Theorien fordern, haben genau die richtigen Eigenschaften, die sie zu geeigneten Anwärtern für die Teilchen machen, aus denen in einem flachen Weltall die kalte dunkle Materie besteht. Betrüblich ist, daß ihre Existenz nicht nachgewiesen ist, ermutigend dagegen, daß die gleichen Teilchensorten nötig sind, um Beobachtungen an den entgegengesetzten Enden des wissenschaftlichen Spektrums zu erklären, nämlich sowohl in kosmologischen als auch in subatomaren Größenordnungen. Dies ist wieder ein bemerkenswertes zufälliges Zusammentreffen, wenn auch von etwas anderer Art als die bisher behandelten. Dieser Punkt verdient Beachtung. Teilchentheoretiker, die versuchen, eine vollständige Beschreibung der Welt im ganz Kleinen zu erstellen, sind gezwungen, *genau* die Teilchenart zu postulieren, die auch die Kosmologen, die die Welt im ganz Großen betrachten, benötigen, um die Struktur des Weltalls zu erklären.

Was ist nun die kalte dunkle Materie (meist als CDM abgekürzt), und was passiert in einem Weltall, das genug davon enthält, um flach zu sein? Das Wichtige an der CDM ist, daß die Teilchen sich langsam bewegen, viel langsamer als mit Lichtgeschwindigkeit. Langsame Bewegungen sollten automatisch erwartet werden, wenn die Teilchen zum Beispiel im Vergleich mit einem Elektron schwer wären. Einige der Kandidaten sind Teilchen mit einem Mehrfachen der Protonenmasse, die fast eine Milliarde Elektronenvolt (1 GeV) beträgt, das 1840fache der Masse eines Elektrons. (Ein Kandidat für CDM hat jedoch eine so geringe Masse wie das Neutrino, entsteht aber mit sehr geringer Geschwindigkeit. Es ist das in Kapitel 4 beschriebene Axion.) Die niedrige Geschwindigkeit aller CDM-Teilchen bedeutet, daß sie durch die Schwerkraft viel leichter gebunden werden können als zum Beispiel die »heißen« Neutrinos. Wo die dunkle Materie einen Klumpen bildet, müssen Baryonen nachfolgen, weil sie von der Schwerkraft der dunklen Materie angezogen werden, wie Wasser auf der Straße in ein Schlagloch hineinläuft.

Unregelmäßigkeiten in der Dichte der CDM hätten sich sehr bald nach dem Urknall ausbilden können. Wir haben ein Von-unten-Szenario, in dem es kein Problem ist zu erklären, wie sich so kleine Strukturen wie Zwerggalaxien bilden konnten, und in dem sich Galaxien zu Haufen zusammenfinden, die sich wieder zu Superhaufen sammeln und so weiter. Im Bereich der Galaxien kann CDM sehr gut Einzelheiten der Struktur und Form einer Galaxie wie unserer eigenen und auch die Art ihrer Rotation erklären. In der Größenordnung der Superhaufen zeigen numerische Simulationen, daß die Galaxien sich wirklich in Girlanden und Flächen um dunkle Leerräume herum verteilen, wenn nur der richtige »Verteilungsgrad« getroffen wird (wie es bei jedem Szenario nötig ist, nicht nur bei CDM).

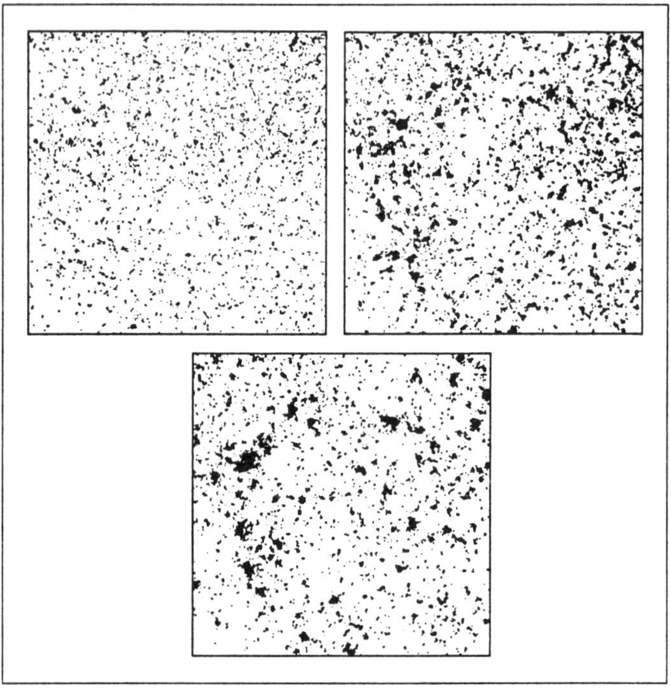

Abb. 16: Dieses Diagramm (und die beiden folgenden) zeigen die Ergebnisse von Computersimulationen der Haufenbildung unter dem Einfluß der Schwerkraft im sich ausdehnenden Weltall. Dabei wurde der Inhalt eines typischen kubischen Volumens bestimmt. Die drei Bilder zeigen drei Epochen. (Die Zeit nimmt von links nach rechts zu.) Sie sind auf einen Maßstab gebracht, der die kosmische Ausdehnung insgesamt berücksichtigt. Bei Anfangsbedingungen, die denen für kalte dunkle Materie ähneln, wächst die Massenskala der Haufenbildung hierarchisch. (Wir verdanken die Simulation M. Davies, G. Efstathiou, C. Frenk und S. White.)

Für ein von heißen Neutrinos beherrschtes Universum wird eine ziemlich einfache Struktur vorhergesagt, ähnlich den Zellen einer Honigwabe (wenn auch nicht so regelmäßig), in der sich helle Galaxien nur in wohldefinierten Flächen und überhaupt nicht in Leerräumen bilden. Das Weltmodell mit CDM ist unordentlicher und komplizierter und hat eine reichere Struktur, die dem wirklichen Weltall vielleicht näher kommt. Galaxien finden

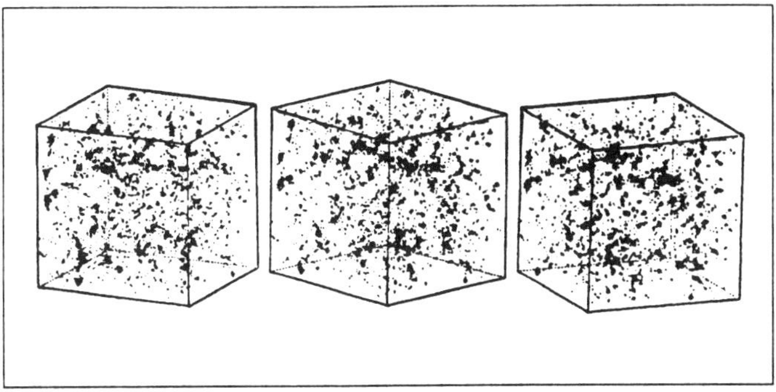

Abb. 17: Drei Ansichten der Endstadien der in Abbildung 16 gezeigten Simulation. Diese berücksichtigt nur die Wirkung der Gravitation (nicht der Thermodynamik). Das Bild stellt deshalb die heutige Verteilung der *dunklen* Materie dar. Die hellen Teile der (von Baryonen gebildeten) Galaxien sammeln sich weiter zur Mitte hin als die dunklen Halos, weil Gas sich abkühlen und in der Nähe der Mitte der durch die Gravitation bewirkten »Schlaglöcher« niederlassen kann.

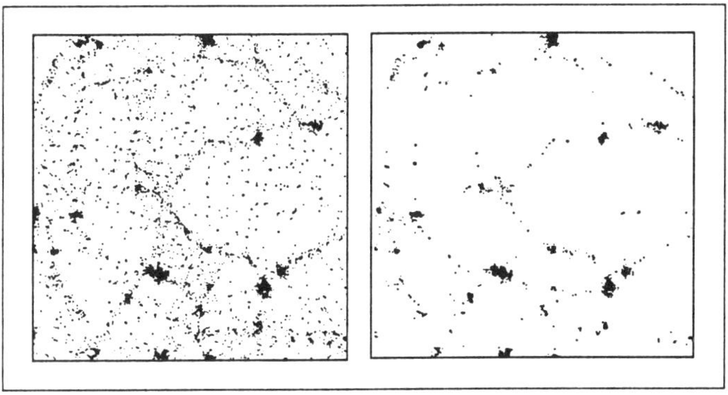

Abb. 18: Dieses Diagramm zeigt das Endstadium einer Simulation für *heiße* dunkle Materie. Man beachte die deutliche Girlandenstruktur. Das Bild links zeigt die Massenverteilung insgesamt, rechts ist die vermutliche Verteilung heller Galaxien hervorgehoben.

sich in Flächen und Girlanden, die untereinander in komplizierter Weise verwoben sind, und obwohl sich als Ergebnis der »Verteilung« helle Galaxien vorzugsweise in Girlanden bilden, spricht viel dafür, daß sich in den Leerräumen schwächere Galaxien, Zwerggalaxien und selbst riesige Gaswolken finden, die ihren Kollaps und ihren Zerfall in Galaxien und Sterne nicht vollendet haben. Wahrscheinlich könnte eine einzige entscheidende Beobachtung (neben dem Nachweis von CDM-Teilchen im Labor) ein für allemal den Ausschlag zugunsten der Vorstellung von der kalten dunklen Materie geben, nämlich die Entdekkung von schwachen Galaxien in den Leerräumen. Falls es sie gibt, könnte das Hubble-Raumteleskop der NASA sie schließlich auffinden.

Wir wollen nicht behaupten, daß die CDM-Modelle heute das Feld beherrschen. Einige Theoretiker behaupten zum Beispiel noch immer, daß Neutrinos mit einer sehr kleinen Masse die Materieform bilden könnten, die bestimmt, wie sich Galaxien bilden. Die erfolgreicheren Neutrino-Szenarien jedoch arbeiten mit Massen, die zu klein sind, als daß die Neutrinos die gesamte dunkle Materie liefern könnten, die nötig ist, um das Weltall flach zu machen. Diese niedrigen Massen sind auch mit den Grenzen verträglich, die die neuesten Experimente und Beobachtungen setzen. Es könnte natürlich sein, daß es im Weltall mehr als eine Art von dunkler Materie gibt und daß ihre Kombination von Massen und Dichten sich so ergänzt, daß das Weltall flach ist. Aber ein Universum mit etwa zehnmal soviel CDM wie baryonischer Materie hat Eigenschaften, die denen des beobachteten Universums bemerkenswert ähnlich sind. Es scheint das beste der einfachen Modelle zu sein, die uns zur Verfügung stehen, und ist wohl genauerer Untersuchung und Überprüfung wert. Komplizierte Modelle sollten nur dann eingeführt werden, wenn sie sich als wesentlich herausstellen. Wir brauchen mehr Information über die Verteilung und Bewegung von Galaxien und ein klareres theoretisches Bild davon, wie sich die leuchtenden Teile der Galaxien innerhalb der dunklen Halos bilden.

Früher als Galaxien

Wie groß waren die ersten vorgalaktischen Objekte? Und wann haben sie sich gebildet? Als das Weltall etwa eine Million Jahre alt war und sich auf weniger als ein paar tausend Grad abgekühlt hatte, verschob sich die Strahlung des Feuerballs aus dem sichtbaren Bereich ins Infrarote. Das Universum war buchstäblich tief im »finsteren Mittelalter«, das andauerte, bis die ersten durch die Schwerkraft gebundenen Objekte kondensierten und »aufleuchteten«. In einer von Neutrinos dominierten Welt dauerte die Finsternis eine Milliarde Jahre, bis riesige Wolken von der Größe von Superhaufen zusammenstürzten und zu Galaxien zerbrachen. In einer von kalter dunkler Materie beherrschten Welt dagegen bildeten kleinformatigere Fluktuationen schon *vor* der Bildung von Galaxien gebundene Systeme, die jeweils schwerer sind als eine Million Sonnen. Die von diesen gebundenen Klumpen aus CDM herrührenden Mulden sind tief genug, um den Druck im Urgas zu überwinden; bei dieser Art einer Von-unten-Kosmogonie bilden sich die ersten Sterne aus Wolken, die das Millionenfache der Masse unserer Sonne haben.*

Dies ist eine sehr wichtige Möglichkeit, weil diese im Vergleich mit Galaxien kleinen Objekte die Umgebung des expandierenden Weltalls verändern könnten, bevor sich Galaxien bilden. Sie könnten sogar die »Samen« sein, aus denen Galaxien wachsen. Wir wissen nicht genug über die Sternentstehung, um entscheiden zu können, ob eine von der Gravitation gebundene ursprüngliche Wolke mit einer Million Sonnenmassen einen einzigen supermassereichen Stern bildet oder in einen Haufen gewöhnlicher Sterne zerbricht. Supermassereiche »Sterne« durchlaufen ihr Leben sehr rasch und explodieren dann, wobei sie eine

* Diese Objekte sollten nicht mit Kugelhaufen verwechselt werden, die ähnliche Masse haben, sich aber später bildeten. Es ist jedoch interessant, daß neuere Beobachtungen gezeigt haben, daß die Kugelhaufen in allen Galaxien einander sehr ähneln, obwohl die Galaxien, in denen sie gefunden werden, oberflächlich gesehen voneinander sehr verschieden sind. Kugelhaufen bilden sich, so scheint es, als unvermeidliches Nebenprodukt des Zusammenfalls einer Baryonenwolke mit galaktischer Masse; unter solchen Umständen ergibt sich die Größenordnung von etwa einer Million Sonnenmassen ganz natürlich.

Stoßwelle durch das sie umgebende Gas schicken, die bei Kernreaktionen entstandenen Elemente zerstreuen und vielleicht auch ein massereiches Schwarzes Loch hinterlassen. Es ist einsichtig, wie solche Objekte auf ihre Umgebung gewirkt haben könnten: Sie könnten gewaltige Explosionen auslösen, bei denen an diesen bevorzugten Orten Galaxien entstehen. Ein massereiches Schwarzes Loch wäre ein Musterbeispiel für eine Gravitationsmulde, die Materie aufsaugt, um sich selbst mit einem Gasmantel zu umgeben. In diesem könnten sich Sterne bilden, aus denen eine Galaxie entstehen kann. Explosionen könnten Galaxien erzeugen, wenn bei einer Rotverschiebung von 10 Sterne mit einer Masse von »nur« hundert Sonnenmassen existierten, was sehr wohl im Bereich des Möglichen liegt.

Könnten solche vorgalaktischen Objekte je aufgrund der Spuren entdeckt werden, die sie in ihrer Umgebung hinterlassen? Grundsätzlich schon.

Eine Folge, die eine Phase solcher Sternbildungen im sehr jungen Weltall gehabt haben könnte, wäre, wie wir schon sagten, daß das Universum mit Spuren von Elementen durchsetzt wurde, die bei Kernreaktionen im Inneren dieser Sterne aufgebaut wurden. Silizium- und kohlenstoffhaltiger Staub hätte das Licht dieser frühen Sterne absorbiert. Wie die Oberfläche der Erde (oder eines in der Sonne geparkten Autos), die von der Sonne erwärmt wird und die empfangene Energie im infraroten Teil des Spektrums wieder abstrahlt, würde dieser frühe kosmische Staub heiß geworden sein. Er hätte seine Energie mit Wellenlängen, die etwas kürzer sind als die Wellenlänge des Hauptgipfels der Energie der Hintergrundstrahlung selbst wieder abgestrahlt; diese stellt eine weitere Komponente der Hintergrundstrahlung dar, stark genug, sich noch heute zu zeigen, nachdem die Strahlung sich bis auf 3 K abgekühlt hat.

Theoretiker mit einer Vorliebe für die Hypothese, daß sich Sterne früh bildeten, konnten berechnen, in welchem Wellenlängenbereich Beobachter heute nach verräterischen Spuren jener Sterne suchen sollten. Leider gehören zu dem berechneten Bereich Mikrowellen mit Wellenlängen von weniger als einem Millimeter, und in diesem Bereich werden Beobachtungen von der Erde aus durch Beiträge der Strahlung zum Beispiel von Wasser-

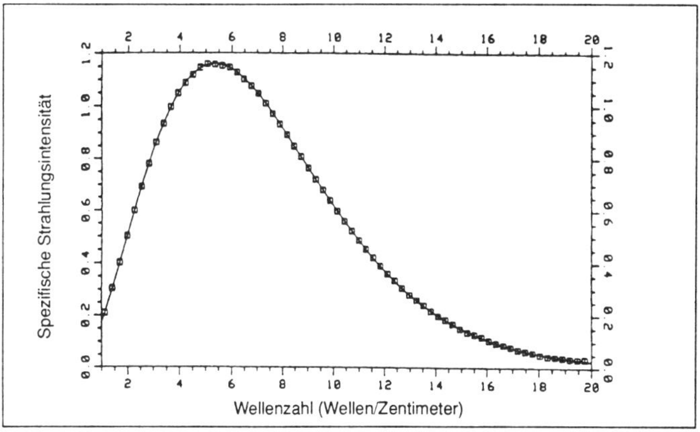

Abb. 19: Das vom COBE-Satelliten gemessene Spektrum der Hintergrundstrahlung bei Wellenlängen von wenigen Millimetern: Die »Quadrate« bezeichnen die Daten und die stetige Kurve das Spektrum eines Schwarzen Körpers mit der Temperatur 2,73 K. Daß die Daten so genau einem Schwarzen Körper entsprechen, ist eine geradezu spektakuläre Bestätigung für die übliche »Urknalltheorie«. Das Fehlen aller überschüssigen Strahlung auf der hochfrequenten Seite der Kurve zeigt an, daß es nicht sehr viele massereiche vorgalaktische Sterne gegeben haben kann, deren Licht vom Staub absorbiert und wieder ausgestrahlt wurde.

molekülen der Erdatmosphäre gestört. Nur ein sehr empfindliches Instrument könnte vom Weltraum aus die nötigen Beobachtungen durchführen.

Ein solches Experiment wurde im Februar 1987 gemeinsam von Amerikanern und Japanern durchgeführt. Eine in Japan gestartete Rakete suchte zehn Minuten lang oberhalb der Atmosphäre nach solchen Zeichen und schien genau die Art von Buckel im Spektrum der Mikrowellenhintergrundstrahlung zu finden, die die Theorie einer frühen Sternbildungsphase vorhergesagt hatte. Zwei Jahre später, 1989, wurde der Satellit »Erforscher des kosmischen Hintergrunds« (COBE) gestartet. Innerhalb von drei Monaten lieferte eines der Instrumente dieses Satelliten ein viel genaueres Spektrum der Hintergrundstrahlung.

COBE zeigte, daß es keinen klaren Hinweis auf zusätzliche

Strahlung gab: Das Spektrum entspricht mit einer Genauigkeit von mindestens 1/1000 dem eines Schwarzen Körpers.

Daß die Hintergrundstrahlung keine Abweichungen vom Schwarzkörperspektrum aufweist, sondern genau die von der Reststrahlung des Urknalls erwarteten Eigenschaften hat, ergibt eine Schranke für die Menge vorgalaktischen Staubs und der Anzahl der massereichen Sterne des frühen Weltalls. Wenn sich überhaupt viele vorgalaktische Sterne gebildet haben, müssen sie überwiegend Gebilde mit geringer Masse gewesen sein (Braune Zwerge) und nicht massereiche Sterne mit großer Ausstrahlung. Die Daten von COBE haben den Bereich möglicher baryonischer dunkler Materie eingeschränkt und damit die Wahrscheinlichkeit zugunsten der einen oder anderen nicht-baryonischen Teilchenart vergrößert.

Noch ein Zufall?

Wenn wir über die Möglichkeit sprechen, daß es im Weltall mehrere verschiedene Arten von Materie geben könnte, darunter auch CDM (vielleicht in mehr als einer Form), Baryonen und vielleicht sogar etwas HDM (heiße dunkle Materie), mag es auf den ersten Blick wie eine merkwürdige Verschwörung erscheinen, daß die Massen all dieser verschiedenen Dinge sich genau zu der Masse addieren sollten, die nötig ist, um das Weltall flach zu machen. Dies ist in der Tat kein Zufall, der jemandem den Schlaf rauben sollte. Der Urknall selbst könnte vielleicht schon im Augenblick der Schöpfung die Flachheit des Universums bewirkt haben, indem er dafür sorgte, daß genau der Energiebetrag in Masse verwandelt wurde, der nach Einsteins Gleichung $E = mc^2$ der »richtige« ist, um das Universum flach zu machen. Das fordern zum Beispiel die inflationären Theorien über den Ursprung der Welt. Anders gesehen ist dies ein faszinierender anthropischer Zufall. Wenn aber der Energiebetrag einmal zur Verfügung steht und in Masse verwandelt werden kann, überrascht es nicht, daß die Summe aller daran beteiligten Massen dieselbe Massenenergie ergibt, mit der wir begannen. Wenn wir eine Literflasche voll Wasser hätten und damit viele verschiedene Becher, Töpfe und Gläser füllten, wären wir kaum erstaunt, wenn das Wasser in all diesen Gefäßen zusammen wieder die Literflasche füllen würde.

Aber es gibt eine andere Sichtweise, aus der die Verteilung der verfügbaren Materie sonderbar erscheint. Warum wurde nicht alle Energie auf CDM-Teilchen oder auf Baryonen verteilt? Wenn es im Weltall zehnmal mehr dunkle Materie gibt als helle, erscheint es uns zunächst, als ob zwischen den beiden Materiearten große Unterschiede bestehen, aber in Wirklichkeit liegen die Zahlen überraschend nahe beieinander. Es könnte auch eine Million oder eine Milliarde Male mehr dunkle Materie gegeben haben als Baryonen oder anders herum. In jedem der Extremfälle erscheint es als sehr unwahrscheinlich, daß sich Galaxien wie die, in der wir leben, gebildet haben.

Wir glauben, daß das Verhältnis von dunkler Materie zu den Baryonen, 10 : 1, für die Kosmologie bedeutungsvoll sein könnte. Wäre es ganz anders, gäbe es uns nicht, und wir könnten nicht darüber grübeln. Aber bis jetzt können wir darin nur einen unerklärlichen Zufall im Weltall sehen, weil niemand eine überzeugende Theorie aufgestellt hat, die erklärt, warum die ursprüngliche Massenenergie genau so aufgeteilt worden sein sollte. Wenn wir das einmal verstehen, wird dieser Zufall sicherlich eine wichtige und grundlegende Einsicht in das Wesen der Physik geben. Bis dahin müssen wir uns damit zufriedengeben, auf der Basis der vielversprechenden heutigen Theorien der Teilchenphysik zu verstehen, was die dunkle Materie selbst sein könnte. Aber etwas Spekulation darüber, warum das Verhältnis gerade so ist, scheint sicherlich angebracht. Der Mikrowellenhintergrund gibt einen direkten Hinweis darauf, daß das Weltall in der Tat lange vor den Galaxien ein Feuerball war. Der große Anteil an kosmischem Helium gibt uns die Zuversicht, daß wir die Entwicklung des Weltalls bis in eine Zeit hinein verstehen können, als es nur eine Sekunde alt war. Aber die Frage, warum das Weltall sich bei $t = 1$ s auf die »richtige« Art ausdehnte und warum es gerade die Mischung von Baryonen, Strahlung und dunkler Materie enthielt, die wir heute vermuten, erfordert eine Rückbesinnung auf die Anfangsbedingungen. »Die Dinge sind, wie sie sind, weil sie so waren, wie sie waren.« Unsere Vermutungen kommen an eine Grenze; wir sind wie die alten indischen Kosmologen, die meinten, die Erde werde von vier Elefanten getragen, die auf einer riesigen Schildkröte stehen, aber nicht wußten, worauf die Schildkröte ruht.

Die entscheidenden Züge wurden dem Universum eingeprägt, bevor es weniger als eine Sekunde alt war, und je weiter wir zurückgehen, um so weniger Vertrauen können wir haben, daß die bekannte Physik angemessen oder anwendbar ist. Die Theoretiker unterscheiden sich darin, wie weit sie, ohne eine Miene zu verziehen, zu extrapolieren bereit sind. Einige haben höhere Glaubwürdigkeitsschwellen als andere. Aber jene, die sich in dem »Na, toll«-Randbereich der Teilchenphysik tummeln, sind an der Möglichkeit interessiert, daß das frühe Weltall einmal ungeheuer heiß war, weil das für einige ihrer Theorien der einzige Prüfstein ist. Teilchenbeschleuniger auf der Erde können diese Bedingungen nicht annähernd simulieren.

Die Motivation dieser Theoretiker steht in Verbindung mit ihrer Suche nach einer einheitlichen Theorie aller Naturkräfte. Der Stolperstein ist, daß die kritische Energie, die zur Überprüfung der Vorhersagen ihrer Lieblingstheorien nötig ist, etwa 10^{15} GeV beträgt. Im Vergleich dazu spielte sich die letzte (erfolgreiche) Überprüfung einer Theorie der teilweisen Vereinheitlichung im CERN mit Teilchen ab, die auf Energien von etwa 100 GeV beschleunigt wurden. Der nächste große Schritt erfordert Energien, die noch 10 Millionen Millionen Male höher sind, eine Million Millionen Male größer, als wir sie je in irdischen Experimenten zu erreichen hoffen dürfen. Wir müssen unsere Schlüsse über den Urknall bis in die ersten 10^{-35} s zurückführen, um eine Zeit zu finden, in der die Teilchen so energiereich waren, daß sie miteinander mit Energien um 10^{15} GeV kollidierten. Vielleicht war das frühe Universum der einzige Beschleuniger, in dem die zur Vereinheitlichung der Kräfte nötige Energie je erreichbar war. Dieser Beschleuniger hat jedoch vor 10 Milliarden Jahren den Betrieb eingestellt, und wir können nur dann etwas von seiner Tätigkeit erfahren, wenn die Ära um 10^{-35} s herum Fossilien hinterließ (wie ja auch das Helium des Universums ein Fossil aus den ersten Minuten ist). Die Physiker würden sich begeistert auf das kleinste Überbleibsel aus jener Zeit stürzen. Sie hat wirklich einige sehr verräterische Spuren hinterlassen – es könnte sein, daß alle Atome in der Welt im wesentlichen ein Fossil der Zeit von 10^{-35} s sind. Die sogenannten großen Vereinheitlichten Theorien, die alle Kräfte außer der Schwerkraft umfassen, sagen ein kleines Übergewicht der Materie über die Antimaterie voraus, die aus dieser Zeit stammt. Wenn sich also später Baryonen-Antibaryonenpaare vernichten und zu Photonen werden, überlebt für jede Milliarde dabei entstandener Photonen ein »überflüssiges« Baryon.

Aber wie ist es mit der dunklen Materie? Im Feuerball müssen sich außer den Baryonen auch andere Teilchen und ihre Antiteilchen gebildet haben. Diese waren in den frühen dichten Phasen alle miteinander im Gleichgewicht und in etwa gleichen Mengen vorhanden. Das Verhältnis der baryonischen zur dunklen Materie, 1 : 10, muß etwa zur selben Zeit festgelegt worden sein wie das Verhältnis der Gesamtzahl von Baryonen und Photonen, $1 : 10^9$. Das könnte auf zweierlei Arten passiert sein. Am einfachsten wäre es, wenn auch bei dunkler Materie die Teilchen gegenüber den Antiteilchen ähnlich bevorzugt wären. Dann würde sich das gewünschte Verhältnis von selbst ergeben, wenn die Masse eines jeden Teilchens der dunklen Materie etwa das Zehnfache der Protonenmasse betrüge – 10 GeV statt 1 GeV. Es gäbe dann im heutigen Weltall etwa die gleiche Anzahl von Teilchen der dunklen Materie und Baryonen, die einen wären nur zehnmal schwerer als die anderen.

Wenn es im Fall der dunklen Materie keine solche Bevorzugung der Teilchen vor den Antiteilchen gibt, wäre zu erwarten, daß alle Teilchen der dunklen Materie dann, wenn das Weltall abkühlt, ihr Antiteilchen finden und sie sich gegenseitig vernichten, so daß keines überlebt. Es könnte jedoch auch sein, daß die Chance für eine solche Wechselwirkung so klein ist, daß einige Teilchen und Antiteilchen länger überleben. Dann würden sich die Teilchen und Antiteilchen der dunklen Materie immer dünner über das Weltall verteilen, während es sich ausdehnt, und sie hätten immer weniger Gelegenheit, einander zu treffen und zu vernichten. Die Zahl der Überlebenden könnte im Prinzip mit Hilfe einer vollständigen Theorie berechnet werden, die genau beschreiben würde, wie groß die Wahrscheinlichkeit ist, daß ein Teilchen-Antiteilchen-Paar unter den Bedingungen des Urknalls miteinander wechselwirkt. Die Theoretiker sind weit davon entfernt, die Ereignisse bei solch hohen Energien vollständig beschreiben zu können. Falls die Energie tatsächlich in dieser Weise auf die Baryonen und die dunkle Materie verteilt wurde, scheint es gegenwärtig ein reiner Zufall zu sein, wenn es zehnmal soviel Masse in Form von dunkler Materie gibt wie in Form von Baryonen.

Die erste Möglichkeit erscheint uns als viel schöner, und unsere Freude wird groß sein, wenn bei der Suche nach den Teilchen der dunklen Materie, wie sie jetzt angestellt wird, Teilchen mit Massen um 10 GeV gefunden werden. Aber wir werden nicht besonders überrascht sein, wenn diese »Vorhersage« versagt. Wenn es um gewöhnliche Sterne geht, vertrauen wir darauf, daß wir die zugehörige Physik kennen. Wenn die Bedingungen extremer sind, wie im Mittelpunkt von Galaxien, sind wir weniger vertrauensvoll, obwohl es erstaunlich ist, wie weit wir gehen können, ohne auf einen Widerspruch zu stoßen. Unser Vertrauen zu Vorhersagen, die auf Schlüssen über die ersten 10^{-35} s beruhen, ist nicht sehr groß!

Es besteht keine Einigkeit darüber, wie das Weltall die Ungleichförmigkeit, die im Kleinen nötig ist, um die Galaxienbildung zu erlauben, mit der Gleichförmigkeit im Großen in Einklang bringt, die es ihm ermöglicht hat, sich mehr als 10 Milliarden Jahre lang gleichmäßig auszudehnen. Es scheint, daß das frühe Universum nur in dem Sinn glatt war, wie das Meer glatt ist, und wir wissen nicht, was die Unebenheit im Kleinen verursachte. Es gibt keinen Grund zu der Erwartung, daß die »Wellen« nur in der Größenordnung von Galaxien und Haufen existieren sollten. Es ist wahrscheinlicher, daß sie sich in jedem Maßstab zeigen.

Die einfachste und natürlichste Annahme ist, daß das Weltall in jedem Maßstab gleich »uneben« ist. Es gibt dann eine einzige reine Zahl, die »Unebenheit«, die die Fluktuationen charakterisiert und dem Universum schon in einem sehr frühen Stadium aufgeprägt worden sein muß. Im Modell mit kalter dunkler Materie erklärt ein Wert von etwa 10^{-5} sowohl die Eigenschaften der galaktischen Halos als auch, wie sich Galaxien zu Haufen zusammenfinden. Außerdem ist diese grundlegende Zahl unabhängig vom kosmogonischen Modell auf einen recht engen Bereich festgelegt. Ein viel größerer Wert dieses Parameters wird durch die Gleichförmigkeit der Mikrowellenhintergrundtemperatur am Himmel ausgeschlossen. Gebundene Systeme hätten sich dann auch sehr früh kondensiert – vielleicht sogar schon während der Feuerballphase, als Materie und Strahlung noch durch elektromagnetische Wechselwirkung gekoppelt waren. Das hätte ein Zerbrechen verhindert und bewirkt, daß das Weltall von riesigen Schwarzen Löchern beherrscht worden wäre, die jedes mehr Masse hätten als ein ganzer Galaxienhaufen. Andererseits wäre das Weltall, wenn die anfängliche Unebenheit wesentlich weniger betragen hätte als 10^{-5}, noch heute, nach mehr als 10 Milliarden Jahren, gleichmäßig amorph, ohne Galaxien, ohne Sterne und ohne Leben. Daß das Universum uneben genug ist, aber auch nicht zu uneben, so daß sich Leben entwickeln konnte, hängt also vom Wert der Unebenheit ab und ist ein weiterer Zufall im Weltall. Wieder muß der großräumige Aufbau des Weltalls in engem Zusammenhang mit unserer eigenen Existenz gesehen werden.

Ein Thema, das sich aus neueren Forschungen ergeben hat – und in diesem Buch immer wieder angeschnitten wird – ist der Zusammenhang zwischen den verschiedenen Phänomenen, wie er anschaulich in Abbildung 20 dargestellt wird. Unsere Alltagswelt wird durch die Physik der Atomkerne bestimmt, und die viel größeren Strukturen (Galaxien und Haufen) können nur deshalb durch die Schwerkraft gebunden sein, weil sie in Wolken subatomarer Teilchen eingebettet sind, die aus dem sehr frühen Weltall übriggeblieben sind.

Wenn wir die Frühstadien des Urknalls betrachten, sehen wir uns jedoch so extremen Bedingungen gegenüber, daß wir sicher sein können, nicht genug von ihrer Physik zu verstehen. Insbesondere fehlt uns eine Quantentheorie der Gravitation. Die beiden großen Grundlagen der Physik des zwanzigsten Jahrhunderts sind Quantentheorie und Allgemeine Relativitätstheorie, aber deren Anwendungsbereiche überschneiden sich heute nicht. Quanteneffekte sind auf der submikroskopischen Ebene

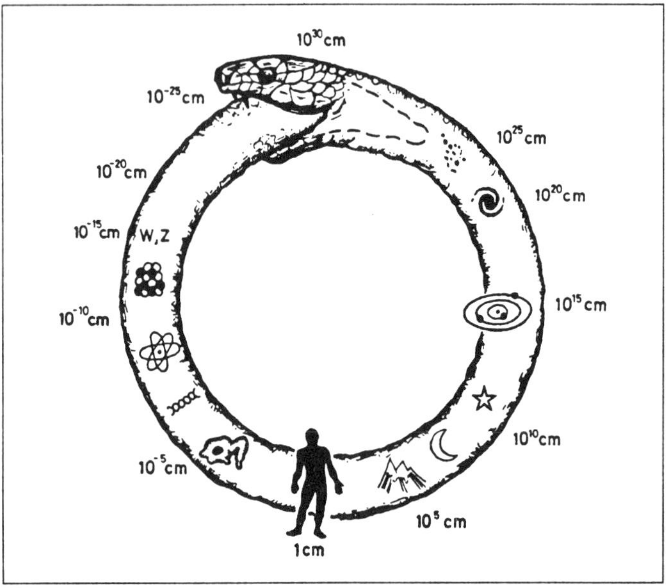

Abb. 20: Die meisten Eigenschaften unserer Alltagswelt sind durch die Größe der Atome bestimmt (10^{-8} cm). Die Eigenschaften der Sterne hängen von der Physik der Atomkerne ab (10^{-13} cm). Neue Ideen in der Teilchenphysik erwägen weitere Verbindungen zwischen den Skalen der Mikro- und der kosmischen Welt (also zwischen links und rechts in dem Bild): So könnte die dominante dunkle Materie aus subnuklearen Teilchen bestehen, die vom Urknall übrigblieben. Eine endgültige Vereinheitlichte Theorie – die hier »gastronomisch« symbolisiert ist – könnte Wirkungen der Quantengravitation (in der Größenordnung der Plancklänge, 10^{-33} cm) mit den Eigenschaften des ganzen beobachtbaren Weltalls (10^{28} cm) in Verbindung bringen.

der Elementarteilchen entscheidend; dort ist die Schwerkraft zu schwach, um eine Rolle zu spielen. Gravitationseffekte wiederum herrschen in der Größenordnung von Planeten, Sternen, Galaxien und dem Weltall insgesamt vor, aber in solchen Maßstäben können Quanteneffekte wie die Unschärfe ignoriert werden. Als das Weltall jedoch auf ungeheure Dichte und Temperaturen zusammengepreßt war, könnte die Schwerkraft auf der Größenordnung eines einzelnen Teilchens wichtig gewesen sein. Das war zur Planckzeit, bei 10^{-43} s. Davor überwog die Wirkung der Quantengravitation, und da wir keine Quantentheorie der Gravitation haben, kann auch der kühnste Physiker nicht weiter in die Geschichte des Weltalls zurückblicken.

All unsere Gedanken über die Anfangsmomente der kosmischen Geschichte – die Großen Vereinheitlichten Theorien und alles übrige – sind noch nicht endgültig. Aber diese Untersuchungen führen zumindest dazu, daß eine Reihe neuer Fragen – wie zum Beispiel die nach der Herkunft der Materie – ernsthaft diskutiert werden. Die Tatsache, daß Protonen nicht ewig leben, eine andere Folge aus der Großen Vereinheitlichung, bedeutet außerdem, daß das Weltall keine anderen *Erhaltungs*größen hat als solche, die wie die elektrische Ladung einen Mittelwert von genau Null haben. Zusammen mit der Inflation legt das den Gedanken an eine Schöpfung aus dem Nichts nahe. Auf dieses Thema werden wir in Kapitel 10 zurückkommen. Nachdem wir nun bis zur Planckzeit zurückgegangen sind, der frühesten Zeit, für die unsere Theorien auch nur im entferntesten Gültigkeit haben können, scheint es uns angebracht, kurz auf die Zukunft des Weltalls einzugehen.

Langfristige Vorhersagen

Das Schicksal des ganzen Weltalls könnte sehr wohl davon abhängen, wie eines seiner kleinsten Bestandteile beschaffen ist. Wenn es genug Teilchen der dunklen Materie gibt, von denen jedes genug Masse hat, könnte die Schwerkraft ausreichen, das Weltall nicht nur flach zu machen, sondern es sogar wie ein Schwarzes Loch zu schließen, was eines Tages zu seinem Zusammenbruch führen würde. Sein endgültiges Schicksal läßt sich theoretisch bestimmen, indem wir messen, wie sich die Ausdehnung des Weltalls heute verlangsamt – durch den Vergleich der Fluchtgeschwindigkeiten von Objekten mit hoher Rotverschiebung mit solchen näherer Himmelskörper. In der Praxis ist das unmöglich. Wir können Entfernungen nicht zuverlässig ohne Berufung auf die Rotverschiebung schätzen. Galaxien, die wir in großer Entfernung sehen, sind immer jünger als nähere, und des-

10^{14} J.	Die gewöhnliche Sterntätigkeit wird eingestellt
10^{17} J.	In den Galaxien wird ein dynamisches Gleichgewicht erreicht
10^{20} J.	Gravitationsstrahlung wirkt auf Galaxien
10^{31}–10^{36} J.	Protonenzerfall
10^{64} J.	Quantenverdampfung Schwarzer Löcher
10^{1600} J.	Weiße Zwerge → Eisen*
$10^{10^{26}} - 10^{10^{76}}$ J.	Neutronensterne werden durch Quantentunneln* zu Schwarzen Löchern, die dann «rasch» verdampfen

*Wenn kein Protonenzerfall eintritt

Abb. 21: Die ferne Zukunft eines sich immer weiter ausdehnenden Weltalls.

halb lassen sich die beiden nicht direkt vergleichen, wenn wir nicht wissen, wie sich die inneren Eigenschaften der Galaxien mit ihrem Alter verändern.

Aus Gründen, die wir schon in Kapitel 1 behandelten, vermuten wir, daß die vorhandene dunkle Materie das Weltall gerade um den kritischen Betrag verlangsamt, der nötig ist, damit es flach ist. Das Universum befindet sich genau an der Grenze zwischen den Möglichkeiten, ein Schwarzes Loch zu werden und wieder zusammenzustürzen oder sich mit meßbarer Geschwindigkeit immer weiter auszudehnen. Wenn das Weltall flach ist, dehnt es sich immer weiter, aber auch immer langsamer, aus, so daß die Fluchtgeschwindigkeit einer jeden Galaxie, von einer anderen Galaxie aus gesehen, immer geringer wird. Wie sieht dann die langfristige Zukunft aus? Wenn das Weltall sich immer weiter ausdehnt, reicht die Zeit, daß alle Sterne in allen Galaxien schließlich ins thermische Gleichgewicht kommen. Abbildung 21 zeigt einige Zeitskalen.

Selbst die Sterne, die am langsamsten brennen, müssen schließlich sterben. Alles Gas in den Galaxien wird in den Resten toter Sterne gebunden – in Neutronensternen, Schwarzen Löchern und kalten Weißen Zwergen – und neue Sterne bilden sich nicht mehr. Galaxiengruppen und -haufen verschmelzen. (Unser Milchstraßensystem wird innerhalb der nächsten fünf Milliarden Jahren mit dem Andromedanebel zusammenstoßen, seinem nächsten großen Nachbarn, und beide Scheibengalaxien werden zu einem riesigen amorphen Sternenhaufen verschmelzen.) Der Himmel wird dunkel, nicht nur, weil sich mit fortschreitender Expansion die Galaxien weiter voneinander entfernen, sondern weil das interne Echosystem versagt. Schwarze Löcher in den Zentren der Galaxien verschlucken immer mehr Gas und Sterne der Umgebung. Wenn Protonen nicht ewig leben, zerfallen schließlich alle gewöhnlichen Sterne, und es bleiben nur Schwarze Löcher. Auch diese verdampfen schließlich einmal. Wenn Protonen doch ewig leben, erstreckt sich der Tod des Weltalls über eine noch viel längere Zeitspanne – der längste Zeitraum im Diagramm ist so gewaltig, daß er ausgeschrieben eine 1 mit einer Anzahl von Nullen wäre, die der Anzahl der Atome im beobachtbaren Weltall entspricht.

Nehmen wir dagegen an, es gäbe in der Welt so viel dunkle Materie, daß die kosmische Dichte den kritischen Wert für ein flaches Weltall gerade eben übersteigt. Wenn die Dichte fast mit der kritischen Dichte übereinstimmt – wenn das Weltall fast flach ist –, kehrt sich die Ausdehnung erst dann um, wenn all die eben beschriebenen Ereignisse ihren Lauf genommen haben; nur ein Universum aus reiner Strahlung kollabiert. Wenn aber das Weltall die höchste mit den jetzigen Beobachtungen verträgliche Dichte hat, etwa das Doppelte des kritischen Wertes, hört die Ausdehnung nach weiteren 20 Milliarden Jahren auf. Die Rotverschiebungen der fernen Galaxien werden dann zu Blauverschiebungen, wenn der Kollaps beginnt, und die Galaxien werden schließlich wieder eng zusammengedrängt. Der Raum wird immer runzliger, wenn isolierte Bereiche – tote Sterne und die Kerne von Galaxien – unter der Gravitationswirkung zusammenfallen. Diese zunächst lokalen Falten in der Struktur des Raums wären nur die Vorläufer einer universalen Faltung in einen großen Endknall, der alles einbezieht. Abbildung 22 beschreibt einige der wichtigsten Stadien. Galaxien verschmelzen, die Sterne werden schneller, genau wie Gasatome schneller werden, wenn Gas zusammengepreßt wird. Die Sterne werden schließlich nicht durch Zusammenstöße zerstört, sondern durch Hitze, wenn der von blauverschobener Strahlung erfüllte Him-

Jahre	
-10^9	Galaxienhaufen verschmelzen
-10^8	Galaxien verschmelzen
-10^6	Sterne bewegen sich mit relativistischer Geschwindigkeit
-10^5	Der ganze «Nachthimmel» ist heißer als die Sternoberflächen
-10^3	Sterne werden zerstört Schwarze Löcher wachsen katastrophal
-1	Die Temperatur ist überall größer als 10^8 K

Abb. 22: Das Schicksal der zusammenstürzenden Welt – der Countdown zum Endknall.

mel heißer wird als das Sterninnere. Das Endstadium ist dann schließlich ein Feuerball wie der, in dem das Weltall entstand, aber klumpiger und nicht synchronisiert. Das könnte frühestens in etwa 50 Milliarden Jahren geschehen – mindestens dem Zehnfachen der Zeit, die die Sonne noch zu leben hat.

Die genaueste wissenschaftliche Untersuchung der Zukunft des Universums findet sich in einem Artikel, den Freeman Dyson 1979 in der Zeitschrift *Reviews of Modern Physics* veröffentlichte, und der den Titel trägt »Zeit ohne Ende: Physik und Biologie in einem offenen Weltall«. Er sagt wenig über das kollabierende Universum (allein der Gedanke daran macht ihm wohl Angst), betrachtet aber genau die Zukunft eines sich immer weiter ausdehnenden Weltalls. Er führt die oben erwähnten Punkte aus und erwägt die Aussichten für intelligentes Leben. Aus dieser Sicht sind die wenigen Milliarden Jahre, die zu menschlichem Leben auf der Erde führten, nur ein trivialer Vorgeschmack auf die Komplexität und Vielfalt von Organismen, die sich schließlich entwickeln könnten. Aber kann »Leben«, in welcher Form auch immer, wirklich ewig leben und sich weiterentwickeln, immer mehr Information verarbeiten und mitteilen, wenn die Energievorräte endlich sind? Dyson zeigt, daß das im Prinzip möglich ist. Wenn die Hintergrundtemperatur sinkt, muß man einen kühlen Kopf behalten, immer langsamer denken und einen immer längeren Winterschlaf halten. Eine unendliche Zeitspanne bietet dem Verstand uneingeschränkte Möglichkeiten.

Werden unsere Nachfahren (ob wirkliche oder metaphorische) Dysons Maximen folgen müssen, um eine unendliche Zukunft zu erleben? Oder werden sie in wenigen Milliarden Jahren im Endknall rösten? Die langfristige Vorhersage läßt sich durch Beobachtungen präzisieren wenn wir die Menge der dunklen Materie im Weltall oder den Verzögerungsparameter messen. Der zweite Teil unseres Buchs beschäftigt sich hauptsächlich mit diesen Themen, wenn die Suche auch noch nicht annähernd so weit gediehen ist, daß wir irgendwelche kosmischen Schlüsse ziehen könnten. Aber das Schicksal des Weltalls wurde genau wie sein heutiges Erscheinungsbild ganz am Anfang, in der Epoche des heißen dichten Feuerballs, festgelegt. Und um diese Zeit und die Überreste von damals zu verstehen, müssen wir in das Reich der Teilchenphysiker eindringen.

Teil II

Der Stoff, aus dem die Welt besteht

4. Der Teilchenzoo

Es gibt viele Arten von Teilchen. Die Entwicklung der Physik in diesem Jahrhundert hat gezeigt, daß diese Teilchen untereinander in vierfacher Weise wechselwirken. Diese Wechselwirkungen oder Kräfte wiederum stellen wir uns heute in einem von der Quantentheorie bestimmten Bild als von anderen Teilchen »übertragen« vor. Zwei elektrisch geladene Körper zum Beispiel üben aufeinander eine Kraft aus, weil Photonen, die Übermittler der elektromagnetischen Kraft, zwischen ihnen hin- und herfliegen. *Alles* läßt sich durch Teilchen erklären. Dabei unterscheiden wir zwischen Teilchen, die eine Kraft übertragen (sogenannte *Bosonen*), und jenen, die wir uns grob gesprochen als »Masse«teilchen (sogenannte *Fermionen*) vorstellen können.

Auch Fermionen kommen in verschiedenen Formen vor. Die für uns wichtigsten sind diejenigen, die in Atomen zu finden sind. Protonen und Neutronen, die relativ massereichen Teilchen, die den Atomkern bilden, gehören zur Gruppe der Baryonen. Andere Baryonen können bei Zusammenstößen von Strahlen aus energiereichen Teilchen entstehen. Sie wurden schon kurz nach dem Urknall gebildet. Aber wenn diese schweren Teilchen sich selbst überlassen bleiben, »zerfallen« sie in Protonen und Neutronen und setzen dabei Energie frei. Wenn wir von baryonischen Massen sprechen, meinen wir Protonen und Neutronen. Elektronen, sehr leichte Teilchen, die sich in den Hüllen der Atome finden, gehören zu einer anderen Familie, den *Leptonen*. Die Familie besteht aus drei Teilchenpaaren. Vom Elektron selbst gibt es zwei Kopien, die μ- und τ-Teilchen, jedes viel schwerer als ein Elektron. Jedem dieser drei Teilchen ist ein Neutrino, ein wirklich sehr leichtes Teilchen, zugeordnet.

Physiker messen die Masse (genaugenommen die »Ruheenergie«) in sogenannten Elektronenvolt, eV. In dieser Einheit hat ein Elektron eine Masse von etwas über 500 000 eV, während die Masse eines Protons fast eine Milliarde eV oder 1 GeV beträgt. (Das »G« steht für *Giga*.) Ein Neutron hat ebenfalls eine Masse von fast 1 GeV; die beiden gewöhnlichen Baryonen haben also jedes etwa 2000mal soviel Masse wie ein einzelnes Elektron.

Neutrinos andererseits haben vielleicht gar keine Masse. Als die Physiker zuerst erkannten, daß Neutrinos nötig sind, um erklären zu können, was bei bestimmten Kernreaktionen mit der Energie geschieht, hielten sie das Neutrino wie das Photon für masselos. Aber sie konnten das nicht nachweisen – die zur Messung der Neutrinomasse nötigen Experimente sind sehr schwierig durchzuführen. Das Genaueste, was sich gegenwärtig sagen läßt, ist, daß jedes Elektronenneutrino mit Sicherheit eine Masse hat, die kleiner ist als etwa 20 eV – also geringer als 0,004% der Elektronenmasse. Über die anderen Neutrinoarten läßt sich noch weniger aussagen.

Es gibt eine weitere Schwierigkeit mit den Fermionen. Protonen und Neutronen sind selbst zusammengesetzte Teilchen und bestehen jeweils aus einem Quarktrio. Quarks kommen in drei Paartypen vor (wie das Paar Elektron-Neutrino), denen etwas willkürliche und wunderliche Namen gegeben wurden. Zwei Quarktypen, »up« und »down« genannt, kommen in Protonen und Neutronen vor. Eine dritte Art, »strange«, kann bei hochenergetischen Wechselwirkungen entstehen. Sie war schon beim Urknall dabei und trägt vielleicht zum Abflachen der Welt bei.* Quarks kommen nie einzeln vor, nur in Dreiergruppen, die Baryonen ergeben, oder in Paaren, Mesonen genannt, die die Kräfte zwischen Baryonen vermitteln.

Physiker haben eine befriedigende Beschreibung für Wechselwirkungen zwischen Teilchen entwickelt, an denen nur zwei Teilchenfamilien beteiligt sind, einerseits nämlich drei Quarkpaare (die in verschiedenen Kombinationen in Baryonen und Mesonen vorkommen) und andererseits drei Leptonenpaare. Die zwischen den beiden Familien bestehende Symmetrie trägt zur Überzeugung der Theoretiker bei, daß sie eine Grundstruktur der Natur gefunden haben.

Den beiden Familien von »Masse«teilchen sind vier Arten von Kräften zugeordnet. Eine, die sogenannte starke Kraft, hält Atomkerne zusammen und ist ein Ergebnis tieferliegender Wechselwirkungen von Quarks. Eine andere, die den radioaktiven Zerfall bewirkt, heißt schwache Kraft. Keine von beiden

* Es gibt auch noch drei andere Arten von Quarks, insgesamt also drei Paare.

macht sich in einem größeren Maßstab bemerkbar als dem eines Atomkerns; beide haben eine nur kurze Reichweite. Im menschlichen (und größeren) Maßstab machen sich nur zwei Kräfte mit langer Reichweite bemerkbar: die auf alle Teilchen mit Masse wirkende Schwerkraft und der Elektromagnetismus, der nur auf geladene Teilchen wirkt. Eine mögliche »fünfte Kraft«, über deren Existenz in der letzten Zeit in wissenschaftlichen Kreisen und in der Presse diskutiert wurde, ist eigentlich eine Modifikation der Schwerkraft.

Wenn Physiker aus der Mikrowellenhintergrundstrahlung die Temperatur des Urknalls erschließen und die Kernreaktionen berechnen, die in den ersten Minuten des Lebens des Universums abgelaufen sein müssen, schätzen sie, daß die Baryonen nicht mehr als etwa 10 bis 20% der Materie ausmachen, die nötig ist, damit das Weltall flach ist. (Die Masse aller Elektronen läßt sich vernachlässigen, weil es für jedes Proton nur ein Elektron gibt und die Elektronen deshalb [selbst wenn die Neutrinos mitgerechnet werden] weniger als ein Zweitausendstel der Masse aller Baryonen haben.) Würde die anfängliche Baryonendichte 15% des Betrags, der für ein flaches Weltall nötig ist, übersteigen, entstünde zu wenig Deuterium (schwerer Wasserstoff). Wenn das Weltall nur aus Baryonen bestünde, würde beim Urknall zu viel Helium entstanden sein, als daß sie flach sein könnte. Wenn das Weltall also wirklich flach ist, wirft das ein anderes Licht auf die am Ende von Kapitel 3 erwähnten zufälligen Übereinstimmungen. Als das Weltall jung war, wurde genau die Menge ursprünglicher Energie in Baryonen verwandelt, die »richtig« war, um schließlich Sterne, Planeten und uns entstehen zu lassen.

Neutrinos andererseits überfluten das Weltall in gewaltigen Mengen. Sie wurden im Urknall erzeugt, aber sie widersetzen sich jeder Interaktion mit anderen Fermionen. Ein einzelnes Elektron-Neutrino würde mit derselben Leichtigkeit durch eine Bleischicht von einem Lichtjahr Dicke hindurchgehen wie Sonnenlicht durch eine Fensterscheibe. Das ist ein Grund, warum Experimente zur Bestimmung der Neutrinomasse so schwierig auszuführen sind. Nur weil sie bei Kernreaktionen in ungeheurer Anzahl erzeugt werden, lassen sich einige wenige in den Apparaten der Experimentatoren aufhalten und beobachten. Die beim

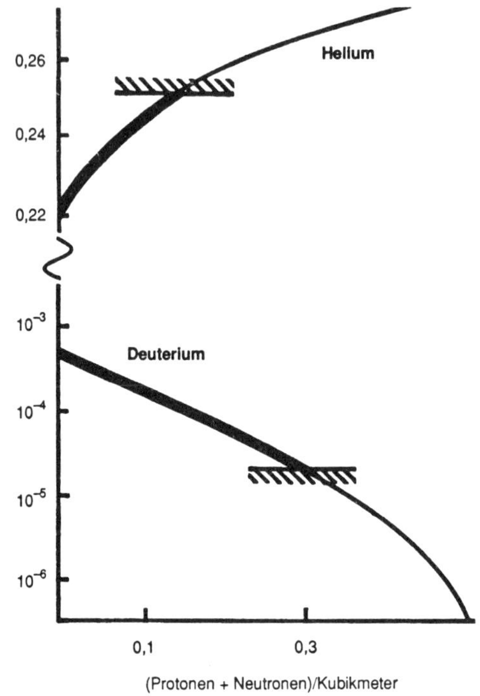

Abb. 23: Die aus dem Standardmodell des Urknalls folgende Häufigkeit an Helium und Deuterium ist hier als Funktion der Baryonendichte aufgetragen. (Die Kernreaktionen laufen bei höherer Baryonendichte schneller ab. Das vergrößert den Heliumgehalt; Deuterium, ein Zwischenprodukt auf dem Weg zum Helium, überlebt besser in Welten mit *geringer* Dichte.) Helium wird im Lauf der Galaxienentwicklung erzeugt und nicht zerstreut. Der Gehalt an ursprünglichem Helium kann deshalb größer gewesen sein als der niedrigste Heliumgehalt, der in alten Sternen gemessen wird. Das ergibt eine obere Grenze für die Baryonendichte von etwa 0,1 der kritischen Dichte. (Der genaue Wert hängt vom Hubbleparameter h ab.) Deuterium (es macht etwa das 10^{-5}fache des Wasserstoffs aus) andererseits wird in Sternen zerstört und nicht erzeugt, deshalb gibt es heute weniger als beim Urknall. Das ursprüngliche Deuterium muß deshalb bei ähnlich niedriger Baryonendichte erzeugt worden sein.

Urknall erzeugte Neutrinoflut stellt neben der kosmischen Mikrowellenstrahlung einen weiteren Hintergrund des Weltalls dar. Pro Kubikmeter sind selbst heute noch 100 Millionen Neutrinos vom Urknall übriggeblieben. Wenn jedes dieser Neutrinos eine Masse von nur etwa 30 eV hätte, genügte ihre Gesamtmasse, das Weltall flach zu machen. Da die Existenz von Neutrinos gesichert ist und sie in vielen Experimenten in irdischen Laboratorien aufgefunden werden und außerdem auch für die Reaktionen zwischen Elektronen und Baryonen nötig sind, zogen die Astronomen sie sofort in Betracht, als sie erkannten, daß es dunkle Materie geben muß, die die im Weltall herrschende Schwerkraft bewirkt. Leider kommen sie vielleicht doch nicht in Frage.

Neutrinos auf der Waage

Die ersten direkten Hinweise auf die Existenz der Neutrinos kamen erst 1956, und noch fast ein Vierteljahrhundert später hielt man sie für masselos. 1980 jedoch behaupteten Valentin Lubimow und seine Kollegen am Institut für Theoretische und Experimentelle Physik (ITEP) in Moskau, daß sie die Masse des Elektronneutrinos gemessen hätten und gaben dafür einen Wert zwischen 14 und 46 eV an. Das genügte, um die Astronomen in helle Aufregung zu versetzen, weil der angegebene Massenwert gerade reichen würde, um Neutrinos die ganze für ein flaches Weltall noch nötige Materie liefern zu lassen. Folglich wurde viel an Modellen der Galaxienbildung mit heißer dunkler Materie gearbeitet; gegen Ende des Jahrzehnts stellte sich jedoch heraus, daß diese Modelle, in denen *alle* dunkle Materie die Form von Neutrinos oder anderen heißen Teilchen hat, nicht ohne weiteres mit der beobachteten Verteilung der Galaxien in Übereinstimmung gebracht werden kann.

Inzwischen hatten andere Experimentatoren versucht, die Behauptungen der sowjetischen Wissenschaftler zu bestätigen. Die Experimente sind außerordentlich schwierig, und deshalb werden die »gemessenen« Massen gewöhnlich als ganze Bandbreite möglicher Werte oder als »obere Schranke« angegeben. Es ist leichter zu beweisen, daß die Masse eines Neutrinos unter einem bestimmten Wert liegen muß, als einen genauen Wert für sie anzugeben. Eine Gruppe in der Schweiz, die die gleichen Experimente durchführte wie die Gruppe am ITEP erhielt eine Obergrenze von 18 eV, während eine Gruppe am Los Alamos National Laboratory in New Mexico fand, die Masse müsse weniger als 27 eV betragen. Diese Behauptungen lassen sich alle noch ungefähr miteinander in Einklang bringen. Aber 1987 ergaben die neuesten Ergebnisse von ITEP einen »besten Wert« von 30,3 eV und eine mögliche Bandbreite für die Masse des Elektron-Neutrinos zwischen 22 eV und 32 eV. Die sowjetischen Daten scheinen nicht mehr zu den anderen Ergebnissen zu passen; das wurde bestätigt, als die Analyse der Neutrinos vorlag, die die Erde Anfang 1987 vom Ausbruch einer Supernova erreichten.

Eine Supernova entsteht, wenn ein großer Stern einer bestimmten Art am Ende seines Lebens (das im Vergleich mit dem der Sonne recht kurz sein kann) keinen Kernbrennstoff mehr hat, der ihn aufheizen kann. Das Sterninnere stürzt dann zusammen und verwandelt einen großen Teil der Gravitationsenergie in Wärme. Die freigesetzte Energie verursacht eine Explosion und bläst die äußeren Schichten des Sterns weg. Dabei wird soviel Energie freigesetzt, daß eine einzige Supernova einige Wochen lang so hell scheinen kann wie alle gewöhnlichen Sterne der Milchstraße zusammen. Solche Ereignisse sind selten; als sich daher ein solcher Ausbruch in der Großen Magellanschen Wolke, einem Nachbarn unserer Milchstraße, ereignete, war das die uns nächste beobachtete Supernova seit der Erfindung des Fernrohrs. Da sie etwa 170000 Lichtjahre entfernt ist, hat das von den Astronomen beobachtete Licht dieser Explosion die Große Magellansche Wolke nach irdischer Rechnung während der vorletzten Eiszeit verlassen.

Die Auswertungen der Beobachtungen dieses seltenen Ereignisses liefern neue Einsichten in die Arbeitsweise von Sternen und haben bestätigt, daß alle Elemente, die schwerer sind als Helium, im Sterninnern hergestellt und durch solche Explosionen im Weltraum verteilt werden. Die Supernova hat auch eine neue Schätzung für die Masse des Elektron-Neutrinos geliefert.

Mehrere Experimente, die auf der Erde an verschiedenen Orten durchgeführt werden, können hinreichend energiereiche Neutrinos finden (und natürlich auch Antineutrinos; wir nennen hier beide kurzerhand und unterschiedslos Neutrinos). Diese Detektoren wurden eigentlich für Aufgaben beim Aufspüren anderer Strahlung entworfen; wenn jedoch ein Antineutrino mit einem Atomkern im Detektor wechselwirkt, erzeugt es ein Positron mit charakteristischen Eigenschaften, und solche Ereignisse lassen sich gewöhnlich identifizieren. Aus einer Entfernung von fast 170 000 Lichtjahren haben drei Detektoren eindeutig insgesamt 22 Neutrinos von dieser Supernova registriert (11 in Japan, 8 in den USA und 3 in der Sowjetunion); 5 andere kamen fünf Stunden früher bei einem vierten Detektor unter dem Mont Blanc an, aber das kann ein reiner Zufall gewesen sein.

Das klingt nicht nach viel, und da Neutrinos so äußerst widerspenstig sind, wenn es um Wechselwirkung mit anderer Materie geht, überrascht es, daß in dieser Entfernung von der Supernova 1987A überhaupt ein Neutrino auf der Erde entdeckt wurde. Wie viele Neutrinos wurden bei dem Ausbruch erzeugt?

Die einfachste Art, die Anzahl der in einer Supernova erzeugten Neutrinos zu schätzen, ist die folgende: Der kollabierende Kern enthält etwa so viel Masse wie unsere Sonne, ungefähr $2 \cdot 10^{57}$ Baryonen. Jedes Proton im Kern wurde in ein Neutron verwandelt und setzte dabei ein Neutrino frei. Der kollabierende und schwingende Kern wird dabei so heiß, daß er auf andere Weise das Mehrfache an Neutrinos freisetzen kann, was insgesamt 10^{58} Neutrinos ergibt. Eine 1 mit 58 Nullen ist eine große Zahl, aber ist sie groß genug, um in einer Entfernung von 170 000 Lichtjahren mehr als einige wenige Neutrinos zu liefern? Um das herauszufinden, berechnen wir die Kugelfläche mit einem Durchmesser von 170 000 Lichtjahren und teilen das Ergebnis durch die Anzahl der zur Verfügung stehenden Neutrinos.

Wir erhalten eine Vorstellung davon, wie riesig groß eine Zahl wie 10^{58} wirklich ist, wenn wir so errechnen, daß durch jeden Quadratzentimeter der Erdoberfläche in wenigen Sekunden des Februars 1987 hundert Milliarden (10^{11}) Neutrinos hindurchgingen. Jeden Menschen auf dem Planeten durchliefen etwa 10^{14}

Neutrinos, auch durch Sie – und niemand hat etwas davon gemerkt. Von dieser ganzen Flut kam im Mittel in einem von tausend Menschen ein einziges Neutrino von der Supernova im Körper zur Ruhe. Einem unter hundert Millionen Menschen fiel ein Neutrino der Supernova ins Auge. Es mag tatsächlich Menschen geben, die einen durch die Explosion in der Großen Magellanschen Wolke verursachten Lichtblitz »gesehen haben«, falls das Neutrino zufällig gerade Nervenenden im Auge anregte. Die Tatsache, daß nur 22 von all diesen Neutrinos in Detektoren auf der Erde blieben, beweist, wie sehr sich Neutrinos dagegen sträuben, sich durch irgend etwas aufhalten zu lassen.

Vermutlich wurden all diese Neutrinos innerhalb von wenigen Sekunden erzeugt, als der Kern des Sterns kollabierte. Aber der kleine Stoß Neutrinos, die in den Detektoren blieben, verteilte sich über etwa zwölf Sekunden. Sie könnten sich auf ihrer Reise ein wenig, aber nicht sehr verzögert haben, und daraus können wir auf ihre Masse schließen.

Wenn Neutrinos die Masse Null hätten, wie Photonen, dann würden sie ebenso schnell sein wie das Licht und alle gleichzeitig ankommen, wenn sie gleichzeitig starteten. Wenn jedoch jedes Neutrino eine winzige Masse hat, müssen sich nicht alle mit gleicher Geschwindigkeit bewegen. Jedes kann dann ziemlich genau Lichtgeschwindigkeit haben, aber Neutrinos mit mehr Energie sind etwas schneller als ihre Gefährten und kommen früher an. Natürlich könnten die Neutrinos die Supernova auch in einem Zeitraum von zwölf Sekunden mit Lichtgeschwindigkeit verlassen haben. *Falls* sie alle gleichzeitig erzeugt wurden und die Verzögerung mit dem Masseneffekt zu tun hat, dann stellt diese Verzögerung (12 Sekunden nach einer Reise von 170 000 Lichtjahren) ein Maß dafür dar, wie klein die Neutrinomasse ist.

Es gibt mehrere Möglichkeiten, die Rechnung anzugehen. Entweder werden alle 22 Neutrinos zusammen betrachtet oder die Daten der drei verschiedenen Detektoren werden getrennt untersucht. Die überzeugendste Deutung besagt, daß die Masse jedes einzelnen Neutrinos weniger als 20 eV betragen muß, was zu allen irdischen Experimenten mit Ausnahme derer von ITEP paßt. Eine der Berechnungen bestätigt die Annahme, daß das Neutrino eine Ruhemasse von etwa 3 eV hat.

Hier ist Zündstoff für endlose Debatten, die nur dann entschieden sein werden, wenn noch eine Supernova in unserer Nähe explodiert oder wenn die irdischen Experimente genauer werden. Aber wir haben schon genug Information, um bei unserer Suche nach der Materie des Universums etwas weiterzukommen. Eine Masse von weniger als 15 eV erlaubt uns sicherlich nicht, Elektron-Neutrinos allein für die Ursache des flachen Weltalls verantwortlich zu machen, wenn wir nicht die kosmologischen Berechnungen in unbequemer Weise abändern. Es ist immer noch möglich, daß Neutrinos eine winzige Masse haben und daß sie bei der Bestimmung der Dynamik der Galaxien eine Rolle spielen und *mithelfen*, das Weltall flach zu machen. Aber andere Überreste des Urknalls in Formen, die bis jetzt auf der Erde noch nicht entdeckt wurden, könnten wichtiger sein. Wir wissen nicht genug über solche Teilchen, um ihre Masse vorhersagen zu können, und wir wissen auch nicht, wie viele vom frühen Universum an bis heute überlebt haben. Trotzdem können 90% der Masse des Universums diese unbekannte Form haben. Im Teilchenzoo gibt es genug mögliche Kandidaten.

Fehlende Bindeglieder

Es fasziniert, daß die Teilchenphysiker seit etwa 1980, als Astronomen sich zuerst Gedanken über die für ein flaches Weltall nötige dunkle Materie machten, aus ganz anderen Gründen fanden, daß sie zur Vervollständigung ihrer Theorien bislang noch unentdeckte Formen dunkler Materie (»neue« Teilchen) brauchten. Diese Theorien sind wohlbegründet, durch Experimente bestätigt, und ein Schritt auf dem Wege zu einer einzigen vereinheitlichten Theorie aller Naturkräfte. Sie erklären unsere Beobachtungen der Welt des ganz Kleinen sehr gut – aber *nur*, wenn es auch Teilchenarten gibt, die noch nicht direkt entdeckt wurden. Die Tatsache, daß die Forderungen der Astronomen im großen und ganzen durch die Art der Teilchen befriedigt werden, die die Teilchenphysiker zur Vervollkommnung ihrer Theorien brauchen, ist sicherlich ein Zeichen dafür, daß beide der Wahrheit auf der Spur sind. Aus entgegengesetzten Richtungen der Wissenschaft, vom sehr Großen und vom sehr Kleinen her, zeigen die Wegweiser der zukünftigen Forschung in dieselbe Richtung.

In den erfolgreichen Theorien der Teilchenphysik ist heute der Begriff der Symmetrie entscheidend. Dieser Begriff spielt auf verschiedenen Ebenen eine Rolle. Es gibt zum Beispiel eine Symmetrie zwischen Teilchen und Antiteilchen – ein Positron ist in jeder Hinsicht das Gegenteil eines Elektrons. Das zeigt sich zum Beispiel, indem es statt einer negativen Ladung eine positive Ladung trägt. Die meisten Wechselwirkungen zwischen Elementarteilchen laufen genausogut ab, wenn wir uns die Richtung der Zeit umgekehrt vorstellen, also so, daß die Reaktionen rückwärts ablaufen. Bei einigen Wechselwirkungen gilt die Zeitumkehrbarkeit nicht, aber diese seltenen Ausnahmen von der Symmetrieregel liefern Einsichten, die uns bei der Entwicklung des Standardmodells der Teilchenphysik geholfen haben.

Eine andere Form der Symmetrie läßt sich am besten durch Betrachtung der Energie verstehen. In unserer Alltagswelt läßt sich die Energie messen, die erforderlich ist, um einen Körper ein wenig (sagen wir um einen Meter) zu heben. Es kommt nicht darauf an, ob der Körper zu Beginn des Versuchs auf dem Boden steht und dann auf den Schreibtisch gehoben wird oder ob er auf dem Schreibtisch steht und nachher fast an die Zimmerdecke stößt. Es kommt nicht darauf an, ob der Versuch auf dieser oder jener Seite des Zimmers ausgeführt wird. Die erforderliche Energiemenge ist immer dieselbe, denn es kommt allein auf den Höhen*unterschied* zwischen dem Anfangs- und dem Endpunkt an. Im Prinzip ist (unter Vernachlässigung solcher Störfaktoren wie der Reibung) auch die erforderliche Energie immer dieselbe, unabhängig davon, welche Bahn der Körper zwischen seinem Anfangs- und Endpunkt beschreibt. Die so veranschaulichte Eigenschaft unserer Welt wird *Eichsymmetrie* genannt.

Die Eichsymmetrie gehört unabdingbar zum Standardmodell der Teilchenphysik. Sie hat Physikern geholfen, die elektromagnetische und die schwache Kraft mit denselben mathematischen Hilfsmitteln zu beschreiben. Sie nährt Hoffnungen, auch die Kernkraft so erfassen zu können. Aber der Erfolg dieser

Theorien hängt davon ab, daß mehr Symmetrie eingebaut wird, als wir in der Teilchenwelt wirklich sehen. Diese Symmetrien würde es bei sehr hohen Energien (zum Beispiel beim Urknall) geben, in der alltäglichen Welt jedoch sind sie verborgen. Wenn eine solche Symmetrie gebrochen oder verborgen werden muß, muß es in der Welt zusätzliche Teilchen geben. Zugleich kommen im Standardmodell Beziehungen vor, die aussehen, als ob sie symmetrisch sein sollten, in denen die Symmetrie jedoch nur erhalten werden kann, wenn es noch weitere nicht entdeckte Teilchen gibt.* Jedenfalls sind einige dieser Teilchen, die fehlenden Bindeglieder des Standardmodells, Kandidaten für die dunkle Materie.

Das Axion

Das Bindeglied mit den besten Aussichten, die Lücke zu füllen, ist in der heutigen Teilchenphysik das sogenannte *Axion*. Der Wunsch nach einem solchen Teilchen erwuchs geradewegs aus den Untersuchungen einiger Symmetrien der Teilchenphysik und entsprach gleichzeitig den Bedürfnissen der Kosmologen.

Wenn jedes an einem Kräfteaustausch beteiligte Teilchen durch sein Antiteilchen ersetzt würde, liefe die Wechselwirkung unverändert ab. Die Physik ändert sich nicht, wenn jedes Elektron durch ein Positron, jedes Proton durch ein Antiproton ersetzt würde und so weiter. Diese Symmetrie wird *Ladungskonjugation*, C (für »charge conjugation«), genannt. Die Symmetrie, die besagt, daß eine Wechselwirkung gleich abläuft, wenn rechts und links wie in einem Spiegel vertauscht werden, heißt *Parität* oder P, und die Symmetrie, die besagt, daß Wechselwirkungen gleich gut vorwärts oder rückwärts in der Zeit ablaufen können, wird mit T (für »time«, Zeit) bezeichnet.

* Obwohl Physiker damals nicht daran dachten, wies die Entdeckung des Positrons, des Antiteilchens des Elektrons, auf eine zuvor unvermutete Symmetrie hin und zeigte, daß es auch ein Antiproton und ein Antineutron und all die anderen Antiteilchen geben muß, damit die Symmetrie bewahrt bleibt. Heutige Überlegungen verlaufen ähnlich und kommen zu dem Schluß, daß es im Weltall unentdeckte Teilchen geben muß.

Diese Symmetrien gelten für die meisten Wechselwirkungen, aber nicht immer gilt jede für sich. Wechselwirkungen, an denen die starke Kraft beteiligt ist, haben jedoch die Eigenschaft, daß sie *immer* symmetrisch sind, wenn beide Veränderungen gleichzeitig vorgenommen werden – sie weisen eine kombinierte CP-Symmetrie der Art auf, daß die Unterschiede sich aufheben, wenn C und P beide verletzt werden. In ihrer ursprünglichen Form hätten die Gleichungen für die starke Kraft diese Symmetrie enthalten sollen. Aber der holländische Physiker Gerard t'Hooft fand, daß die Gleichungen unter gewissen Umständen zuließen, daß CP *und* T beide verletzt sind. Erst 1977 fanden Roberto Peccei und Helen Quinn in Stanford heraus, daß die gewünschte Symmetrie, die solche Verletzungen verhindern sollte, wieder in die Gleichungen eingebaut werden könnte, wenn eine neue Teilchenart, das sogenannte Axion, hinzugefügt wurde. Da CP und T durch die starke Kraft niemals verletzt werden, ist dies ein deutlicher Hinweis darauf, daß es eine solche Teilchenart geben muß.

Kein Experiment hat je ein Axion entdeckt. Das überrascht nicht, weil die Theorie besagt, daß Axionen so flüchtig sein sollten wie Neutrinos. Die Theorie besagt jedoch auch, daß es viel mehr Axionen geben sollte als Neutrinos und daß sie eine, wenn auch sehr kleine, Masse haben sollten. Wenn die Theorie zutrifft, bilden die Axionen einen dritten vom Urknall übriggebliebenen Hintergrund. Wenn jedes Axion eine Masse von einem Hunderttausendstel eines Elektronenvolts (10^{-5} eV) hat und es sie in den von der Theorie geforderten Mengen gibt, würden sie das Weltall flach machen. Trotz ihrer winzigen Masse werden die Axionen jedoch beim Urknall mit sehr kleinen Geschwindigkeiten geboren; sie kommen bei vielen erfolgreichen Modellen der Galaxienbildung als Anwärter für das in Betracht, woraus die dunkle Materie besteht.

Supersymmetrische Partner

Um die endgültige Entwicklung des Symmetriegedankens bemüht sich eine Gruppe von Theorien, die insgesamt als Supersymmetrie bekannt ist. Danach erstreckt sich die Symmetrie bis zu dem Punkt, an dem jede Bosonenart ein Fermion als Partner haben muß und jedes Fermion sein Gegenstück unter den Bosonen. Diese Theorien sind reizvoll, weil sie die Schwerkraft in das Gesamtbild hineinbringen und sie anscheinend mit den anderen Naturkräften in einer einzigen mathematischen Beschreibung vereinigen. Diese Theorien sind zwar bis heute unvollständig, aber doch verheißungsvoll. Ihr offensichtlicher Nachteil ist auf den ersten Blick, daß keines der bekannten Bosonen als Partner der bekannten Fermionen in Frage kommt und umgekehrt.

Der einzige Ausweg aus dieser Schwierigkeit ist die Annahme, daß die Natur zwar für jede bekannte Teilchenart ein Gegenstück geschaffen hat, diese Partner aber noch nicht entdeckt wurden. Auf einen Schlag verdoppelt die Supersymmetrie die Anzahl der Bewohner des Teilchenzoos. Hypothetische Partner für Fermionen erhalten in diesem System Namen, die mit *s* beginnen, so daß man zum Beispiel dem Elektron in der Bosonenwelt das Selektron zuordnet. Ähnlich werden den Fermion-Partnern der Bosonen Namen mit der Endung *-ino* gegeben und dem Photon zum Beispiel das Photino zugeordnet. Wo aber sind nun all diese Teilchen?

Selbst in der vertrauten Welt der Fermionen sind die meisten uns bekannten Teilchen instabil. Schwere Teilchen, ob in Laboratorien auf der Erde erschaffen oder vom Urknall übriggeblieben, zerfallen in die vertrauten Protonen, Neutronen und Elektronen plus Neutrinos. Selbst ein isoliertes Neutron außerhalb eines Atomkerns zerfällt in wenigen Minuten, wobei es ein Elektron und ein (Anti-)Neutrino ausspuckt und zum Proton wird. Im Grunde sind nur Protonen*, Elektronen und Neutrinos sta-

* Selbst Protonen können in einem Zeitraum von 10^{33} oder mehr Jahren zerfallen. Dies hat mit unserem jetzigen Thema nicht direkt zu tun, aber es ist der Erwähnung deshalb wert, weil die Detektoren, die 1987 die Neutrinos der Supernova auffingen, eigentlich für die Entdeckung der Endprodukte des Protonenzerfalls gebaut worden waren. Ihnen liegt der Gedanke zugrunde, daß ein Wassertank, der in Form von

bil. Die supersymmetrischen Partner der vertrauten Teilchen würden sich sehr ähnlich verhalten. Man nimmt nur von dem leichtesten dieser Teilchen (dem leichtesten supersymmetrischen Partner oder LSP) an, daß es stabil sein könnte und heute in reichlichen Mengen im Weltall aufzufinden sei. In unterschiedlichen Fassungen der Supersymmetrie haben verschiedene Teilchen die Ehre, LSP zu sein. Die Masse des LSP ist noch nicht gut genug bestimmt, könnte aber irgendwo zwischen der Masse einiger weniger Protonen und der von hundert Protonen liegen. Die wahrscheinlichsten Kandidaten sind heute die Photinos, elektrisch neutrale Fermionen und Partner des Photons. Wenn das Photino das LSP ist, lebt es ewig.

Photinos, Gravitinos (supersymmetrische Entsprechungen der Gravitonen) und Axionen mögen als Exoten im Teilchenzoo erscheinen, aber obwohl sie noch nicht entdeckt wurden, gibt es gute theoretische Gründe für ihre Existenz, und einige unserer Lieblingstheorien würden ohne sie nicht haltbar sein. (Es wäre natürlich möglich, sowohl Axionen *als auch* Supersymmetrie zu haben.) Diese Theorien sind nicht ohne Grund so beliebt. Sie bewähren sich sehr gut bei der Beschreibung der Teilchenwelt, und wenn sie versagten, erwiese sich der größte Teil der Grundlagenforschung seit etwa 1950 als nichtig. Einige andere mögliche Bewerber um die Rolle der dunklen Materie sind nicht ganz so gewichtig. Einige Theorien lassen die Existenz solcher noch exotischeren Teilchen zu, aber sie sind nicht wesentlich. Niemand würde sich aufregen, wenn sich herausstellte, daß es sie nicht gibt, und die meisten Physiker kämen gerne ohne sie aus. Selbst unter diesen Umständen verdienen jedoch einige der zumindest halbwegs ernstzunehmenden Überlegungen Beachtung.

Wasserstoffatomen 10^{33} Protonen enthält, einen Zerfall pro Jahr erzeugen sollte, wenn ein Proton in 10^{33} Jahren zerfällt. Bis jetzt sind noch keine durch den Zerfall eines Protons erzeugten Neutrinos aufgespürt worden.

Das Rätsel der Monopole

Die elektrische Ladung kommt in zwei Varianten vor, positiv und negativ, und es ist gut möglich, beide Ladungen zu isolieren – das Elektron als Träger negativer Ladung ist ein Beispiel. Der Magnetismus, der Elektrizität so ähnlich, daß er als Elektromagnetismus durch dasselbe Gleichungssystem beschrieben werden kann, kommt ebenfalls in doppelter Ausführung vor, als Nordpol und Südpol. Aber ein isolierter Magnetpol wurde nie gesehen. Versuchen Sie einmal, einen Stabmagneten zu zerschneiden, Nord- und Südpol zu trennen – sie erhalten zwei kleinere, aber vollständige Stabmagneten, die jeder ihren eigenen Nord- und Südpol haben. Dieser Gegensatz zum Verhalten der elektrischen Ladung hat die mathematischen Physiker über ein halbes Jahrhundert lang vor ein Rätsel gestellt.

Paul Dirac, der Wegbereiter der Quantenphysik, zeigte 1931, daß die gewöhnliche Quantentheorie magnetische Monopole zuläßt. Sie werden nicht gefordert, aber die Gleichungen verbieten sie auch nicht. Es gibt in der Physik eine Faustregel (die nicht nur spaßhaft gemeint ist), daß alles, was nicht verboten ist, irgendwann und irgendwo einmal vorkommt. Aber wo und wann bilden sich Monopole?

Als 1974 zwei Forscher die vereinheitlichten Theorien untersuchten, die das Standardmodell der Teilchenphysik zu verbessern trachten, machten beide dieselbe Entdeckung. In der bevorzugten Form jener vereinheitlichten Theorien *muß* die Symmetriebrechung bei der Abkühlung des Weltalls vom hochenergetischen Zustand des Urknalls auf seinen heutigen Zustand zur Erzeugung freier magnetischer Monopole führen. In diesen Theorien sind Monopole nicht nur möglich, sondern nötig. Darüber hinaus sagen diese Theorien, wieviel Masse jeder Monopol haben muß – etwa das 10^{16}fache der Protonenmasse.

Es gibt keine Möglichkeit, ein so massereiches Teilchen heute in einem Experiment auf der Erde zu erzeugen. Solche Experimente »machen« Teilchen, indem sie genügend Energie in die aufeinandertreffenden Strahlen von Beschleunigern wie dem des CERN schicken, so daß die Energie nach der Formel $E = mc^2$

in Teilchen mit Masse umgewandelt werden kann, die sich, so hofft man, eine Weile lang verfolgen lassen, bevor sie in andere Teilchen zerfallen. Jedesmal, wenn diese Maschinen arbeiten, bestätigen sie unmittelbar die Genauigkeit der Relativitätstheorie. Der Zerfall wäre für Monopol-Sucher kein Problem, da Monopole stabil sein sollten, aber das mc^2 ist ein Problem. Obwohl dies nur das Äquivalent der Energie ist, die freigesetzt wird, wenn eine Handgranate explodiert, erfordert die Konzentration dieser Energie in einem Paar von kollidierenden subatomaren Teilchen eine 10^{14}mal energiereichere Kollision, als sie irgendein Teilchenbeschleuniger auf der Erde bewirken kann.* Beim Urknall jedoch war genug Energie vorrätig, um alles nur Denkbare zu erzeugen (wenn man nur weit genug in Richtung auf den Augenblick der Schöpfung zurückgeht), und daher besteht eine theoretische Basis für einen möglichen vierten Hintergrund, den der magnetischen Monopole, der beim Urknall entstanden sein könnte.

Wenn jeder einzelne Monopol so viel Masse hätte, wäre die Anzahl der Monopole, die das Weltall flach machen könnten, nicht unendlich groß. Aber auf der Erde ist nie ein magnetischer Monopol beobachtet worden, und im ganzen Universum wurden keine Wirkungen beobachtet, die auf magnetische Monopole zurückgeführt werden müßten. Wir könnten sie sicherlich entdecken, wenn es sie gäbe – wenn es genug Monopole gäbe, um den Weltraum flach zu machen, sollten in jedem Jahr dreißig von ihnen durch jedes Stück der Erdoberfläche gehen, das so groß ist wie ein Fußballfeld. Sie würden auch die Magnetfelder neutralisieren oder ausschalten, die unsere ganze Galaxis durchziehen.

Es ist den Theoretikern ein Rätsel, warum Monopole *nicht* entdeckt worden sind, wenn sie doch im Urknall erschaffen worden sein könnten. Die beste Lösung stellen die verschiedenen Formen der Inflationstheorie dar, die besagt, daß sich zu einer

* Selbst mit unbegrenzter Energie könnten sich bei einem Experiment, bei dem einfach Strahlen aufeinandertreffen, keine Monopole herstellen lassen. Die Theorien, die Monopole fordern, betrachten diese »Teilchen« als Defekte in der Struktur der Raumzeit, Risse im Raum, ähnlich den Rissen, die sich in einem Eiswürfel zeigen, wenn er in ein Glas mit Wasser geworfen wird. Um solche Defekte zu erzeugen, muß man von einem hochenergetischen Zustand des gesamten Weltalls ausgehen.

sehr frühen Zeit ein winziges Stück der Raumzeit schnell und heftig ausdehnte, um das uns bekannte Weltall zu bilden. (Diese Inflation wird, wie wir uns erinnern, gefordert, um die Glätte und Gleichförmigkeit unseres Weltalls zu garantieren.) Es stellt sich heraus, daß der Raumzeitbereich, der sich während der Inflation so rasch ausdehnte, so klein gewesen wäre, daß er nur ein oder zwei Monopole hätte enthalten können. Die vereinheitlichte Theorie könnte zutreffen, und magnetische Monopole könnten wirklich existieren, aber wenn es im gesamten sichtbaren Weltall nur ein paar davon gibt, ist es unwahrscheinlich, daß wir ihre Gegenwart je wahrnehmen würden. Es ist immer noch *möglich*, daß Monopole im Weltall überreichlich vorhanden sind, aber selbst Monopol-Enthusiasten geben zu, daß das unwahrscheinlich ist.

Quark-Klumpen

Ein anderer Kandidat, dessen Existenz ähnlich unwahrscheinlich ist, der aber als Lohn für den Einfallsreichtum des Theoretikers, der ihn erträumte, zu existieren verdient, ist der Quark-Klumpen. Die Idee dazu hatte Ed Witten von der Universität Princeton 1984. Auch ein solches Gebilde müßte unter den hochenergetischen Bedingungen entstanden sein, die während des Urknalls vorherrschten.

Gewöhnliche Baryonen bestehen nur aus up- und down-Quarks. Zum Teil liegt das daran, daß Quarks mit der Eigenschaft »strange« viel massereicher sind und heutzutage nicht leicht durch natürliche Prozesse gebildet werden können. Während des Urknalls jedoch gab es reichlich Energie, und ein Teil davon hätte von den sogenannten s-Quarks (strange-Quarks) in Masse umgewandelt werden können. Witten meinte, ein »Quark-Klumpen« aus etwa gleichen Anzahlen von *u*-, *d*- und *s*-Quarks könnte stabil sein – stabiler noch als gewöhnliche *u-d*-Materie. Er zeigte, daß die Art von Quark-Klumpen, die beim Urknall entstanden sein könnten, jeweils einen Radius zwischen 0,001 und 10 cm haben sollten und entsprechend Massen zwischen 10^6 und 10^8 Gramm. (In dieser Größenordnung geben wir uns nicht mit Elektronenvolt ab!) Sie wären dichter als die Materie im Innern eines Neutronensterns. Wenn es in Form solcher Klumpen genug Materie gäbe, um das Weltall flach zu machen, und sie gleichmäßig im Weltraum verteilt wäre, müßten in jedem Jahr durchschnittlich 10^9 g von der Erde auf ihrer Bahn durch den Raum aufgefangen werden. Das entspricht einem weiten Bereich von Möglichkeiten: Ein großer Klumpen könnte die Erde einmal in ihrem Leben treffen, oder tausend kleine Klumpen könnten jedes Jahr auf uns niederregnen.

Es gibt natürlich keine Hinweise darauf, daß je ein Quark-Klumpen die Erde getroffen hat, und keine Beweise dafür, daß es solche Objekte überhaupt gibt. Sie sind keine sehr wahrscheinlichen Kandidaten für die dunkle Materie, was bedauerlich ist, weil die Vorstellung von einem Klumpen ganz natürlich zu einem Weltall führt, in dem die Beiträge gewöhnlicher und dunkler Materie sich um nicht mehr als etwa einen Faktor 10 unterscheiden. Bei diesem Modell ergibt sich praktisch von selbst, daß die in gewöhnlicher baryonischer heller Materie und in Klumpen enthaltene Masse etwa gleich groß ist. Aber Wittens Rechnungen zeigen leider, daß die energiereichen Neutrinos des frühen Universums die Quark-Klumpen zerstören würden, daß sie also nur überleben könnten, wenn sie soviel Masse hätten wie ein Planet, etwa 10^{27} g. Und wie sich Klumpen hätten bilden können, die mindestens soviel Masse haben wie ein Planet, ist schwer einzusehen. Wir streichen die Quark-Klumpen noch nicht von unserer Liste der Möglichkeiten, aber gegenwärtig sind sie sehr wenig verheißungsvolle Kandidaten für die dunkle Materie.

Eine Goldgrube: Schwarze Löcher

Fast dasselbe läßt sich über Mini-Schwarze-Löcher sagen. Schwarze Löcher sind heute fast zu einem Mythos geworden; sie gehören zur wissenschaftlichen Folklore. Viele Menschen, die wenig von Naturwissenschaft verstehen, haben von diesen Objekten gehört. Um irgendwelche Mißverständnisse in bezug auf sie auszuräumen, sollten wir vielleicht ihre Grundzüge umreißen, bevor wir uns mit der Spielart befassen, die möglicherweise einen Teil der dunklen Materie ausmacht.

Die Art Schwarzer Löcher, die gelegentlich in die Schlagzeilen der nicht wissenschaftlichen Presse gerät, hat mit dem Kollaps und dem Tod von Sternen zu tun. Die Schwerkraft hält Dinge zusammen und zieht all die Teilchen, aus denen ein Stern besteht, zum Mittelpunkt hin. Solange der Stern genug Kernbrennstoff enthält, kann er die Hitze in seinem Kern erhalten, indem er leichtere Elemente in schwerere verwandelt. Bei jedem Schritt dieses Verfahrens wird etwas Masse in Energie umgewandelt. Die heiße Materie übt einen Druck aus, der den Stern gegen den Sog der Schwerkraft im Gleichgewicht hält. Aber wenn aller Kernbrennstoff erschöpft ist (wenn also der Kern des Sterns aus Eisen, dem stabilsten Element, besteht), kann auf diese Weise keine Energie mehr erzeugt werden.

Eine Möglichkeit besteht dann darin, daß der Stern so plötzlich kollabiert und Gravitationsenergie freisetzt, daß eine Supernova (wie 1987A) geboren wird. Das ist vermutlich für jeden Stern unvermeidlich, der am Ende seines Lebens eine Masse hat, die mehr als das Achtfache der Masse unserer Sonne beträgt. Kleinere und gewöhnlichere Sterne kühlen sich einfach ab und ziehen sich langsam zusammen, wenn die innere Wärmequelle erschöpft ist. Aber wie weit fällt ein solcher Stern zusammen? Wenn der Stern schließlich die Masse unserer Sonne oder weniger hat, gibt es kein Problem. Die Baryonen im Sterninnern rükken eng zusammen, wenn er abkühlt, und schließlich wird er ein Zwergstern, der die Masse einer Sonne in einer Kugel von der Größe der Erde enthält – er ist im wesentlichen ein riesiger Eisenkristall. Er wird dann von Quantenkräften aufrecht gehalten, die es nicht zulassen, daß die Teilchen noch stärker zusammengequetscht werden.

Sobald der tote Stern jedoch etwas mehr Masse hat, kann die Schwerkraft diese Quantenkräfte überwinden. Elektronen werden dann gezwungen, sich mit Protonen zu Neutronen zu verbinden. Der ganze Stern schrumpft somit in sich zusammen und wird zu einem Ball aus Neutronen, einem Neutronenstern. Er mag etwas mehr Masse haben als unsere Sonne, nimmt aber die Form einer Kugel ein, die nicht größer ist als ein irdischer Berg. Er ist eigentlich ein einziger »atomarer« Kern. Wieder einmal widerstehen die Quantenkräfte in ihm dem nach innen gerichteten Sog der Schwerkraft.

Wenn aber die Masse noch etwas größer ist, können nicht einmal Quantenkräfte den Zusammenbruch aufhalten. Das Schicksal eines jeden kalten Himmelskörpers, der mehr als einige Sonnenmassen enthält, ist es, vollständig auf einen Punkt, eine Singularität, zusammenzufallen. Wenn er das tut, schnürt er sich gleichsam von der Raumzeit ab und bildet ein Schwarzes Loch.

Die Schwerkraft verzerrt die Raumzeit, und die Schwerkraft ist in der unmittelbaren Nachbarschaft dichter Körper stärker, deshalb wird die Raumzeit stärker verzerrt, wenn ein Objekt mit einer bestimmten Masse schrumpft. Bei einer kritischen Größe, dem sogenannten Schwarzschildradius, krümmt sich die Raumzeit so, daß aus dem Inneren des Lochs nichts in den Rest des Universums gelangen kann. Der Schwarzschildradius ist für kleinere Massen kleiner und für massereichere Objekte größer. Der der Sonnenmasse entsprechende Schwarzschildradius beträgt 3 km, während er für die Erde etwas weniger als 1 cm beträgt. Immer noch kann etwas in das Schwarze Loch hineinfallen, aber eine Kugel mit dem Schwarzschildradius markiert eine Grenze, eine Fläche um das Loch herum, aus der nichts, nicht einmal Licht, entkommen kann. Diese »Schwarzschildfläche« ist die Oberfläche des Schwarzen Lochs. An der Singularität im Inneren versagen die physikalischen Gesetze, und was dann geschieht, wissen wir nicht. Ein Nutzeffekt der Bildung eines Schwarzen Lochs ist, daß seine Oberfläche uns von der Singularität abschirmt und davor bewahrt, mit einem Punkt konfrontiert zu sein, an dem die Gesetze der Physik noch völlig unbekannt sind.*

* Wir stoßen auf eine ähnliche »Singularität«, wenn wir den Urknall zur »Zeit Null« hin zurückverfolgen. Aber die Singularitäten aller Schwarzen Löcher, die sich im heutigen Weltall bilden, existieren nur in der Zukunft, nicht in der Vergangenheit. Die Existenz unseres Weltalls selbst hängt dagegen von der unbekannten Physik der kosmischen Singularität in der Vergangenheit ab. Die vermuteten Singularitäten in Schwarzen Löchern können uns jedoch nichts anhaben. Ihre Existenz mindert nicht unser Vertrauen, vorhersagen zu können, was um Schwarze Löcher *herum* passiert, ähnlich wie die Chemie (die hauptsächlich mit dem Verhalten von Elektronen in der

Diese Vorstellung gilt für Schwarze Löcher, die etwa so viel Masse enthalten wie die Sonne – Schwarze Löcher mit Sternmasse. Es könnte im Weltall auch viel größere Schwarze Löcher geben, supermassive Schwarze Löcher, die jedes die Masse von hundert Millionen Sonnen haben und im Herzen von Galaxien sitzen und alle Materie verschlingen, die ihnen in den Weg kommt, nicht nur Gas, sondern ganze Sterne und selbst Sternhaufen. Obwohl nichts dem Inneren der Schwarzschildfläche entkommen kann, wird in dem wirbelnden Mahlstrom der Materie, die in ein solches Schwarzes Loch hineinquirlt, soviel Energie frei, daß der Körper mit einer Rotverschiebung von 4 als Quasar gesehen werden kann.

Damit sich die Raumzeit um ein kleines Objekt, einen Stern von der Größe eines Berges herum schließen kann, muß die Raumzeit durch ein starkes Schwerefeld sehr heftig gekrümmt werden. Dagegen kann ein viel größerer Raumzeitbereich durch eine erheblich geringere Krümmung vom übrigen Weltall abgekoppelt werden. Leichtathleten laufen bei Hallenwettbewerben gewöhnlich auf viel stärker gekrümmten Bahnen als im Freien; in beiden Fällen laufen sie um das Feld und kommen auf geschlossenen Bahnen dorthin zurück, wo sie begannen, aber die Bahn draußen ist länger und ihre Kurven sind sanfter. Alle Ansammlungen von Materie krümmen den Raum, und selbst stark verdünnte Materie könnte »ihren« Raum im Prinzip »abkapseln«, wenn er groß genug wäre. Das beliebte Bild vom Schwarzen Loch im Herzen eines Quasars ist das eines stark verzerrten Raums, in dem die Schwerkraft der Materie die Existenz raubt – aber ein solches Schwarzes Loch kann sich tatsächlich auch aus einigen zehn Millionen Sonnenmassen Materie bei einer *Dichte* bilden, die nicht größer ist als die von Wasser hier auf der Erde. Die »Superdichte« im Herzen eines Quasars ist tatsächlich Materie, die nicht dichter gepackt ist als die Atome des Wassers im Atlantischen Ozean – und die Dichte der größten Löcher, deren Wirkung wir bemerken, entspricht eher der der Luft, die wir atmen. Die Wirkung eines Schwarzen Lochs wird noch prosaischer, wenn wir in immer größeren Maßstäben denken. Wenn

Atomhülle zu tun hat) nicht dadurch unnütz wird, daß wir nicht genau wissen, was im Inneren eines Atomkerns abläuft.

die Krümmung des Weltalls ausreichte, es zu »schließen« (wenn also die Dichte etwas größer wäre als die, die ein »flaches« Weltall fordert), dann würde sein schließlicher Zusammensturz der Bildung eines Schwarzen Lochs ähneln – nur würden wir dann darinnen sein! Es entbehrte nicht der Ironie, wenn der Hauptanteil der Materie, die diese Krümmung der Raumzeit bewirkte, selbst in viel kleinere über das Weltall verstreute Schwarze Löcher eingeschlossen wäre.

Schwarze Löcher mit Sternenmasse oder selbst die in der Mitte von Quasaren zählen für die Zwecke der Beschreibung der Masse des Weltalls als baryonische Materie. Wir können heutzutage nicht wissen, wie wir die Materie im Inneren eines Schwarzen Lochs bezeichnen sollen. Wesentlich ist, daß diese Löcher nach dem Urknall entstanden, so daß die Materie, die in sie hineinging, die Art von Materie war, die wir im heutigen Weltall sehen. Ein Schwarzes Loch mit Sternenmasse besteht aus Sternmaterie, also aus Baryonen. Auch ein supermassives Schwarzes Loch hätte sich durch die Ansammlung vor allem von Baryonen in der Form von Sternen und Gasen gebildet. Aber es gibt noch eine andere Art Schwarzes Loch.

Im Prinzip könnte jede Menge Materie in ein hinreichend kleines Raumvolumen gepreßt werden, um ein solch starkes Schwerefeld zu erzeugen, daß es die Raumzeit um sich selbst schließen und ein Schwarzes Loch werden könnte. Tatsächlich ist aber im heutigen Weltall kein Vorgang vorstellbar, der ein Objekt mit wesentlich weniger Masse als unsere Sonne um den geforderten Betrag »implodieren« lassen könnte. Je *weniger* Masse das Objekt hat, um so *schwerer* ist es, daraus ein Schwarzes Loch zu machen – wenn genug Masse vorhanden ist, erzeugt sich das Schwarze Loch einfach selbst. Wie immer können wir jedoch genug Energie beschwören, um alles Gewünschte zu erreichen, wenn wir weit genug zum Urknall und dem Augenblick der Schöpfung zurückgehen.

»Minilöcher« könnten als Fossilien von Fluktuationen in einer sehr frühen Ära existieren, als das ganze Universum dichter war als ein Atomkern oder als das Innere eines Neutronensterns heute. Weil sie sich geformt hätten, als die Energie des Feuerballs nicht die Form von Baryonen, sondern die ultraheißer Strahlung hatte, zählten sie nicht zur baryonischen Materie und könnten die Masse liefern, die nötig ist, um das Weltall zu schließen. Es sah einmal so aus, als ob sich Minilöcher selbst im heutigen Universum finden ließen. Später schienen sie aus dem Rennen um die dunkle Materie ausgeschieden zu sein, als sich keine Spuren nachweisen ließen. Jetzt sieht es so aus, als ob sie schließlich doch unentdeckt im Weltall lauern.

Explodieren Schwarze Löcher?

Stephen Hawking von der Universität Cambridge erforschte das Verhalten von Minilöchern mit einer Reihe von Rechnungen, die er in den Jahren nach 1970 durchführte. Seine Erkenntnis lautete, so der berühmte Ausspruch: »Kleine schwarze Löcher sind nicht schwarz«. Sie können Energie abstrahlen und dabei schrumpfen. Der Hawking-Effekt ist faszinierend, weil er drei fundamentale Theorien der Physik verbindet. Die Allgemeine Relativitätstheorie spielt hinein, weil es um Schwerkraft geht, die Thermodynamik ist dabei, weil jedes Schwarze Loch nach Hawking eine bestimmte Temperatur hat, und die Quantenmechanik liefert den Mechanismus, durch den die Löcher verdampfen.

Am einfachsten erfassen wir das Problem, wenn wir »virtuelle Teilchenpaare« betrachten, die am Rand des Schwarzen Lochs erzeugt werden. Weit von jedem solchen Loch entfernt, im Vakuum der gewöhnlichen flachen Raumzeit, hüpfen solche Teilchenpaare immerzu ins Leben hinein und wieder hinaus. Ein Elektron und ein Positron zum Beispiel können aus dem Nichts entspringen und fast sofort wieder verschwinden (aus Symmetriegründen muß es ein Materie-Antimateriepaar sein). Dieser seltsame Tanz der virtuellen Teilchen ist eine Forderung der Quantenmechanik und hängt mit dem Begriff der Unschärfe zusammen, der praktisch besagt, daß alles geschehen kann, wenn es nur schnell genug geschieht. Es klingt wie ein Märchen, aber tatsächlich hilft die Existenz virtueller Teilchen dabei, dem Vakuum seine Eigenschaften zu geben und erklärt Einzelheiten der

Wirkungsweise zum Beispiel der elektrischen Kraft – Einzelheiten, die sich sonst nicht erklären lassen.

In einer flachen Raumzeit erscheinen und verschwinden virtuelle Paare viel schneller, als wir blinzeln können, in etwa 10^{-20} s. Neben einem Schwarzen Loch jedoch verhält es sich anders. Dort kann der eine Partner in dem Sekundenbruchteil, in dem ein Teilchenpaar existiert, durch das starke Schwerefeld des Lochs gefangen werden und auf Nimmerwiedersehen nach innen fallen. Der andere Partner rast vom Loch weg. Die Massenenergie des neuen Teilchens stammt aus der Massenenergie des Lochs selbst, sie ist Gravitationsenergie, die im Bereich der stark verzerrten Raumzeit in Masse verwandelt wird. An der Oberfläche des Schwarzen Lochs verkochen immerzu Teilchen, während das Loch selbst schrumpft.

Bei einem großen Loch ist dieser Effekt bedeutungslos, weil es viel schneller Materie verschlingt, als es Masse verliert. Ein winziges Schwarzes Loch jedoch schrumpft, während es verdampft, bis schließlich die letzten Energievorräte in einem heftigen Strahlungsausbruch als Gammastrahlen freigesetzt werden. Dann beginnt eine Verfolgungsjagd. Quanteneffekte, an denen die Schwerkraft beteiligt ist, können diesen Prozeß stoppen und das Schwarze Loch an dem Punkt stabilisieren, an dem die beiden »verbotenen Zonen« in Abbildung 11 (S. 74) zusammentreffen. Das vermeidet die Peinlichkeit, die zentrale Singularität dem Blick aussetzen zu müssen, aber die Masse des restlichen Lochs betrüge nur 10^{-5} g.

Je kleiner das Loch zu Beginn ist, um so eher läuft diese Explosion ab. Minilöcher, von denen jedes eine Masse von etwa 10^{15} g hat (die Masse eines Kubikkilometers Fels, aber so groß wie ein einziges Proton) und die im Urknall erschaffen wurden, sollten heute, 15 Milliarden Jahre nach dem Urknall, so explodieren. Der beobachtete Hintergrund von Gammastrahlenenergie, der vom Himmel kommt, ist jedoch so gering, daß gegenwärtig anscheinend nur wenige solche Löcher verdampfen und daß verhältnismäßig wenige leichtere Löcher im Lauf der Weltgeschichte explodiert sind.

Der Verlauf der allerletzten Explosion hängt von Einzelheiten der Hochenergie-Teilchenphysik ab – insbesondere davon, wie viele verschiedene Teilchenarten es gibt. Wenn diese Anzahl groß wäre, würde die letzte Explosion einen sich ausdehnenden Feuerball erzeugen, bei dem viele dieser Teilchen in Elektronen und Positronen zerfallen. Dieser Feuerball würde das Magnetfeld des umgebenden Raums aufwirbeln und seine Energie in einen Radiopuls umwandeln. Radioteleskope sind so viel empfindlicher als Gammastrahlendetektoren, daß sie ein solches Ereignis aufzeichnen sollten – die Explosion eines Körpers, der kleiner ist als ein einzelnes Proton –, selbst wenn es so weit von uns entfernt ist wie der Andromedanebel. Wir könnten dann Minilöcher entdecken, selbst wenn sie viel zu selten wären, als daß sie wesentlich zur kosmischen Massendichte oder auch zum Gammastrahlenhintergrund beitragen könnten.

Löcher mit niedrigerer Anfangsmasse, bis etwa 10^9 g, könnten auch aus anderen Gründen ausgeschlossen werden. Solche Löcher würden heißer (energiereicher) sein und massereichere Teilchen erzeugen. Während ein Loch mit einer Masse von etwa 10^{15} g vermutlich nur Elektronen herstellen würde, könnten die Löcher mit geringerer Masse Baryonen erzeugen und damit Veränderungen im Helium- und Deuteriumgehalt des Weltalls bewirken, die sich bei Untersuchungen alter Sterne entdecken lassen sollten, aber noch nicht gefunden wurden.

Das läßt die Möglichkeit offen, daß massereichere Schwarze Löcher zur dunklen Materie beitragen. Sie sind jedoch unwahrscheinliche Kandidaten, weil die Anfangsbedingungen genau richtig sein müßten, »fein abgestimmt« darauf, genau solch große Minilöcher zu erzeugen. Außerdem müßte die Struktur eines solchen Weltalls einerseits ziemlich rauh sein, damit sich diese Löcher bilden können, andererseits im großen Maßstab wiederum nicht zu rauh, weil ja, wie wir aus den Beobachtungen wissen, das Weltall glatt ist. Es gibt keinen anderen Grund, das zu erwarten, und deshalb sind Minilöcher genau wie Quark-Klumpen nur »Mitläufer«.

Große dunkle Hoffnungen

Es gibt keinen Mangel an Kandidaten für die kalte dunkle Materie. Und die beschriebenen Vermutungen sind nicht einfach wilde Fantasien, sondern wohlbegründete Vorstellungen. Die Begründung stammt aus dem Erfolg der Weltmodelle, die das Weltall durch die Gravitationswirkung der kalten dunklen Materie beherrscht sehen. Zu diesen Erfolgen gehört auch die richtige Vorhersage vieler Eigenschaften der Galaxien, einschließlich ihrer Masse und ihrer Verteilung im Raum. Diese erfolgreichen Vorhersagen gelten unabhängig davon, welches Teilchen in der dunklen Materie vorherrscht. Es könnte eines der erwähnten sein, oder auch zwei oder mehr, die in wesentlichen Anteilen im Weltall vorkommen oder auch etwas völlig anderes, wenn wir noch nicht die richtige Lösung des Rätsels gefunden haben.

Von all den heute für möglich gehaltenen Kandidaten sind Axionen und Photinos die vielversprechendsten. Das Axion erfüllt die Forderungen der Astronomie und löst auch das einzige wirkliche Problem mit dem Standardmodell der Teilchenphysik, weil es nämlich die Symmetrie der Wechselwirkungen wahrt, an denen die starke Kraft beteiligt ist. Das Photino oder ein anderes der supersymmetrischen Teilchen (sie werden gewöhnlich »Inos« genannt) ist ebenfalls reizvoll. Mehrere Gruppen von Physikern in aller Welt entwerfen und konstruieren jetzt Experimente, um solche Teilchen zu entdecken (siehe Kapitel 5).

Wenn weder das Axion noch das Photino weiterer Forschung standhalten, wäre es für die Astronomen leichter, ihre Theorien so abzuändern, daß sie heiße Teilchen in Form von Neutrinos mit einer Masse von etwa 20 eV berücksichtigen, als es für Teilchenphysiker wäre, ihre Anforderungen mit den astronomischen Beobachtungen in Einklang zu bringen. Man sollte nicht den einen großen Vorzug des Neutrinos vergessen – wir wissen, daß es existiert! Besser noch, mit Neutrinos lassen sich drei Fliegen mit einer Klappe schlagen, denn sie kommen in drei Arten vor. Obwohl Elektron-Neutrinos mit einer so großen Masse wie 20 eV inzwischen sehr unwahrscheinlich scheinen, sind μ- und τ-Neutrinos noch nicht ausgeschlossen.

Die anderen Kandidaten sind wirklich ziemlich unbeschriebene Blätter. Monopole, Quark-Klumpen und Minilöcher sind erfreuliche Vorstellungen. Wenn wir jedoch die Hand aufs Herz legen und uns nicht durch unsere Wünsche irreführen lassen, müssen wir zugeben, daß sie Außenseiter sind.

Damit bleibt uns eine Materieform, die in diesem Kapitel nicht viel Aufmerksamkeit erhielt – die Baryonen. Nach dem Standardmodell des Urknalls reicht die kritische Dichte der Baryonen um einen Faktor 10 nicht aus. Von ihnen könnte es nur dann genug geben, um die Welt flach zu machen, wenn die Bedingungen in den ersten wenigen Minuten anders waren, als die Standardtheorie es beschreibt, so daß Helium und Deuterium doch in Proportionen entstehen konnten, die mit den Beobachtungen verträglich sind. Nichtsdestoweniger liefern leuchtende Sterne und Galaxien nur 1% der kritischen Dichte, so daß sogar im Standardmodell helle Sterne nicht die einzige Form von baryonischer Materie des Universums zu sein brauchen (oder auch nur ihre Hauptform). Wie ist es mit riesigen Schwarzen Löchern, von denen jedes die Masse einer Million Sonnen enthält, die nicht im Kern von Galaxien liegen und deshalb keine Materie verschlingen und keine Energie ausstoßen? Wie ist es mit sehr schwachen Sternen oder planetenähnlichen Körpern, die einfach deshalb unbeobachtet durch den Raum treiben, weil ihr Licht zu dünn ist, um von der Erde aus gesehen zu werden? Bevor wir uns für Exotika begeistern, sollten wir vielleicht Inventur machen und sehen, wieviel dunkle, aber baryonische Materie in einer Galaxie wie der unseren vorhanden sein könnte – und auch darauf achten, wo sich in der Größenordnung von Galaxien und Galaxienhaufen nichtbaryonische Materie finden könnte.

5. Halomaterie

Wir wissen, daß zu einer Galaxie mehr gehört, als ins Auge fällt, weil Astronomen die Rotation von Galaxien untersuchen können. Die unschätzbar wertvolle Rotverschiebung verrät uns, wie schnell sich Gase und Sterne in den verschiedenen Teilen einer Scheibengalaxie bewegen. Man könnte denken, die Bewegung der Sterne um die Galaxienmitte müsse der Bewegung der Planeten um die Sonne herum gleichen, wobei sich ja die entfernteren Planeten (Sterne) langsamer bewegen und viel mehr Zeit zu einem Umlauf brauchen als die näheren. Einen solchen Befund erwarteten die Astronomen, als sie mit diesen Messungen begannen. Aber sie wurden überrascht.

In unserem Sonnensystem rast der sonnennächste Planet, Merkur, in 88 Erdentagen einmal um seine Bahn. Das Jahr ist hier auf der Erde etwas mehr als 365 Tage lang, und die fernen Riesenplaneten brauchen mehrere unserer Jahrzehnte, um die Sonne einmal zu umrunden. Diese Rotation unterscheidet sich z. B. von den Drehungen einer Schallplatte auf dem Plattenteller. Da rotiert die ganze Scheibe als ein fester Körper; die Zeit, die ein Punkt am Rande für eine Umdrehung braucht, ist genau so lang wie die Zeit, die jeder andere Punkt auf der Scheibe zu einer Umdrehung benötigt. Im Sonnensystem brauchen die äußeren Planeten nicht nur länger, sondern sie bewegen sich auch langsamer durch den Raum als innere Planeten, wobei die Bahngeschwindigkeit mit der Quadratwurzel ihres Abstands von der Sonne abnimmt. In einer Scheibengalaxie brauchen die vom Zentrum entfernteren Sterne für eine Umdrehung ebenfalls länger, aber es gibt einen wichtigen Unterschied zur Bewegung der Planeten um die Sonne. In einer Galaxie ist die Geschwindigkeit eines Sterns *nicht* kleiner, wenn er weiter vom Mittelpunkt entfernt ist. Sterne bewegen sich unabhängig von ihrer Lage und im besonderen auch unabhängig von ihrer Entfernung vom Zentralkern der Galaxie mit derselben Geschwindigkeit. Sie brauchen einfach deshalb mehr Zeit, die äußeren Bahnen zu umlaufen, weil die Bahnen länger sind. Darüber hinaus gilt dieses »Gesetz« selbst für Sterne und Gase, die weit jenseits der Grenze

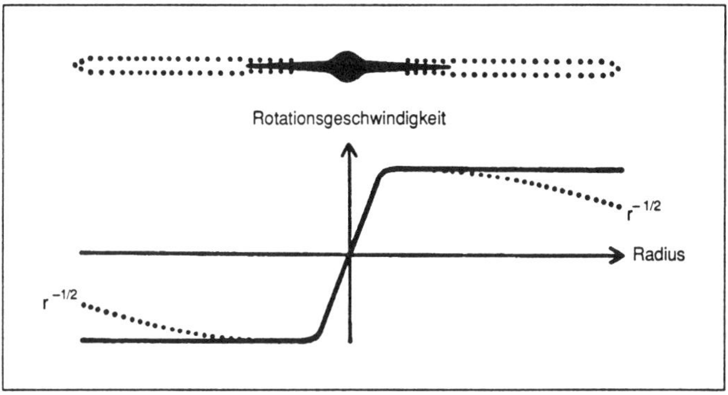

Abb. 24: Eine graphische Darstellung der Rotationskurve einer Scheibengalaxie. Die Kurve bleibt selbst weit jenseits des scheinbaren Randes der hellen Scheibe flach: Die Rotationsgeschwindigkeit fällt nicht nach dem Keplerschen Gesetz mit $r^{-1/2}$ ab. Das Gas und die Sterne weiter draußen »fühlen« eine zusätzliche Gravitationsanziehung, die von einem Halo herrührt, dessen Dichte mit r^{-2} abfällt. Dadurch wächst die Masse innerhalb des Radius r proportional zu r an.

der hellen leuchtenden Scheibe liegen. Das äußere Gas, das mit radioastronomischen Verfahren untersucht werden kann, »fühlt« mehr Materie als das Gas weiter im Inneren. Diese zusätzliche Materie muß dunkel sein. Selbst in einer Galaxie wie der unseren könnte es also dunkle Materie geben, und ihre Masse könnte das Zehnfache der Masse der hellen Sterne ausmachen. Wie diese dunkle Materie mit der hellen einer Galaxie wechselwirkt, ist wieder ein Beispiel für einen Zufall im Weltall, eine Art kosmischer Verschwörung. Wenn eine Galaxie nur aus der hellen sichtbaren Materie bestünde, würden die äußeren Teile langsamer rotieren als die inneren. Ein dunkler Halo könnte das auf fast jede vorstellbare Art und Weise ändern, je nachdem wieviel dunkle Materie es gibt, wie sie verteilt ist und wie sie sich bewegt. Tatsächlich treibt die dunkle Materie die Rotation der äußeren Teile der hellen Galaxie gerade soviel an, daß alle Teile der hellen Galaxie sich mit derselben Geschwindigkeit drehen müssen. Ein solch unerwarteter Zufall muß uns etwas Grundsätzliches mitteilen.

Diese Einsicht in die Rotation scheint für die Entstehung von

Galaxien bedeutungsvoll zu sein. Jede Theorie der Galaxienbildung muß erklären, warum Scheibengalaxien rotieren. Ein rotierender Körper dreht sich schneller, wenn er nach innen schrumpft, deshalb kann die Rotation (der Drehimpuls) nicht im Urknall »aufbewahrt« worden sein. Die Drehung wurde vermutlich durch Gezeitenwechselwirkung zwischen benachbarten Protogalaxien vor ihrem Kollaps ausgelöst – die wechselseitige Gravitationsanziehung zweier Galaxien ließ sie mit gleicher Geschwindigkeit in entgegengesetzten Richtungen rotieren. Aber die auf diese Weise erzeugten Drehungen haben, wie einfache Rechnungen zeigen, nur ein Zehntel der Kraft, die für die Zentrifugalkraft nötig ist, wenn sie die Schwerkraft ausgleichen soll. Wenn sich jedoch die rotierende Gaswolke auf den Mittelpunkt eines Gravitationswirbels zu bewegt, müßte sie »aufdrehen« und eine stabile, von der Zentrifugalkraft gestützte Scheibe bilden, deren Radius ein Zehntel vom Radius des ursprünglichen Halos beträgt. Weil das Gas etwa ein Zehntel der Gesamtmasse enthält (der Rest steckt im dunklen Halo), bleibt der Scheibe schließlich nur ihre eigene Schwerkraft im inneren Teil der Mulde, die vergleichbar ist mit der sich über den ganzen Halo erstreckenden Schwerkraft der dunklen Materie. Wegen dieses Zufalls, daß der Faktor ein Zehntel in diesen beiden Zusammenhängen auftaucht, geht die Rotationsgeschwindigkeit in den inneren Bereichen, wo die helle Materie überwiegt, glatt in die Rotation der äußeren Teile über, wo die dunkle Materie des Halo den größten Beitrag zur Gravitationskraft liefert.

Die andere Hauptform einer Galaxie – das Ellipsoid – hat ebenfalls einen dunklen Halo. Hinweise darauf ergeben sich auf andere Art. Das von der Gravitation einer solchen Galaxie festgehaltene Gas erhitzt sich so stark, daß es Röntgenstrahlung aussendet. Die Stärke und das Spektrum der Röntgenstrahlung verschiedener Bereiche einer elliptischen Galaxie (die »Röntgenprofile«) offenbaren die Natur des Gravitationsfeldes bis in große Entfernungen hinein. Dies legt in der Tat nahe, daß die Halos riesiger elliptischer Galaxien noch schwerer sein könnten als die Halos von Scheibengalaxien. Weil elliptische Galaxien nicht stark rotieren, eignet sich hier der Rotationstest nicht. Aber einige elliptische Galaxien sind von schwachen Materie-

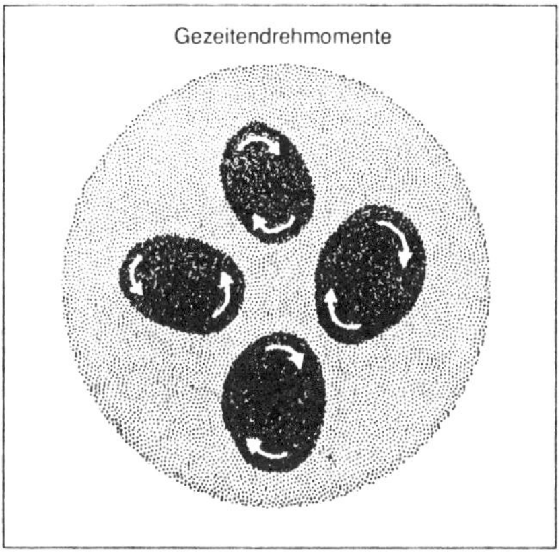

Abb. 25: Protogalaxien können nicht kugelförmig gewesen sein. Ihre wechselseitige Gezeitenwirkung hätte sie sonst in langsame Drehung versetzt.

hüllen umgeben, die vermutlich aus Sternen einer Begleitgalaxie bestehen, die völlig zerrissen wurde und jetzt von der elliptischen Galaxie verschluckt wird. Wie diese Hüllen die zentrale Galaxie umgeben, hängt von der Menge an Materie ab, die die Explosion verursacht, und davon, wie sie verteilt ist. Das erhärtet die Hinweise, die sich aus der Untersuchung der Röntgenstrahlung ergeben: Ein solches System könnte mehr als das Zehnfache der Masse enthalten, die in hellen Sternen sichtbar ist.

All diese Untersuchungen werden durch Forschungen gestützt, die sich damit beschäftigen, wie sich Galaxien in Doppelsternsystemen und größeren Gruppen bewegen. In Haufen entreißen die Gezeitenkräfte den einzelnen Galaxien die dunkle Materie, die dann den ganzen Haufen ausfüllt. Wir finden keine Hinweise, die der Möglichkeit widersprechen, daß 90% der gravitierenden Masse dunkel ist, aber viele, die dafür sprechen. Es besteht kein Zweifel mehr daran, daß dunkle Materie unsere Galaxis und andere Galaxien zusammenhält. Die wichtige Frage ist jetzt: Was ist diese dunkle Materie?

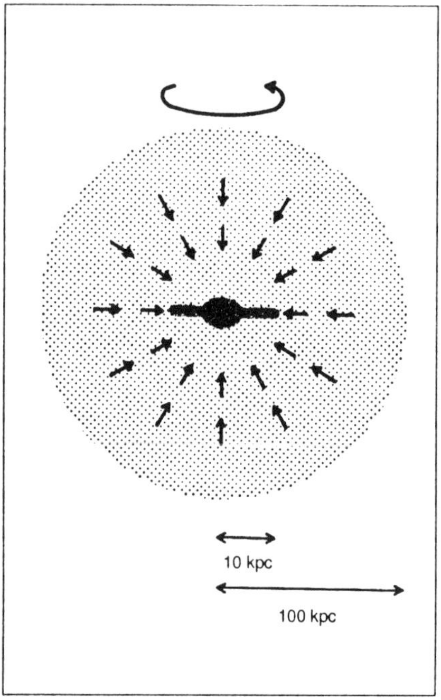

Abb. 26: Das von den Gezeiten bewirkte Drehmoment gibt einer Protogalaxie nur etwa ein Zehntel des Spins, den sie braucht, um sich der Schwerkraft widersetzen zu können. Das Gas, das eine rotierende Scheibengalaxie mit Radius 10 kpc bildet, muß deshalb »gezwirbelt« worden sein, während es aus etwa 100 kps Abstand hineinfiel. Wenn das Gas nur 10% der Gesamtmasse der Protogalaxie ausmacht, und der Rest ein nichtbaryonischer dunkler Halo ist, dessen Dichte sich wie r^{-2} ändert, tragen Scheibe und Halo bei 10 kpc gleich viel zur Masse bei. Wir verstehen dann, warum die inneren (von der Scheibe dominierten) und äußeren (vom Halo bestimmten) Teile der Rotationskurve (Abbildung 24) genau zusammenpassen.

Staubige Zwerge

Helle Materie macht nur etwa 1% der Dichte aus, die nötig ist, damit die Welt flach ist. Berechnungen des Urknalls sagen, daß bis zu 10% und vielleicht sogar 20% der Masse, die für eine flache Welt nötig ist, Baryonen sein dürften. Die Aussichten, dunkles baryonisches Material in unserer Galaxis zu finden, sind also recht gut, obwohl auch exotische Teilchen nötig sind, um die Arbeit des Abflachens des Weltalls zu vollenden.

Vielleicht gibt es selbst in der dünnen hellen Scheibe eines Milchstraßensystems wie dem unseren, im »Weißen« des »Spiegeleis«, etwas dunkle Materie. Indem Astronomen die Bewegung von Sternen im relativ kleinräumigen Maßstab, in unserem Teil der Milchstraße, untersuchen, können sie den Einfluß der Schwerkraft zusätzlicher Massen erkennen. Diese Massen halten die Sterne in der Ebene der Scheibe fest und lassen nicht zu, daß sie sich sehr weit nach oben oder unten aus der Scheibe heraus bewegen. Die Schätzungen, wieviel dunkle Materie es in der Scheibe gibt, variieren, aber es könnte bis zu doppelt soviel Materie sein, wie die sichtbaren Sterne enthalten.

Wäre es möglich, daß unsere galaktische Scheibe vielleicht viele schwache Sterne enthält, zu schwach, um selbst mit Hilfe von Teleskopen von der Erde aus gesehen zu werden? Solche Sterne sind als »Braune Zwerge« bekannt. Ein Bericht über die Entdeckung des möglicherweise ersten als solchen erkannten Braunen Zwergs erschien Ende 1987. Benjamin Zuckerman von der Universität von Kalifornien in Los Angeles und Eric Becklin von der Universität Hawaii suchten mit Hilfe von Infrarotverfahren nach dem schwachen Glühen von Strahlung, die anzeigen könnte, daß ein Brauner Zwerg einen bekannten Weißen Zwerg umrundet. Die meisten Sterne gehören Doppelsternsystemen an, deshalb ist es sinnvoll, in der Nähe eines bekannten Sterns nach einem anderen Stern zu suchen. Aber es ist sinnlos, in der Nähe eines gewöhnlichen hellen Sterns wie unserer Sonne nach einem Braunen Zwerg zu suchen, weil die empfindlichen Detektoren, die allein den Braunen Zwerg entdecken könnten, durch das Licht des hellen Sterns geblendet würden. Deshalb bietet sich die Suche in der Nähe eines bekannten, schwachen Sterns an.

Ein als Giclas 29-38 bekannter Weißer Zwerg, etwa 45 Lichtjahre von uns entfernt, stellte sich als eine Quelle gerade der infraroten Strahlung heraus, wie man sie von einem nahen Braunen Zwerg erwartet. Ein Stern, der etwas größer ist als der Planet Jupiter (und etwa sechzigmal mehr Masse hat) würde mit einer Oberflächentemperatur von etwa 1200 °C gut in das Bild passen.

Es könnte andere Erklärungen für die Infrarotstrahlung von Giclas 29-38 geben. Die gewagteste Erklärung wäre, daß wir dort die Abfallwärme einer Zivilisation sehen, die so weit angewachsen ist, daß sie die gesamte Oberfläche eines Planeten bedeckt. Das ist leider nicht sehr wahrscheinlich, weil ein Stern sich im Laufe seiner Entwicklung zu einem Weißen Zwerg zunächst zu einem Roten Riesen aufbläht, wobei er jeden bewohnbaren Planeten, den er vielleicht gehabt haben mag, verschlingt, bevor er nach innen in sich selbst zusammenschrumpft – und das ist keine für die Entwicklung einer fortgeschrittenen Zivilisation günstige Bedingung. Auch eine Wolke anorganischen Staubs, die den Weißen Zwerg einhüllt, könnte die Infrarotstrahlung erklären. Im Moment scheint die Deutung als Brauner Zwerg die beste zu sein, aber es wäre schön, wenn wir mehr Braune Zwerge finden und die Vermutung erhärten könnten.

Diese Hilfe bietet sich vielleicht schon an. David Latham vom Smithsonian Astrophysikalischen Observatorium hat beim Treffen der Internationalen Astronomischen Union im August 1988 in Baltimore, Maryland, Daten einer solchen Entdeckung vorgelegt. Wenn wir auch in diesem Buch die vielen neuen Befunde mit Vorsicht behandeln, denn brandneue Entdeckungen kühlen oft schnell ab, so ist dieser doch so gesichert, daß er Erwähnung verdient. Bei einer Durchmusterung schwacher Sterne haben Latham und seine Kollegen einen gefunden, HD 114762, dessen Spektrum eine periodische Dopplerverschiebung über einen Bereich zeigt, der mit einer Periode von 84 Tagen einer Geschwindigkeit von 0,5 Kilometern pro Sekunde entspricht. Die wahrscheinlichste Erklärung ist, daß der Stern einen großen Begleiter, der mindestens zehnmal so massereich ist wie Jupiter, mitschleppt und von diesem umlaufen wird – auf einer Bahn, die eher der des Merkur (der die Sonne einmal alle 88 Tage umläuft) ähnelt als der des Jupiter. Welche Masse wir dem Begleitstern zuschreiben, hängt davon ab, wie wir die – uns nicht bekannte – Bahn sehen; wenn wir sie von der Seite sehen, beträgt die Masse etwa das Zehnfache der Masse des Jupiter, aber wenn wir das System von vorn sehen, ist der Begleitstern viel größer und muß zu den kleinen Sternen gezählt werden. Ob man ein Gebilde mit dem Zehnfachen der Masse des Jupiters Planet oder Stern nennt, ist eine rein akademische Frage. Wir ziehen vor, ihn einen Braunen Zwerg zu nennen, aber manche Menschen finden es aufregender, in ihm das erste sichere Zeichen der Entdeckung eines anderen Planetensystems zu sehen.

Braune Zwerge sind für uns schon deshalb interessante Objekte, weil sie ein Zwischending zwischen einem Stern wie unserer Sonne und einem großen Planeten wie Jupiter sind. Jupiter hat einen Durchmesser, der elfmal größer ist als der unserer Erde, und seine Masse beträgt das 318fache unseres Planeten. Aber das ist noch immer nur 0,1% der Sonnenmasse. Sogar ein Gasball mit dem Zehnfachen der Masse des Jupiter, also mit 1% der Sonnenmasse, wird in seinem Innern niemals so heiß, daß er sich durch Kernfusion zu einem Stern entwickeln kann; einer mit 8% der Sonnenmasse dagegen »brennt« gut. Im Zwischenbereich brutzeln Braune Zwerge mit Massen zwischen 1% und 8% der Sonnenmasse ruhig vor sich hin. Wenn es viele Braune Zwerge gibt, darunter auch solche, die allein durch den Raum wandern, könnten sie sehr wohl wesentlich zur Masse der Scheibe unserer Galaxis beitragen. Einiges von dieser Scheibenmaterie könnte auch die Form kleiner Objekte haben, denen selbst zu einem Braunen Zwerg die Masse fehlt – sie sind »Jupiter-Ähnliche«, Kugeln aus kaltem Gas wie die Riesenplaneten unseres Sonnensystems. Und einige sind vielleicht noch flüchtiger, wie die Kometen, die gelegentlich durch die inneren Bereiche des Sonnensystems sausen. Sie müssen aus dem tiefen Weltraum kommen, obwohl niemand genau weiß, wo ihr Ursprung ist. Aber wenn wir über die Scheibe einer Galaxie hinausschauen, beginnen wir zu erfassen, woraus das Weltall wirklich besteht, denn die Scheibe hat viel weniger als die Hälfte der Masse der Galaxie.

Ungeheuer Schwarzes Loch

Woraus der Halo besteht, könnte mit einer alten Frage zu tun haben: Wo sind die ersten Sterne? Alle Sterne, die je untersucht wurden, enthalten zumindest Spuren von Elementen, die schwerer sind als Wasserstoff und Helium. In einer großzügigen Verallgemeinerung (die durch die Tatsache gerechtfertigt wird, daß 99% aller baryonischen Materie die Form von Wasserstoff oder Helium hat) nennen Astronomen alle anderen Elemente »Metalle«. Metalle können nur in Sternen erzeugt werden; Supernova-Ausbrüche verteilen sie dann durch die ganze Galaxie. Die ersten Sterne enthielten wohl überhaupt kein Metall, jedenfalls könnten ihre Oberflächenschichten selbst dann keine Metallspuren zeigen, wenn sie es in ihren innersten Tiefen erzeugt hätten. Erst spätere Sterngenerationen, entstanden aus Wolken von Gas und Staub und durchsetzt mit den Trümmern von Supernovae, sollten in ihren Spektren Spuren von Metall zeigen. Aber niemand hat je einen Stern gefunden, der ohne jede Spur von Metallen war.

Aus historischen Gründen zählen Astronomen Sterne wie unsere Sonne, die zur Scheibe unserer Galaxis gehören, zur »Population I«. Dies sind die jüngsten Sterne, und sie enthalten die meisten Metalle. Ältere Sterne, typisch für die Kugelhaufen im sichtbaren Halo der Galaxis (der aber, wie wir jetzt wissen, viel weniger bedeutsam ist als der dunkle Halo), gehören zur »Population II«. Sie zeigen nur Spuren von Metallen. Entsprechend werden die »fehlenden« Sterne ohne jedes Metall, die aus den ursprünglichen Baryonen der Galaxis bestehen müssen, zur »Population III« gezählt – obwohl keiner je entdeckt worden ist.

Viele Sterne der Population III müssen ihren Lebenslauf natürlich schon beendet haben und explodiert sein, oder wir wären nicht hier, um über sie nachzudenken. Unsere Körper bestehen größtenteils aus »Metallen«, die im Inneren von Sternen erzeugt wurden. Einige der ersten Sterne sind einfach sehr unauffällig im All aufgegangen. Aber alle gewöhnlichen Sterne, die mit weniger als etwa 80% der Masse unserer Sonne geboren wurden, sollten noch existieren, ihren Kernbrennstoff sparsam verbrennen und ihre Existenz und ihren Mangel an Metall strahlend verkünden. Es muß so sein, daß die ersten Sterne, die sich gebildet haben, alle große, instabile Systeme waren, die sehr rasch explodierten, dadurch die interstellare Umgebung bereicherten und dann außer Sichtweite gerieten. Aber was mögen sie hinterlassen haben?

Die offensichtliche Antwort ist: Schwarze Löcher. Einzelne

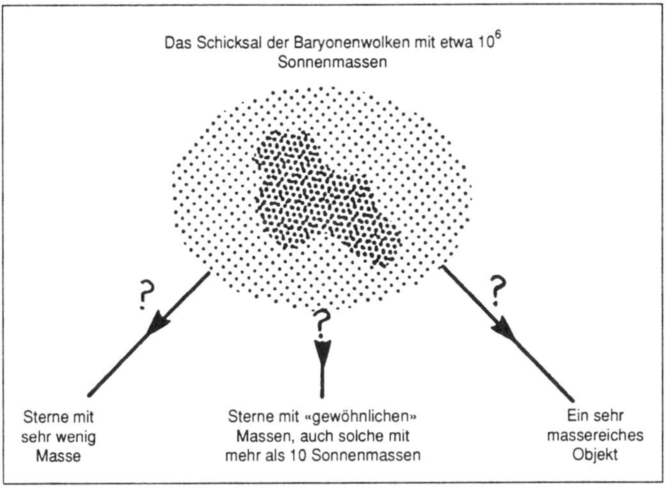

Abb. 27: In den meisten Theorien von der Weltentstehung bilden sich die ersten Sterne in kollabierenden Wolken mit etwa 10^6 Sonnenmassen. Sollten wir dort einen einzelnen supermassiven Stern erwarten, eine kleine Anzahl sehr massereicher Objekte oder ganz gewöhnliche Sterne (vielleicht auch solche mit sehr wenig Masse)? Die Antwort auf diese Frage ist außerordentlich wichtig dafür, wie die dunkle Materie beschaffen ist und woher die ersten schweren Elemente und die Hintergrundstrahlung kommen. Aber wir kennen die entscheidenden Vorgänge noch nicht gut genug, um eine zuverlässige Antwort geben zu können.

Sterne der Population III können Massen bis zum Millionenfachen der Sonnenmasse gehabt haben. Sterne, die schwerer sind als einhundert Sonnenmassen, explodieren nicht als Supernovae. Wenn ihr kurzes Leben als Sterne, die Atomkerne verbrennen, vorüber ist, müssen solche Objekte völlig in Schwarze Löcher zusammenfallen. Diese Löcher, die nach dem Urknall aus baryonischem Material entstanden sind, unterscheiden sich völlig von den im vorigen Kapitel behandelten Schwarzen Löchern, die beliebige Massen haben können. Aber obwohl man sich ein Schwarzes Loch gewöhnlich als ein brodelndes Wesen vorstellt, in dem heftigste Aktivität herrscht, könnten solche schweren Schwarzen Löcher in großer Zahl um den Halo unserer Galaxis herumfliegen und unentdeckt bleiben.

Ein Schwarzes Loch wird nur dann auffällig, wenn Materie hineinfällt – wenn es sozusagen etwas zu verschlingen hat. Ein isoliertes Schwarzes Loch ist sehr schwer zu entdecken, weil es keine Energie aussendet (es sei denn, es ist ein gerade explodierendes Miniloch, was diese Objekte mit Sicherheit nicht sind). Es kann nur durch seine Gravitationswirkung entdeckt werden (was, wie wir in Kapitel 8 sehen werden, schwierig, aber vielleicht nicht unmöglich ist). Aber diese Biester haben schlechte Tischmanieren. Wenn ein Schwarzes Loch etwas zum Verzehr findet, kann man es essen sehen. Wenn ein solches Loch eine Wolke aus Gas und Staub passiert, saugt es die Materie wegen der Gravitationsanziehung in sich hinein. Das einfallende Gas häuft sich dann um das Schwarze Loch herum an, während es versucht, sich durch die Schwarzschildfläche hindurchzuschleusen. Wenn noch mehr Materie auf dieses angehäufte Gas fällt, wird es heiß, und das ganze System strahlt Energie aus.

Leider konnte noch niemand genau berechnen, welche Art von Energie ein solches Materie verschlingendes (akkretierendes) Schwarzes Loch wie dieses ausstrahlen würde. Deshalb weiß auch niemand, nach welcher spektroskopischen »Signatur« wir Ausschau halten sollten. Sehr massereiche Löcher würden vermutlich entsprechend große Ausbrüche erzeugen. Weil bis jetzt niemand etwas gesehen hat, was sich als ein solcher Ausbruch deuten ließe, scheint es ziemlich ausgeschlossen, daß ein einzelnes solches Objekt im Halo unserer Milchstraße eine Masse von mehr als einer Million Sonnenmassen hat.

Sterne, die schwerer sind als die Sonne und sich bildeten, als die Galaxis jung war, müßten jetzt schon erloschen sein. Nur bei Resten von sehr massereichen Sternen (mit weit über 100 Sonnenmassen) ließe sich mit gutem Grund dunkle Materie vermuten. Sterne mit gemäßigterer Masse, die nicht als Supernovae sterben, können im Bereich bis zu hundert Sonnenmassen nicht viel beitragen; sie hätten nämlich, wenn es viele von ihnen gegeben hätte, wesentlich mehr schwere Elemente hinterlassen, darunter auch Kohlenstoff, Stickstoff und Sauerstoff, als in Sternen oder Gaswolken im Raum gefunden wird. Auf der anderen Seite könnte der Halo jedoch auch aus Braunen Zwergen oder Jupitern bestehen.

Es gibt keinen Grund, warum Sterne mit kleiner Masse sich nicht im Halo gebildet haben sollten; sie wären sehr schwer aufzufinden, weil sie so schwach sind. Aber gibt es einen guten Grund für die Annahme, daß sich solche Objekte bildeten, als die Galaxis jung war? Die besten Hinweise kommen von Untersuchungen nicht unserer eigenen oder einer anderen einzelnen Galaxie, sondern aus der Erforschung des heißen Gases, von dem man weiß, das es in die inneren Bereiche einiger Galaxien*haufen* hineinströmt.

Baryonen könnten kühl sein

Wenn die dunkle Materie des Halos hauptsächlich die Form von Sternen mit niedriger Masse hat, muß etwas Besonderes passiert sein, etwas, was das baryonische Gas veranlaßte, zu solchen Himmelskörpern zu werden, ohne gleichzeitig Sterne wie unsere Sonne zu erzeugen, die den Halo von der Erde aus sichtbar machen. Soweit wir wissen, laufen in der Galaxis heute keine solchen Vorgänge ab. Wenn wir in Bereiche schauen, wo sich anscheinend Sterne bilden, wie in die als Orionnebel bekannten Gas- und Staubwolken, sehen wir keine Hinweise darauf, daß vor allem Sterne mit kleiner Masse entstehen. Falls es in den Halos viele Braune Zwerge gibt, müssen sie eine »besondere Schöpfung« darstellen und anders entstanden sein als die Sterne, die sich heute bilden. Aber das ist natürlich nicht unmöglich, da schließlich die Galaxis damals, als jene Sterne sich bildeten, ein ganz anderer Ort war als heute – und damit kommen wir zum Vergleich mit Gas in Galaxienhaufen.

Viele Galaxienhaufen erzeugen im Röntgenbereich elektromagnetische Strahlung. Diese Röntgenstrahlung rührt nicht von den Sternen und Galaxien der Haufen her, sondern von heißem Gas zwischen den Galaxien. Dieses Gas fließt nach innen zum Kern des Haufens, wo sich gewöhnlich eine massereiche dominante Galaxie befindet. Das Gas wird durch Druck erhitzt, während es nach innen fließt, weil die Gravitationsenergie sich dabei in Wärmeenergie verwandelt. Diese Energie jedoch wird in Form von Strahlung abgegeben. Obwohl das Gas heiß *ist*, und wir es deshalb sehen können, verliert es Energie, die es in den Raum hineinstrahlt. Ein solcher nach innen gerichteter Gasstrom wird Kühlstrom genannt.

In einem solchen Kühlstrom ist so viel Gas, daß es, wäre der Strom geflossen, seit sich die Galaxien bildeten, die gesamte Masse der zentralen Galaxie geliefert haben könnte. Wenn aber die Materie, deren Abkühlung wir beobachten, auf dieselbe Weise zu Sternen geworden wäre, wie sich heute in der Nachbarschaft unserer Sonne Sterne bilden, und wenn sich dabei große und kleine Sterne so gemischt hätten wie heute, wäre die Galaxie in der Mitte sehr blau und hell. Dies ist jedoch nie der Fall. Der Kühlstrom muß irgendwo hingehen – er kann nicht wieder aus dem Haufen hinaus, weil er von der Schwerkraft gehalten wird. Da er sie nicht in Form heißer, blauer Sterne verläßt, scheint es nur die eine Möglichkeit zu geben, daß das Material Abermillionen kleiner, kalter Sterne bildet – Braune Zwerge oder vielleicht Jupiter-Ähnliche. Es gibt auch Kühlströme, die mit einzelnen Galaxien verknüpft sind, die nicht im Inneren von Haufen sind – wahrscheinlich sammelt sich dunkle Materie in solchen Galaxien auf ähnliche Weise. Als unsere Galaxis jung war, bestand sie aus einer (oder auch mehreren) sehr großen Gaswolke, die unter dem Sog der Schwerkraft auf einen Punkt hin zusammenfiel. Wenn Gas auf diese Art in das Zentrum fließt, befindet es sich in einer Umgebung, die stärker einem Kühlstrom ähnelt als der Scheibe der heutigen Galaxis. Es würde überraschen, wenn die Sterne, die sich unter solchen Bedingungen bilden, alle gleich wären, aber es würde gar nicht überraschen, wenn die Sterne, die sich in der jungen Galaxis bildeten, denen glichen, die sich jetzt in Kühlströmen bilden – also schwache, blasse Sterne wären.

Diese Behauptung gefällt jenen Astrophysikern wenig, die heute die *gesamte* dunkle Masse des Weltalls durch exotische Teilchen erklären möchten. Aber sichtbare Materie kommt schließlich in vielen verschiedenen Formen vor, unter anderem als große und kleine Sterne, Planeten, Menschen und Gaswolken im Raum. Warum sollte dunkle Materie nicht auch in vielen verschiedenen Formen vorkommen? Braune Zwerge oder Schwarze Löcher könnten den dunklen Halo einer Galaxie wie der unseren bilden und die »fehlende Masse« liefern, die nötig ist, um Galaxienhaufen durch Gravitation zusammenzuhalten. Heute scheint es keinen Grund zu geben, warum eine einzige Möglichkeit die Dynamik der Galaxien insgesamt erklären muß. Andererseits *könnten* Axionen oder andere Teilchen der kalten dunklen Materie die Aufgabe sehr wohl auch allein erledigen.

Wenn wir wenige Daten haben und diese mit mehreren verschiedenen Hypothesen verträglich sind, sind wir lieber Agnostiker als Dogmatiker. (Manche Kosmologen werden mit Recht gescholten, weil sie »oft im Irrtum, aber niemals im Zweifel sind«.) Zukünftige Beobachtungen und Experimente sollten ziemlich bald den Bereich der Möglichkeiten einschränken. In der Zwischenzeit besteht die richtige Strategie für theoretische Astrophysiker darin, alle glaubwürdigen Möglichkeiten zu erforschen. Neue Forschungen könnten zu neuen Arten von Überprüfungen aufgrund von Beobachtungen führen; sie könnten auch unvorhergesehene Unverträglichkeiten einiger Modelle aufdecken und dadurch das Feld einengen. Einige Theoretiker haben Freude daran, zwei (oder mehr) einander widersprechende Gedanken gleichzeitig zu untersuchen. Andere werden zum Verfechter einer bestimmten Hypothese, die sie verteidigen und unter Ausschluß aller anderen untersuchen (obwohl sie ihre Zuneigung später vielleicht auf eine damit rivalisierende übertragen, wenn ihre anfängliche Lieblingshypothese sich als hoffnungslos unglaubwürdig erweist). Jedenfalls sollten die *gemeinsamen* Anstrengungen der Theoretiker jene der beobachtenden Astronomen ergänzen, damit wir allmählich unser Wissen in einem kohärenten Weltbild zusammenfassen können.

Berge aus Maulwurfshügeln

Wir sind schon in Kapitel 4 die Liste der möglichen nichtbaryonischen Materieformen durchgegangen, aus denen die dunkle Materie des Weltalls bestehen könnte. Der Halo könnte im wesentlichen aus jeder dieser Materien allein oder auch aus einer Mischung mit der einen oder anderen Form baryonischer dunkler Materie bestehen. Physiker werden vielleicht bald genauere Vorstellungen davon haben, welche Teilchen existieren. Besser noch, es könnte sich im Labor eine Form der »Inos« zeigen. Dann wüßten die Astronomen viel besser, wo sie nach der fehlenden Masse suchen sollten. Bis jetzt jedoch gibt es nur die astronomischen Beobachtungen, mit deren Hilfe wir entscheiden müssen, wie plausibel die verschiedenen Kandidaten das Vorhandensein massereicher Halos um Galaxien herum erklären können. Welche Art von Überprüfungen könnte zeigen, daß diese galaktischen Berge in der Tat aus Ino-Maulwurfshügeln bestehen?

Schwere Teilchen, die jedes eine Masse haben, die der des Protons vergleichbar ist (wie die hypothetischen leichtesten supersymmetrischen Partner), könnten einen Einfluß darauf haben, wie sich einzelne Sterne entwickeln. Wenn der massereiche Halo zum größten Teil aus dieser Art von Inos besteht, die manchmal schwach wechselwirkende massereiche Teilchen oder SWMT genannt werden, dann könnte ein Stern wie die Sonne sie auf ihrer Umlaufbahn im Milchstraßensystem aufsammeln. Zu Lebzeiten der Sonne könnte bis zu einem Billionstel ihrer Masse (10^{-12} der Sonnenmasse) die Form von SWMT haben, die, von der Sonne in ihrem Kern durch Schwerkraft gefangen gehalten, zwischen den Protonen und Neutronen herumhüpfen. Ein solcher Kern würde bei einem Stern bewirken, daß die Temperatur im Zentrum niedriger würde, weil die SWMT, wenn sie mit Protonen und Neutronen zusammenstoßen, die Wärme im Sonneninnern über einen größeren Bereich verteilen. Die maximale Temperatur im Inneren wäre niedriger, aber der Bereich, in dem höhere Temperaturen existierten, würde größer sein, und deshalb würde der Energieausstoß insgesamt gleich sein.

Sonnenastronomen interessieren sich für diese Möglichkeit, weil sie ihnen helfen könnte, ein altes Rätsel zu lösen – warum nämlich unsere Sonne weniger Neutrinos erzeugt, als die Standardmodelle es vorhersagen, die eine sehr hohe Temperatur im Inneren voraussetzen. Wenn die Temperatur im Innern etwas niedriger wäre, wie die SWMT-Modelle es fordern, würden in Übereinstimmung mit den Beobachtungen weniger Neutrinos erzeugt. Das hätte auch für andere Sterne Folgen.

Die SWMT, die sich auf die Sternentwicklung auswirken, gehören in die Kategorie der kalten dunklen Materie (die in Kapitel 3 beschrieben wurde). Computersimulationen von Galaxienbildungen liefern davon unabhängig Hinweise darauf, daß galaktische Halos in der Tat aus kalter dunkler Materie bestehen. Diese Simulationen können uns sagen, wie Galaxien in den verschiedenen Modellen verteilt sein müssen – ob sie zum Beispiel in Flächen und Girlanden liegen. Sie zeigen auch, wie sich die Galaxien vor einem Hintergrund aus kalter dunkler Materie entwickeln können. Der Hintergrund könnte Axionen, Photinos, Gravitinos oder alles mögliche sonst enthalten – das macht den Modellen in diesem Stadium noch nichts aus. Wenn die Programmierer ihre Parameter so einstellen, daß ein Meer kalter dunkler Materie im Hintergrund die Bildung von Galaxien nur an den höchsten Spitzen der Dichtefluktuationen gewährleistet (die in Kapitel 3 erwähnte »Bevorzugung«), ergeben sich aus den Simulationen Strukturen, die denen des wirklichen Universums sehr ähnlich sind. Wenn diese Bedingungen einmal so gewählt sind, daß sie ein im großen und ganzen richtiges Bild des wirklichen Weltalls erzeugen, können die Programmierer die Computerprogramme genau auf die Bedingungen in einem kleinen Raumbereich abstimmen, der jeweils etwa zehn simulierte »Galaxien« enthält, und ihre Entwicklung genau verfolgen. Bei diesen Simulationen scheinen sich alle Kennzeichen wirklicher Galaxien wie von selbst zu ergeben. Obwohl die kalte dunkle Materie mit ihrer Schwerkraft dominiert, sehen wir doch die baryonischen Komponenten. Die Vorhersage, wie eine Galaxie aussieht, erfordert deshalb noch kompliziertere Berechnungen der Wechselwirkungen in Gaswolken und mit der Sternbildung. Die Berechnungen der Gasdynamik legen es nahe, daß sich die zentralen Mulden schon früh ausbilden, wenn Gas in die Zentren einer Fluktuation hoher Dichte fließt und Sterne bildet. Um diesen Zentralbereich herum wachsen Scheiben, wenn sich das umlaufende Gas in der Umgebung der Verdichtung ansammelt. Das ganze System ist dann automatisch in einen massereichen Halo kalter dunkler Materie eingebettet. Schwache elliptische Galaxien bilden sich, wenn sich zwei Halos während ihrer Entwicklung vereinigen, und große, helle elliptische Galaxien entstehen, wenn schon fertige Galaxien zusammenstoßen und verschmelzen.

Dies ist kein Beweis dafür, daß die Materie im Halo kalte dunkle Materie ist, aber es ist ein überzeugendes Indiz. Das Entscheidende dabei ist, daß sich Galaxien mit massereichen Halos und all dem übrigen *von selbst* aus den Berechnungen ergeben, wenn die Computermodelle so eingerichtet werden, daß sie näherungsweise ein Bild der Verteilung der Galaxien in Flächen und Girlanden und der Leerräume des wirklichen Weltalls geben und nur 10% der Masse die Form von Baryonen haben. Ist das reiner Zufall? Oder ist es eine Entdeckung, die kosmische Bedeutung hat? Die dunkle Materie bleibt unspezifiziert; sie könnte aus sehr leichten Teilchen wie Axionen bestehen, oder sie könnte massereichere SWMT sein. Die Wechselwirkung dieser Teilchen mit gewöhnlicher Materie ist so schwach, daß sie leicht durch die Atmosphäre und auch durch die Mauern eines jeden Gebäudes hindurchgehen können. Wenn sie die dunkle Materie im Halo unserer Galaxis ausmachen, gibt es in jedem Kubikmeter um uns herum 10 000; sie schwärmen bis zu 300 000 Kilometer pro Sekunde schnell durch jedes Labor. Die meisten durchdringen mühelos jeden Körper, dessen Ausmaße mit denen des Labors vergleichbar sind. Aber eines oder auch tausend dieser Teilchen (die genaue Zahl hängt von Eigenschaften ab, die noch nicht bekannt sind) würden an jedem Tag mit jedem Kilogramm des Detektors wechselwirken, das etwa 10^{27} Baryonen enthält. Eine Wechselwirkung dieser Art, bei der ein einzelnes Atom gewöhnlicher Materie mit einem SWMT zusammenstößt, ließe sich entdecken, wenn sie in einem sehr kalten Festkörper abläuft. Wenn die dunkle Materie jedoch aus Axionen bestünde, wäre die Chance, sie im Labor zu entdecken, viel geringer, wenn auch immer noch nicht ausgeschlossen.

Versuche, eine Halopopulation exotischer Teilchen zu entdecken, gehören wohl zu den aufregendsten und lohnendsten Experimenten in Physik und Astronomie – möglicherweise sind sie so wichtig wie jene, die in den Jahren nach 1960 zur Entdekkung der kosmischen Mikrowellenstrahlung führten. Das Risiko besteht nur im möglichen Versagen – die Experimente sind nicht gefährlich. Kein Ergebnis (wenn keine exotischen Teilchen entdeckt würden) wäre für niemanden eine Überraschung; andererseits könnten solche Experimente neue supersymmetrische Teilchen (oder Axionen, je nachdem) entdecken oder sogar bestimmen, woraus 90% (oder mehr) des Weltalls bestehen. Diese Experimente ließen sich am besten unter der Erde durchführen, weil dann die durch kosmische Strahlen verursachten Störungen im Hintergrund reduziert sind – was wiederum veranschaulicht, wie stark sich der Bereich der Beobachtungsastronomie seit den Tagen erweitert hat, als wir unser Wissen allein mit Hilfe optischer Teleskope gewannen. Weil das in solchen Detektoren aufgezeichnete »Signal« auf die Geschwindigkeit der ankommenden Teilchen reagieren würde, müßte es sich im Lauf des Jahres, während des Umlaufs der Erde um die Sonne, verändern. Eine solche jährliche Modulation mit einer Veränderung von wenigen Prozent und einer Spitze im Juni, wenn sich die Erde in Bezug zum Halo am schnellsten bewegt, wäre ein unzweifelhaftes Anzeichen für kalte dunkle Materie im Halo.

Mehr Antworten als Fragen

Die Schwierigkeit besteht also nicht darin, daß wir keinen Kandidaten für die dunkle Materie in den Halos der Galaxien finden, sondern darin, unter den vielen guten Kandidaten einen auszuwählen. Der Halo könnte aus Baryonen bestehen, entweder in Form großer Schwarzer Löcher, die sich nach dem Urknall bildeten, oder in Form von Jupiter-Ähnlichen und Braunen Zwergen, die sich während der Bildung der Galaxie selbst in Kühlströmen bildeten. Oder er könnte aus nichtbaryonischer kalter dunkler Materie bestehen, von Axionen bis zu ursprünglichen Schwarzen Löchern. Soweit es unsere Galaxis betrifft, müssen die Chancen aller drei wichtigen Möglichkeiten etwa gleich bewertet werden. Wenn jedoch das Weltall in der Tat flach ist, fordert die Standard-Urknalltheorie, daß es nichtbaryonische Materie geben muß; darüber hinaus ergeben sich bei den Computersimulationen der CDM-Kosmologie ganz natürlich massereiche Halos. Wenn wir die Sache großzügig betrachten, müssen wir erwarten, daß zumindest ein Teil der Masse des Halos nichtbaryonische kalte dunkle Materie ist. Im Rahmen dieser Theorie erinnert die Art, wie das Gas von außen in die sich bildende Galaxie fließt, so sehr an Kühlströme, wie wir sie heute beobachten, daß es erstaunlich wäre, wenn sich dabei nicht auch Sterne mit niedriger Masse bildeten.

Um unsere Meinung gebeten, würden wir also sagen, daß der Halo unserer Galaxis vermutlich von nichtbaryonischer kalter dunkler Materie beherrscht wird, wobei der leichteste supersymmetrische Partner nicht nur der beste Kandidat ist, sondern auch der wohl am ehesten auf der Erde (und im Sonneninneren!) zu entdeckende. In diesem CDM-Modell sollte es jedoch auch eine wesentliche Menge an baryonischem Material in Form von Sternen mit kleiner Masse oder großen planetenähnlichen Objekten geben. Wenn das Universum wirklich flach ist, müssen jenseits des dunklen Halo die kalten dunklen Teilchen vorherrschen. In gewisser Weise markiert die Materie im Halo einen Übergangsbereich zwischen den Gebieten, in denen CDM vorherrscht, und dem Bereich heller Sterne, in dem Baryonen vorherrschen. Der Kernbereich der baryonischen Materie liegt im Herzen der Galaxien, wo große Massen in kleinen Räumen konzentriert sind und Schwarze Löcher erzeugen, die von einer ganz anderen Klasse sind als alles, was wir bisher betrachtet haben.

6. Der Stoff, aus dem die Kerne sind

Im Herzen von Galaxien liegen große Schwarze Löcher. Ein erster Verdacht entstand in den sechziger Jahren mit der Entdekkung der Quasare, und er bestätigte sich in der zweiten Hälfte des vorigen Jahrzehnts, als Beobachter Verfahren entwickelten, die genau genug waren, die Geschwindigkeiten von Sternen in ihren Bahnen nahe der Mitte von Galaxien jenseits der Milchstraße zu messen. Eine Folgerung ist, daß auch unsere eigene Galaxis ein schwarzes Herz hat, einen Bereich hoher Dichte, aus dem Sterne, die dem Schwarzen Loch zu nahe kommen, durch die Gravitation hinausgeschleudert werden. Sie eilen dann mit einer Geschwindigkeit von Tausenden von Kilometern pro Sekunde vom Inneren des Milchstraßensystems weg – mit Geschwindigkeiten also, die die Fluchtgeschwindigkeit der Galaxie weit übertreffen.*

Der Begriff »Schwarzes Loch« ist heute selbst einer breiten Öffentlichkeit vertraut. Schon vor einem Vierteljahrhundert dachten Astronomen an solche Gebilde, also an supermassive Massekonzentration in galaktischen Zentren. Überraschend ist vielleicht, daß diese Spekulationen – die damals als sehr wild und ungewöhnlich empfunden wurden – mehrere Jahre älter sind als der Name *Schwarzes Loch*, der in astrophysikalischem Zusammenhang zuerst 1968 (von John Wheeler von der Universität Princeton) verwendet wurde. Aber wenn auch der Name für die Erscheinung noch nicht so sehr alt ist, läßt sich der Gedanke doch über zwei Jahrhunderte zurückverfolgen, bis ins Werk des britischen Pioniers John Michell, eines unterschätzten Universalgelehrten des achtzehnten Jahrhunderts. Michell wies 1767 darauf hin, daß es am nächtlichen Himmel viele Sternpaare gibt, viel zu viele, als daß rein zufällig ein näherer und ein fernerer Stern eng beieinander auf der Sichtlinie liegen könnten. Einige dieser Sterne, so behauptete er, müssen echte Doppelsternsy-

* Mit Fluchtgeschwindigkeit bezeichnen wir die Geschwindigkeit, mit der sich ein Objekt bewegen muß, damit es den Klauen der Gravitation seines »Erzeugers« entkommen kann. Ein Objekt, das sich langsamer als mit Fluchtgeschwindigkeit bewegt, fällt immer wieder dorthin zurück, woher es kam.

steme sein, zwei Sterne, die einander umlaufen und einander durch ihre Schwerkraft wechselseitig festhalten.* Dies war für die Astronomie eine entscheidende Einsicht. Durch die Untersuchung der Bahnen solcher Doppelsterne lassen sich die Massen der Sterne in solchen Systemen berechnen und daraus die Massen ähnlicher Sterne (mit derselben Farbe und Helligkeit) ableiten, die nicht zu einem Doppelsternsystem gehören. Michell entwickelte ein Verfahren der Entfernungsberechnung für Sterne und untersuchte unter anderem auch Erdbeben. In der Rückschau erscheint uns Nachgeborenen seine Arbeit über dunkle Sterne als seine bemerkenswerteste Leistung.

Eine kurze Geschichte der Schwarzen Löcher

Michell wußte, daß die Lichtgeschwindigkeit endlich ist und daß die Fluchtgeschwindigkeit eines massereichen Objekts zunimmt, wenn das Objekt größer wird, die Dichte aber gleich bleibt. Er erkannte, daß unter diesen Voraussetzungen ein Punkt kommen muß, an dem die Fluchtgeschwindigkeit so groß ist, daß diesem »Stern« nicht einmal Licht entkommen kann. In einer 1784 in den *Philosophischen Abhandlungen der Royal Society* veröffentlichten Arbeit schrieb er:

Wenn der Halbmesser einer Kugel mit derselben Dichte wie die Sonne den der Sonne im Verhältnis 500 zu 1 überträfe, würde ein Körper, der aus unendlicher Höhe darauf fällt, an seiner Oberfläche eine größere Geschwindigkeit haben als das Licht, und deshalb würde, unter der Annahme, daß Licht mit derselben Kraft im Verhältnis zu seiner »vis inertia« von anderen Körpern angezogen wird, alles von einem solchen Körper ausgesandte Licht durch seine eigene Schwerkraft wieder zu ihm zurückgezogen werden.

Michell war nicht der einzige, der Ende des achtzehnten Jahrhunderts so dachte, obwohl er diese Gedanken als erster im

* Das Werk Arps, das wir in Kapitel 2 erwähnten, beruht auf ähnlichen Überlegungen. In seinem Fall ist die Statistik der Anordnung von Galaxien und Quasaren heute noch Gegenstand heißer Debatten.

Druck erscheinen ließ. Der Franzose Pierre Laplace entwickelte denselben Gedanken etwa zehn Jahre später und versah die ersten Auflagen seines Meisterwerks *Exposition du Système du Monde* mit einer Abhandlung über »corps obscurs«. Seit der fünften Auflage jedoch waren alle solche Hinweise verschwunden, vielleicht, weil Laplace seine Meinung geändert hatte oder weil seine Kollegen den Gedanken verspottet hatten. Es verging über ein Jahrhundert, bevor die Vorstellung von den »corps obscurs« wieder auftauchte – und als das geschah, teilte sie zunächst das Schicksal der Gedanken von Michell und Laplace.

Zu Beginn des zwanzigsten Jahrhunderts bahnten dann zwei Revolutionen den Weg für die Schwarzen Löcher. Die erste war Einsteins Allgemeine Relativitätstheorie, die die Schwerkraft als die krümmende Wirkung der Materie auf die Raumzeit beschrieb. Das führte unter anderem zu der in Kapitel 4 erwähnten Arbeit von Schwarzschild, die Physiker und Astronomen zum größten Teil ignorierten. Die zweite war die Quantenphysik, die es ermöglichte, das Schicksal eines Sterns zu bestimmen, der seinen Kernbrennstoff verbraucht hat. Dies machten sich einige Astronomen zunutze und erhielten unerwartete Ergebnisse. Als ein junger indischer Student, Subrahmanyan Chandrasekhar, über diesen »Endpunkt« der Sternentwicklung nachdachte, »entdeckte« er in ganz anderem Zusammenhang als Michell und Laplace Schwarze Löcher.

Die Pioniere des achtzehnten Jahrhunderts hatten sich vorgestellt, die Sonne könne bei konstanter Dichte mehr Masse haben – sie wollten sozusagen hundert Millionen Sonnen miteinander in eine Riesenkugel packen, wie einen Sack voll Murmeln. Man kann sich als Ursache für die Zunahme der Fluchtgeschwindigkeit von einer Sternoberfläche aber auch vorstellen, daß *dieselbe* Masse ein geringeres Volumen hat indem man also den Stern schrumpfen läßt. Wenn der Stern kontrahiert, wird seine Dichte größer, die Fluchtgeschwindigkeit nimmt zu und das Licht kann der Oberfläche schwerer entkommen. Die Allgemeine Relativitätstheorie beschreibt dieses Verhalten ziemlich gut und sagt vorher, daß das Licht eines sehr dichten Sterns rotverschoben wird, weil es bei dem Kampf, der »Gravitationsmulde« des Sterns zu entkommen, Energie verloren hat (obwohl seine Geschwindigkeit sich nicht ändern kann). Eben solch eine Gravitationsrotverschiebung läßt sich im Licht einiger Zwergsterne beobachten.*

Chandrasekhar erwog dieses Problem während der langen Reise von Indien nach England, wo er Anfang der dreißiger Jahre seine Arbeit bei dem großen Astronomen Arthur Eddington beginnen sollte. Er erkannte, daß Quantenkräfte, an denen Elektronen beteiligt sind, einen Stern gegen den Sog der Schwerkraft nur dann erhalten können, wenn die Masse des Sterns weniger als etwa das 1,4fache der Masse unserer Sonne beträgt. Es sind niemals Weiße Zwerge gefunden worden, die schwerer sind als dieser Grenzwert, was seine Rechnungen bestätigt. Aber was geschieht mit Sternen, die am Ende ihres Lebens, wenn der Kernbrennstoff erschöpft ist, mehr Masse haben? »Ein Stern mit großer Masse«, schrieb Chandrasekhar, »kann nicht zum Weißen Zwerg werden, und man muß sich andere Möglichkeiten überlegen.«

Sein Lehrer, Arthur Eddington, war nicht beeindruckt. Er bemerkte, daß ein solcher Stern nach Chandrasekhars Berechnungen »immer weiter strahlen und sich zusammenziehen muß, bis er, vermute ich, einen Radius von nur wenigen Kilometern hat und die Schwerkraft stark genug wird, die Strahlung festzuhalten, und der Stern endlich Ruhe finden kann«. Nach diesen Worten könnte man denken, daß Eddington die Ehre gebührt, die moderne Vorstellung vom Schwarzen Loch mit Sternenmasse entwickelt zu haben; er wies jedoch lediglich auf das hin, was er als die Absurdität von Chandrasekhars Gedanken empfand, und fuhr fort: »Ich denke, es sollte ein Naturgesetz geben, das den Stern daran hindert, sich so absurd zu verhalten.«

Was Eddington so absurd erschien, mag jedoch für das Weltall ganz natürlich sein. Chandrasekhar war niedergeschlagen, wie es sich für einen jungen Studenten in einem fremden Land

* Einstein sagte uns auch, daß die Lichtgeschwindigkeit konstant ist; deshalb liegt das Problem etwas anders als das, was die Gelehrten des achtzehnten Jahrhunderts betrachteten. Stellen wir uns vor, das Gravitationsfeld eines Sternes würde immer stärker; dann entkommt dem Stern immer noch Licht, aber es ist stark rotverschoben und wird immer schwächer. Wenn dann die Fluchtgeschwindigkeit gleich der Lichtgeschwindigkeit ist, entfernt die Rotverschiebung *alle* Lichtenergie, und nichts kann mehr entkommen.

bei der Zusammenarbeit mit dem bedeutendsten Astrophysiker seiner Tage ziemte, und wandte sich anderen Themen zu.* Aber andere waren weniger gehemmt. Genau ein Jahr, nachdem Chandrasekhar seine Untersuchungen über das Schicksal von Sternen vorgestellt hatte, zeigte 1931 der große sowjetische Physiker Lev Landau, daß Sterne mit dem 1,5fachen der Sonnenmasse über das Stadium des Weißen Zwerges hinaus zusammenstürzen müssen. Dabei werden Elektronen und Protonen zu Neutronen zusammengepreßt, und der Stern wird ein Neutronenstern. Selbst Neutronen jedoch würden nicht stabil bleiben, wenn der Stern noch etwas mehr Masse hätte. Dann würde er, das ergaben die Rechnungen, auf einen Punkt zusammenstürzen.

Wie Eddington dachte Landau, seine Ergebnisse seien lächerlich, und er behauptete, daß es ein bis dahin unbekanntes Naturgesetz geben müsse, das den letzten Kollaps verhinderte. In den USA jedoch nahm Robert Oppenheimer (der später als der »Vater der Atombombe« berühmt werden sollte) den Gedanken ernst. Gemeinsam mit George Volkoff und später Hartland Snyder erarbeite Oppenheimer in den Jahren um 1940 eine mathematische Beschreibung des Zusammenstürzens eines Sterns zu, wie wir es heute nennen, einem Schwarzen Loch. Niemand sonst scheint sich ernsthaft mit diesen Überlegungen beschäftigt zu haben; sie schienen nur ein Trick der Mathematiker zu sein, ein Nebenaspekt der Allgemeinen Relativitätstheorie, ohne Bedeutung für die wirkliche Welt. Selbst wenn Schwarze Löcher existierten (was wenige glaubten), würden sie niemals gesehen werden können. Warum sollte man sich also um sie kümmern? Und außerdem waren viele Forscher wie Oppenheimer bald mit dringlicheren Aufgaben beschäftigt als mit der Frage nach dem Schicksal der Sterne.

Bis zum Ende der sechziger Jahre hörte man wenig von Schwarzen Löchern mit Sternenmasse. Nur Mathematiker spielten gelegentlich mit den Schwarzschild-Variationen über Einsteins Thema. Diese Mathematiker wiederum wußten anschei-

* Er hat jedoch seine glänzende Karriere, die über fünfzig Jahre lang währte, abgeschlossen, indem er zur Relativitätstheorie zurückkehrte und das umfangreiche Werk *The Mathematical Theory of Black Holes* verfaßte.

nend nichts von den Versuchen Chandrasekhars, Landaus und Oppenheimers, die mathematischen Abstraktionen in die wirkliche astronomische Welt zu übersetzen. Dann wurden jedoch 1968 die als Pulsare bekannten Radioquellen entdeckt und bald als rotierende Neutronensterne erkannt. Es war für die Astronomie wie eine Schockwelle. Es gab also wirklich Neutronensterne! Landaus Berechnungen waren also richtig, und wenn Landaus Rechnungen stimmten, dann mußten, wie Oppenheimer gezeigt hatte, Sterne, die viel größer waren als die Sonne, vollständig zusammenfallen, über das Neutronensternstadium hinaus, bis zu Schwarzen Löchern.

In den siebziger Jahren zeigten neue Beobachtungen mit Röntgendetektoren, die über die verdunkelnde Schicht unserer Atmosphäre hinaus auf eine Umlaufbahn um die Erde geschickt wurden, daß das Weltall, unsere Galaxis eingeschlossen, viel energiereicher ist, als alle Schulweisheit sich hätte träumen lassen. Heute sind viele starke Energiequellen bekannt, winzige himmlische Punkte, die Röntgenstrahlen in den Raum schicken. Eine der besten Möglichkeiten zur Energieherstellung im Weltall besteht darin, Materie in ein starkes Schwerefeld hineinfallen zu lassen. Die Materie wird dann heiß, und je heißer sie wird, um so höher ist die Frequenz der ausgesandten Strahlung, bis hin zu Röntgen- und Gammastrahlen. Am besten erklären wir viele der Röntgenquellen, von deren Existenz in der Milchstraße wir jetzt überzeugt sind, damit, daß sie Stellen sind, wo ein Schwarzes Loch der Art, die Eddington als Unsinn abtat, einen gewöhnlichen Stern umläuft, diesem Partner mit Gezeitenkräften Gas entzieht, das er mit seiner eigenen Schwarzschildkehle verschlingt. Aber dies sind nicht die Schwarzen Löcher in den Kernen von Galaxien; jene, und das entbehrt nicht der Ironie, ähneln viel mehr denen, an die John Michell dachte. Auch sie gewannen an Ansehen, weil neue Beobachtungsergebnisse zeigten, daß im Weltall Energie in einem Ausmaß erzeugt wird, das sich auf keine andere Weise erklären läßt.

Bindeglied Quasar

»Aktive« Galaxien wurden zuerst 1943 von dem amerikanischen Astronomen Carl Seyfert identifiziert. Er untersuchte scheinbar gewöhnliche Scheibengalaxien und fand, daß einige von ihnen sehr helle Kerne hatten. Untersuchungen der Spektrallinien des Lichts aus der Mitte dieser Galaxien zeigten, daß das Gas im Umkreis mehrerer Dutzend Lichtjahre vom Zentrum gestört war. Jetzt kennt man einige hundert dieser sogenannten »Seyfert-Galaxien«.

Dank der Radioastronomie der fünfziger Jahre, die das beobachtbare elektromagnetische Spektrum erweiterte, und der Raumfahrttechnologie änderten Astronomen in den Jahren nach dem zweiten Weltkrieg ihre Meinung über den Aufbau des Kosmos geradezu drastisch. Die Seyfert-Galaxien, die noch zehn Jahre zuvor so ungewöhnlich und selten erschienen waren, sind heute ein vertrauter Bestandteil des kosmologischen Bildes. Die Radioastronomie lieferte sogar die ersten sicheren Hinweise darauf, daß an den Galaxien mehr »dran« ist als die hellen Sterne, die wir mit optischen Teleskopen sehen, und das zugehörige Gas zwischen den hellen Sternen. Eine starke Radioquelle (sie ist als Cygnus A bekannt, weil sie in Richtung des Sternbilds »Schwan« liegt) wurde 1954 mit einer fernen Galaxie identifiziert, die eine Rotverschiebung von 0,05 hat – das war im Vergleich mit den anderen um 1955 bekannten Rotverschiebungen viel. Man entdeckte so viel von dieser Galaxie stammende Radioenergie, daß, wie Astronomen klar wurde, auch andere Galaxien für Radioteleskope »sichtbar« werden müßten, selbst wenn die Galaxien so weit entfernt wären, daß das Licht ihrer hundert Milliarden Sternen nicht durch optische Teleskope gesehen werden könnte. Als die Radiobeobachtungen besser wurden, entdeckten die Beobachter, daß die starke Radiostrahlung von Cygnus A nicht von der Galaxie selbst, sondern von zwei »Lappen« herrührt, die symmetrisch an beiden Seiten der Galaxie sitzen. Diese Doppelstruktur, in der die beiden Radiokomponenten durch eine Million Lichtjahre oder mehr getrennt sein können, wird jetzt als ein Kennzeichen der stärksten kosmischen Radioquellen angesehen.

Etwas im Zentralbereich strahlt Energie Lichtjahre weit in den Raum hinein und bewirkt eine Wechselwirkung mit intergalaktischem Material, das die Radiostrahlung erzeugt.

Radioastronomen begannen, starke Radioquellen aufzufinden und Daten über sie zu sammeln, ohne zu fragen, ob sie mit Galaxien identifiziert werden konnten. Die Theorie erhielt Silvester 1960 eine neue Wendung, als Allen Sandage bei einer Konferenz der amerikanischen astronomischen Gesellschaft von seiner Entdeckung berichtete, wonach eine der Radioquellen in einer von der Universität Cambridge durchgeführten Durchmusterung (die 48. in der dritten solchen Durchmusterung gefundene Quelle, weshalb sie 3C 48 heißt) mit einem hellen Objekt identifiziert werden könne, das wie ein Stern und nicht wie eine Galaxie aussah. Der »Stern« befand sich an genau der Stelle des Himmels, aus der die Radiostrahlung kam, aber niemand wußte, wie die Strahlung entstand.

Solche Radiosterne blieben bis 1963 ein Rätsel. Dann wurde eine andere Quelle desselben Katalogs, 3C 273, mit einem sternähnlichen Objekt identifiziert. Cyril Hazard und seine Kollegen in Australien konnten die Lage der Quelle sehr genau bestimmen. Maarten Schmidt von der Sternwarte auf dem Mount Palomar in Kalifornien fand dann, daß dieser »Stern« ein Spektrum hatte, das auf Wasserstoff schließen ließ – aber diese Kennzeichen waren um den fantastischen Betrag von fast 16% zum roten Ende des Spektrums hin verschoben. Die Tatsache, daß 3C 273 eine Rotverschiebung von 0,158 hatte, lieferte einen wertvollen Hinweis. Bald konnte das Spektrum von 3C 48 als gewaltige Rotverschiebung erklärt werden, in diesem Fall 0,368. Damit waren Quasare auf der astronomischen Bühne erschienen.

Der Name *Quasar* leitet sich ursprünglich von den Anfangsbuchstaben QSRS *(quasi-stellar radio sources*, sternartige Radioquellen) ab, eine Beschreibung, die für Objekte wie 3C 273 und 3C 48 gut zutrifft, die in optischen Teleskopen wie Sterne aussehen, aber ungeheure Mengen an Strahlungsenergie im Radiowellenbereich erzeugen. Heutzutage sind viele ähnliche Objekte bekannt. Sie sehen aus wie Sterne, senden viel Energie aus und haben große Rotverschiebungen, aber sie sind nicht alle Radioquellen. Da *Quasar* auch eine gute Abkürzung für *quasi-stellar*, also *sternähnlich* ist, bleiben wir dabei, daß ein Quasar etwas ist, das unabhängig davon, ob es Radiosignale aussendet oder nicht, einem Stern ähnlich sieht, aber eine Rotverschiebung hat, die es weit jenseits der Grenzen des Milchstraßensystems ansiedelt.

Genau darum geht es eigentlich. Quasare sehen oberflächlich betrachtet wie Sterne aus, haben aber riesige Rotverschiebungen. Wenn diese Rotverschiebungen wie üblich als Folge der Ausdehnung des Weltalls gedeutet werden, sehen wir Quasare in fernen Räumen und Zeiten. Damit sie überhaupt sichtbar sind, müssen sie gewaltige Energiemengen ausstoßen. Untersuchungen der Art und Weise, wie das Licht von Quasaren sich verändert, zeigten bald, daß die Energie aus einem Raumbereich stammen muß, der nicht größer ist als unser Sonnensystem. Andere Erklärungen der Rotverschiebung wurden mehr oder weniger aus Verzweiflung überprüft und für zu leicht befunden. Könnten Quasare wirklich Sterne sein, die in einer gewaltigen Explosion aus der Mitte unserer eigenen oder einer nahen Galaxie herausgeschleudert wurden? Könnten die hohen Rotverschiebungen wirklich ein Gravitationseffekt sein? Keine der Erklärungen bewährte sich – damit die Schwerkraft die nötige Rotverschiebung erzeugt, mußten überaus massereiche Schwarze Löcher einbezogen werden, und das genügt, wie wir sehen werden, um das Energiebündel Quasar selbst dann zu erzeugen, wenn die Rotverschiebung kosmologisch ist. Warum aber sehen wir Quasare, wenn sie wirklich Sterne sind, die aus dem Galaxienkern herausgeschleudert wurden, nur in der Bewegung von uns weg (rotverschoben) und niemals zu uns hin (blauverschoben)? Diese und andere Überlegungen ließen den Astronomen Ende der siebziger Jahre keinen Zweifel mehr daran, daß die Rotverschiebungen der Quasare kosmologischen Ursprungs sind.

Bis zu der Zeit waren Hunderte von Quasaren und quasarähnlichen Objekten entdeckt worden. Die Kataloge enthielten einen ganzen Zoo von Objekten mit so verwirrenden Namen wie QSO, QSS, BL Lac Objekte, Blazare, optisch aktive Veränderliche oder dergleichen. Für uns ist das ein Grund mehr, bei dem Gattungsnamen *Quasar* zu bleiben. Gleichzeitig war in vielen

Galaxien Seyfert-ähnliche Aktivität gefunden worden, und selbst Galaxien, die nicht solch extrem heftige Ausbrüche in ihren Kernen zeigten, waren doch aktiv. Die Namensverwirrung, so wurde schließlich klar, verschleierte die Tatsache, daß es ein Kontinuum von Aktivitäten gibt, das von ruhigen Galaxien wie unserer eigenen über gemäßigt aktive bis zu den Seyfert-Galaxien und darüber hinaus geht, wobei sich die hellsten Seyfert-Galaxien praktisch nicht von Quasaren mit niedriger Rotverschiebung unterscheiden. Es wurde auch durch äußerst raffinierte Beobachtungen klar, daß bei einigen relativ nahen Quasaren tatsächlich Spuren einer sie umgebenden einhüllenden Galaxie erkennbar sind. Die Folgerung ist unausweichlich – alle Quasare liegen im Kern von Galaxien, und sehr viele, vielleicht sogar alle Galaxien, verbergen in ihrem Inneren etwas Interessantes. Ob und für wie lange sich dieses interessante Etwas zu einem Quasar mausert, wurde ein Thema theoretischer Auseinandersetzung.

Kraftwerk Schwarzes Loch

Ein Schwarzes Loch muß Masse schlucken, wenn es die Energie freigeben soll, die einen Quasar leuchten läßt – aber im Vergleich zur Gesamtmasse seiner Gastgalaxie braucht es erstaunlich wenig. Abgesehen von der Vernichtung eines Teilchens durch sein Antiteilchen ist die effizienteste Art der Umwandlung von Masse in Energie die, Materie in ein starkes Gravitationsfeld fallen zu lassen. Die in einer Masse m eingeschlossene Energie ist mc^2, und der maximale Energiebetrag, der im Prinzip freigesetzt werden könnte, wenn eine Masse m aus einer unendlichen Entfernung in ein Schwarzes Loch fallen gelassen wurde, beträgt fast die Hälfte davon. Wenn nur wenige Prozent der Massenenergie, viel weniger als dieser absolute Grenzwert, tatsächlich so umgewandelt und als Licht, Radiowellen, Röntgenstrahlung und so weiter freigesetzt werden, brauchte ein großes Schwarzes Loch pro Jahr nur das Äquivalent von ein oder zwei Sonnenmassen zu schlucken, um so hell scheinen zu können wie die Objekte, die wir jetzt bei Rotverschiebungen von 4 oder mehr sehen. Eine »Wirksamkeit« von etwa 10% und eine Lebensdauer von einigen Millionen Jahren sind also erreichbar, wenn das Kraftwerk etwa hundert Millionen (10^8) Sonnenmassen Materie enthält. Dies ist nun zufällig die Sorte Schwarzes Loch, die Michell vor zwei Jahrhunderten vorausahnte – es hat etwa die Masse eines Lochs, dessen »Dichte«, definiert durch die Masse im Innern des Schwarzschildradius, gleich der Sonnendichte ist und mit der fester irdischer Körper vergleichbar ist. Während Schwarze Löcher mit Sternmasse sich erst bilden können, wenn die Materie auf supernukleare Dichte zusammengepreßt wurde, sind diese physikalischen Komplikationen kein Teil der Bildung supermassiver Schwarzer Löcher. Ein solches Schwarzes Loch könnte einfach deshalb entstanden sein, weil zu viele Sterne im Galaxienkern zu nahe aneinander gerieten.

Die beteiligte Masse ist nach galaktischen Maßstäben immer noch sehr klein. Hundert Millionen Sonnenmassen klingt nach viel, aber die Masse der hellen Sterne in einer typischen Galaxie summiert sich zu hundert *Milliarden* Sonnenmassen, tausendmal mehr als die Masse des Lochs. Das Loch repräsentiert also nur 0,1% der Masse der hellen Materie in der den Quasar umgebenden Galaxie. Und es gibt, wie wir gesehen haben, vermutlich noch zehnmal so viel dunkle Materie im Halo der Galaxie, so daß die Masse des Lochs nur 0,01% der Gesamtmasse der Galaxie ausmacht. Suchen Sie also nicht im Kern von Galaxien nach der das Weltall beherrschenden Materie!

Es fällt nicht schwer, sich vorzustellen, wie solche für kosmische Verhältnisse bescheidenen Schwarzen Löcher sich in den Kernbereichen der Galaxien bilden könnten. Massereiche Gaswolken können direkt zu einem Schwarzen Loch zusammenstürzen, oder sie können dichte Sternhaufen bilden, die verschmelzen und immerzu von dem ersten sich bildenden Schwarzen Loch mit Sternmasse verschlungen werden. Die Materie sammelt sich unweigerlich im Zentrum einer sich bildenden Galaxie, einfach weil das der Boden der Gravitationsmulde ist. Das endgültige Schicksal großer Materiemengen, die sich an einem Platz sammeln, muß sein, daß sie auf die eine oder andere Art ein massereiches Schwarzes Loch bilden.

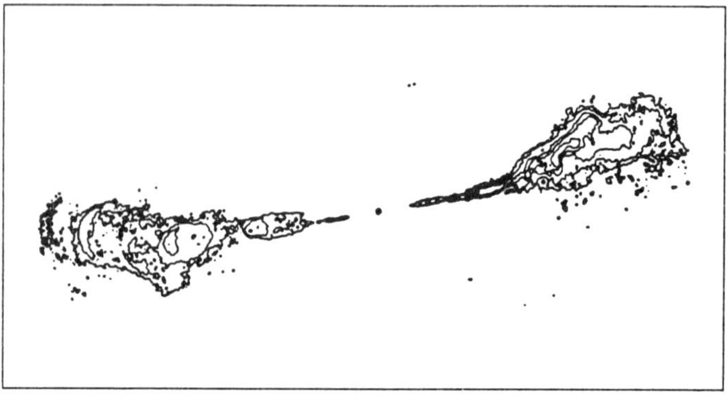

Abb. 28: Diese Abbildung zeigt die Helligkeitsumrisse der Radiogalaxie Hercules A, deren Form für starke Quellen typisch ist. Die Energie wird von einem aktiven galaktischen Kern (einem Schwarzen Loch?) in engen Strahlen ausgeschleudert und in einer Entfernung von Millionen Lichtjahren beidseitig deponiert.

Viele Quasare und Radioquellen weisen sowohl sichtbare, vom Zentralkörper ausgehende Materieströme, als auch eine beidseitige Radiostruktur auf. Dies läßt sich leicht durch die Vorgänge erklären, die die Quasare anfeuern. Zur Energieerzeugung muß ein Schwarzes Loch Materie einfangen (und es ist vermutlich kein Zufall, daß Quasare und aktive Galaxien mehr als ihren Anteil an nahen Begleitgalaxien haben. Diese Galaxien oder die durch Gezeitenwirkung bedingten Verzerrungen, die sie in der aktiven Galaxie hervorrufen, führen vermutlich dazu, daß sich Materie in das Schwarze Loch ergießt). Jedes Objekt, das sich aus einer zusammenstürzenden Materiewolke bildet, muß schneller rotieren, wenn es sich zusammenzieht, genau wie Schlittschuhläufer sich schneller drehen, wenn sie die Arme anziehen. Ein Schwarzes Loch macht da keine Ausnahme. So ist das Bild der Energiewerkstatt im Kern eines Quasars das eines Schwarzen Lochs von der Größe unseres Sonnensystems, das die Masse von hundert Millionen Sonnen enthält und sich ziemlich rasch in der Mitte einer umgebenden Wolke aus Gas, Staub und Sternen dreht, die durch die Gezeitenkräfte fast schon zerrissen sind. In einem solchen System sammelt sich die umliegende Materie um das Schwarze Loch herum zur Rotationsebene hin als dicker Torus, ähnlich einem riesigen Autoreifen. Von dem Schwarzen Loch beim Verschlucken der Materie freigesetzte Energie würde den Weg des geringsten Widerstandes aus diesem Schlamassel wählen, der durch die »Pole« des Schwarzen Lochs führt, entlang der Drehachse des Reifens, wobei Magnetfelder und Plasma (eine Mischung aus ihrer Elektronen beraubter Atome und der Elektronen selbst) mit einem beachtlichen Bruchteil der Lichtgeschwindigkeit in den intergalaktischen Raum sprudeln.

Der »erste Beweger« aktiver Galaxien sind also nach Meinung der Theoretiker rotierende Schwarze Löcher, massereich wie hundert Millionen Sonnen, angetrieben durch das Einfangen von Gas oder auch ganzer Sterne aus ihrer Umgebung. Dieser eingefangene Schutt wirbelt nach unten, nimmt Magnetfelder mit sich und bewegt sich fast mit Lichtgeschwindigkeit. Mindestens 10% der Ruhemassenenergie der einfallenden Materie kann ausgestrahlt werden, und mehr noch ließe sich dem Drehimpuls des Lochs entnehmen.

Wir hoffen, daß diese Vorstellungen bald so gut fundiert sind wie die Theorien der Sternentwicklung. Der Weg ist noch weit, aber wenn wir das erreichen, erhalten wir damit eine Gelegenheit, aus sicherer Entfernung durch die Untersuchung galaktischer Kerne zu erfahren, ob Schwarze Löcher sich wirklich so verhalten, wie Einsteins Theorie es behauptet. Diese Theorie besagt, daß sich Raum und Zeit in der Nähe Schwarzer Löcher auf eine Art verhalten, die nicht mit dem gesunden Menschenverstand verträglich ist. Für jemanden, der es fertigbrächte, genau am Rand eines Schwarzen Lochs zu verweilen oder ihn mit einem Raumschiff zu umkreisen, stünde die Zeit still. Dieser Beobachter sähe die gesamte Zukunft des Weltalls während einiger Atemzüge vorbeiziehen. Aber jeder, der wirklich ein Schwarzes Loch erforschen will, sollte unbedingt eines der Ungeheuer im Herzen einer Galaxie wählen. Die Schwarzschildfläche dort umfaßt einen Bereich, der so groß ist wie unser Sonnensystem; die Dichte ist in der Nähe der Oberfläche nicht größer als die des Wassers, das hier auf der Erde aus der Leitung fließt. Wer in seinem Raumschiff die Schwarzschildfläche durchquert, hätte zunächst (vermutlich nicht völlig entspannt) mehrere Stunden Muße für Beobachtungen, bevor er durch die Gezeitenkräfte verzerrt und dann in der zentralen Singularität vernichtet würde. Leider ergäbe sich keine Möglichkeit, die Beobachtungen aus dem Schwarzen Loch den interessierten Astrophysikern auf der anderen Seite der Schwarzschildfläche mitzuteilen.

All das setzt voraus, daß sich das Raumschiff genau am »Äquator« in das Schwarze Loch hineinsteuern ließe, weit entfernt von den Polen, an denen Materie aus dem Bereich oberhalb der Schwarzschildfläche in den Raum hinein gesprüht wird. Das durch diese Bündelung von Energie und Plasma in der Energiewerkstatt eines Quasars erzeugte Gebilde erstreckt sich in manchen Fällen über 10 Millionen Lichtjahre. Da sich das Material in dem Strahl nicht schneller bewegen kann als Licht, muß der Quasar im Kern schon über 10 Millionen Jahre lang aktiv sein. Andererseits ist sehr schwer zu sagen, woher die Energie kommen sollte, die einen Quasar viel länger als diese Zeit »in Gang« halten könnte. Gleichzeitig läßt die Verteilung von Quasaren und Radioquellen im Weltall vermuten, daß die meisten der ehedem aktiven Galaxienkerne heute erloschen sind. Das Alter einer Galaxie heute ist mit etwa 10 Milliarden Jahren vergleichbar mit dem Alter des Weltalls. Die Lebensdauer eines Quasars kann andererseits nur 100 Millionen Jahre betragen, gerade 1% des Alters der Galaxie, die er bewohnt. Wir schließen daraus, daß die Anzahl toter Quasare heute die der lebenden übertrifft und daß viele frühere Generationen von Quasaren schon verstorben sind. Ein toter Quasar ist vermutlich ein massereiches Schwarzes Loch, das heute fast untätig ist, weil ihm der Brennstoff ausgegangen ist – es ist entweder verhungert, weil es zu einer Galaxie gehört, der das gesamte Gas entzogen wurde, oder weil es alle Sterne in der Nähe verschlungen hat. Im Rahmen dieses Bildes sollte es Hinweise auf das Vorhandensein supermassiver Schwarzer Löcher in den Kernen ruhiger Galaxien wie etwa unserer Nachbarn in der Lokalen Gruppe und der Milchstraße selbst geben. Diese Hinweise finden sich jetzt.

Indizienbeweise

Im letzten Jahrzehnt haben mehrere Astronomen versucht, Beweismaterial dafür zu erhalten, daß wirklich im Inneren naher Galaxien massereiche Schwarze Löcher lauern. Manche behaupten, Erfolg gehabt zu haben, aber die Interpretation der Daten ist immer in Frage gestellt worden. Gegen Ende der achtziger Jahre jedoch begann das Gewicht des Beweismaterials den Ausschlag zugunsten der Vorstellung zu geben, daß die meisten und vielleicht alle Galaxien in ihrer Mitte große Schwarze Löcher haben.

Das wohl eindrucksvollste statistische Material stammt von Wallace Sargent und Alex Filippenko vom Cal Tech, der Technischen Universität Kaliforniens. Sie haben 1988 500 Galaxien durchmustert und von ihren Kernen Spektren erhalten. Über 10% dieser Galaxien zeigen die Kennzeichen (technisch gesprochen: breite Emissionslinien mit der Wellenlänge von Wasserstoff alpha), die gewöhnlich als ein Anzeichen für das Vorhandensein eines massereichen Schwarzen Lochs betrachtet werden. Nach diesem Kriterium würde jede dieser Galaxien früher für eine Seyfert-Galaxie gehalten worden sein, die Klasse von Galaxien, in der man eine Zwischenstufe zwischen »gewöhnlichen« Galaxien und Quasaren sah. In der Vergangenheit wurden Seyfert-Galaxien als solche erkannt und benannt, weil die breiten Emissionslinien in ihren hellen Spektren so offensichtlich sind. Solche Emissionslinien sind in schwachen Galaxien viel häufiger als zuvor angenommen wurde. Weil es sehr schwierig ist, das notwendige detaillierte Spektrum schwacher Objekte zu gewinnen, stellen diese mit Sicherheit identifizierten Objekte vermutlich nur die Spitze des Eisbergs dar. Man erwartet, daß genauere Untersuchungen (zum Beispiel mit dem Raum-Teleskop »Hubble« der NASA) diese schwache »Quasar«-Aktivität in praktisch jeder Galaxie zeigen werden.

Für die neuesten und besten Beweise brauchen wir nicht in die Ferne zu schweifen, denn sie stammen von Untersuchungen zweier enger Nachbarn der Milchstraße. Neue Beobachtungsergebnisse zeigen das Vorhandensein eines Lochs mit einer Masse von etwa 50 Millionen Sonnen in der größten Galaxie der Lokalen Gruppe, dem Andromedanebel (M31), und eines von 8 Millionen Sonnen in einer kleineren als M 32 bekannten Galaxie. Zwei Amerikaner, Alan Dressler und Douglas Richstone, führten eine spektroskopische Untersuchung der Bewegung von Sternen in den inneren Bereichen dieser beiden Galaxien durch. Weil sie relativ nah sind (nur 2 Millionen Lichtjahre entfernt), zeigte die Untersuchung ganz nahe am Kern der beiden Galaxien mit großer Genauigkeit Einzelheiten der Bahngeschwindigkeit. Diese Beobachtungen und die sie bestätigenden von John Kormendy (bei M 31) und John Tonry (bei M 32) lassen sich ohne die Annahme supermassiver Schwarzer Löcher nur sehr schwer erklären. Und da diese beiden Galaxien sonst ganz gewöhnlich und durchschnittlich sind und keine Anzeichen ungewöhnlicher Aktivität in ihren Kernen zeigen, könnte daraus folgen, daß *alle* Galaxien supermassive Schwarze Löcher beherbergen. In dem Fall sollten wir sicherlich auch in unserem eigenen Milchstraßensystem Hinweise darauf finden.

Im Herzen der Milchstraße

Sicherlich sind die Bedingungen im Kern unserer Galaxis sehr verschieden von denen in der Umgebung des Sonnensystems. Leider ist der Zentralbereich für unsere optischen Teleskope nicht sichtbar, weil es in der Scheibe unserer Galaxie viel Gas und Staub gibt und unsere Sonne ihre Bahn in der Scheibe selbst zieht. Infrarotstrahlung und Radiowellen können diesen verdunkelnden Staub jedoch zu einem gewissen Grade durchdringen, und mit ihrer Hilfe können wir deshalb ein Bild vom Herzen der Milchstraße gewinnen.

Genau im galaktischen Zentrum gibt es eine sehr kleine, veränderliche Radioquelle. Sie ist zu klein, um sich durch Radiointerferometer auflösen zu lassen. In Anbetracht der Entfernung des galaktischen Zentrums bedeutet das eine Größe, die nicht in Licht*jahren*, sondern in Licht*stunden* (die von Licht in einer Stunde durchlaufene Strecke) gemessen wird. Zum Vergleich:

Das Sonnenlicht braucht bis zu Neptun, dem am weitesten entfernten großen Planeten unseres Sonnensystems, 160 Minuten. Außer anderer interessanter Aktivität aus diesem Bereich gibt es starke Gammastrahlung, die charakteristisch ist für die wechselseitige Vernichtung von Elektronen und Positronenpaaren. Das wiederum bedeutet, daß Elektron-Positron-Paare durch eine Form energetischer Aktivität entstehen. Es paßt gut in das Bild, daß sich Materie in einem Schwarzen Loch mit einer Masse von etwa einer Million Sonnenmassen ansammelt.

Unser galaktisches Zentrum enthält mit Sicherheit kein *ungeheures* Schwarzes Loch. Die Art, wie sich Gas wenige Lichtjahre vom Zentrum entfernt bewegt, zeigt, daß eine Million Sonnenmassen ungefähr die Obergrenze der Masse ist, so daß also die Daten gut zueinander passen.

Unsere Galaxie war niemals ein ausgewachsener Quasar. Aber nachdem die vorherrschende Meinung jetzt so sehr dazu neigt, in allen Galaxien große Schwarze Löcher zu vermuten, ist es selbstverständlich geworden, sich zu fragen, welche beobachtbaren Wirkungen ein solches Loch im kleineren Maßstab als dem von Quasaren in unserer eigenen und anderen Galaxien erzeugen könnte. Mit etwas Nachdenken ergeben sich da einige faszinierende Möglichkeiten.

Jack Hills, ein Fachmann für Sterndynamik vom Los Alamos National Laboratory in New Mexiko, meint, ein Schwarzes Loch mit einer Million Sonnenmassen im Zentrum unserer Galaxis könnte einmal alle zehntausend Jahre Sterne ausspucken, die sich mit einer Geschwindigkeit von 4000 km/s bewegen. Wenn das stimmte, müßten etwa zweihundert dieser schnellen Objekte innerhalb des Radius der Sonnenbahn um das galaktische Zentrum herum liegen, und einige von ihnen sollten auffindbar sein, weil sie sich mit viel höherer als der Fluchtgeschwindigkeit der Galaxis bewegen. Die Entdeckung eines oder mehrerer solcher Himmelskörper auf ihrem Weg hinaus in die Tiefen des intergalaktischen Raums wäre ein Beweis dafür, daß im Mittelpunkt der Milchstraße ein massereiches Schwarzes Loch liegt.

Hills hat untersucht, wie Paare von Sternen, die einander auf engen Bahnen umlaufen (»enge Doppelsterne«), getrennt werden können, wenn sie an einem solchen Schwarzen Loch vorbeiziehen. Viele Sterne sind Doppelsterne, und wo Sterne eng gepackt sind, wie im Kern der Galaxis, können Begegnungen zwischen Sternen kinetische Energie von der Bahn eines Doppelsterns auf einen vorbeilaufenden Stern übertragen, die Doppelsterne dadurch »fester wickeln« und stärker aneinander binden.

Wenn ein solcher Doppelstern in die Nähe eines massereichen Schwarzen Lochs gerät, kann auch etwas ganz anderes passieren. Je nach der Größe des Doppelsterns, seiner Bahngeschwindigkeit und der Geschwindigkeit und dem Winkel, mit denen er am Loch vorbeiläuft, kann ein Teil des Doppelsterns von dem Loch gefangen werden, während der Partner mit sehr hoher Geschwindigkeit weggeschleudert wird. (Der Vorgang erinnert daran, wie bei einem in der Nähe eines Minilochs erzeugten virtuellen Paar ein Partner entkommen kann, während der andere gefangen wird.)

Wir wissen nur wenig über die Sterndichte im Herzen der Milchstraße, aber Schätzungen gehen dahin, daß ein Stern einmal alle hundert Jahre dem Loch so nahe kommen sollte wie die Erde der Sonne. Wenn nur 1% solcher »Vorbeiflieger« enge Doppelsterne sind, sollte alle 10 000 Jahre ein Flüchtling mit einer Geschwindigkeit von 4000 km/s erzeugt werden. Weil die Entfernung der Sonnenbahn zum galaktischen Zentrum 35 000 Lichtjahre beträgt, braucht jeder Ausreißer zwei Millionen Jahre, um sich so weit vom Kern zu entfernen, wie wir es sind. In diesem Zeitraum gelingt 200 anderen die Flucht, und deshalb sollte es 200 solcher überschnellen Sterne geben, die nach außen reisen, aber noch im Radius der Sonnenbahn sind.

Solche Sterne müßten leicht aufzufinden sein. Selbst in einer Entfernung von 35 000 Lichtjahren müßte die maximale Bewegung eines solchen Sternes am Himmel 0,1 Bogensekunden pro Jahr betragen. Andere überschnelle Sterne mußten näher, heller und besser sichtbar sein. Warum sind sie bei den üblichen Durchmusterungen nicht erfaßt worden? Es könnte sein, daß Beobachter solche Objekte in der Tat bemerkt haben, aber sie für viel nähere Sterne gehalten haben, die sich entsprechend langsamer bewegen. Da solche Sterne vom Schwarzen Loch aus beliebig in alle Richtungen schießen, ist die Wahrscheinlichkeit sehr gering, daß einer so nah an uns vorbeiläuft, daß seine Eigenart jemandem auffiele, der nicht ausgerechnet danach sucht. Wenn wir jetzt ihren wahren Charakter kennen, könnten wir ihnen die stärksten Hinweise darauf entnehmen, daß unsere Galaxis ein übermäßig massereiches Schwarzes Loch enthält. Andererseits ist das Fehlen von Beweismaterial kein Beweis für ihre Nichtexistenz – wir suchen vielleicht einfach am falschen Ort. Zum Glück jedoch gibt es noch etwas, das mit der Erzeugung dieser schnellen Sterne verknüpft ist und das seine Spuren eindeutig an einem bestimmten Platz, nämlich dem Zentrum der nahen Galaxien selbst, hinterlassen sollte.

Eine Neigung zu Schwarzen Löchern

Hills hat nur das Schicksal solcher Doppelsterne untersucht, die sich in gefährlicher Nähe zu großen Schwarzen Löchern befinden. Auch für Einzelsterne gibt es jedoch interessante Möglichkeiten, wie sie zerteilt und nicht nur ganz verschluckt werden können, wenn sie sich zu nahe an eine solche Zerstörungsmaschine wagen. Die Sterndynamik im Inneren naher Galaxien wie M 31 und M 32 deutet auf Schwarze Löcher in ihrer Mitte hin. Da sie nahe, gut untersuchte Galaxien sind, kennen wir in jedem dieser Fälle die Anzahl und die Bewegung der Sterne in der Umgebung gut genug, um berechnen zu können, wie oft sie vom Loch eingefangen werden. Am besten läßt sich diese Überlegung überprüfen, wenn ein Effekt gefunden wird, der sich einstellen muß, wenn es die Löcher gibt, aber durch nichts anderes erzeugt werden kann. Dafür wiederum eignet sich am besten die deutlich erkennbare Art, wie Energie freigesetzt wird, wenn ein Stern teilweise vom Schwarzen Loch verschlungen wird.

Das Bild von einem engen Doppelsternsystem, bei dem ein Partner verschluckt wird, während der andere entkommt, ist in vieler Hinsicht ein vereinfachtes Modell dafür, was einem Einzelstern geschieht, wenn ihn ein supermassives Schwarzes Loch einfängt. Wenn der Stern dem Loch näher kommt, wirken starke Gezeitenkräfte auf ihn ein, und er kann zerrissen werden, Masse verlieren oder völlig zerbrechen. Ein Teil der Trümmer fliegt mit Geschwindigkeiten bis zu 10000 km/s, von einer Art Gravitationsschleuder geworfen, weg; die verbleibenden Trümmer bleiben dem Loch durch die Schwerkraft verbunden und umlaufen es, dazu bestimmt, die Schwarzschildkehle hinunterzulaufen. Wie lange mag das dauern?

Für Schwarze Löcher mit einer Masse von nur wenigen Millionen Sonnen stellt sich heraus, daß jede »Sternenmahlzeit« lange vor dem nächsten Zusammenstoß verdaut wird. Das Ergebnis wäre ein kurzlebiges Aufflackern der Aktivität des Galaxienkerns, ein Ausbruch, der nur wenige Monate oder Jahre dauern würde. Inzwischen bleibt auch der Bruchteil des ursprünglichen Sterns, der dem Loch entkommen ist, nicht intakt, sondern ergießt sich als Strom von Schutt, vermischt mit anderer Materie der umgebenden Galaxie. Dabei kommt es zu keinem erkennbaren Energieausbruch.

Daß wir im Zentrum unseres Milchstraßensystems keinen Ausbruch an Aktivität sehen, stellt kein Problem dar, weil wir einen solchen Ausbruch nur etwa alle 10000 Jahre erwarten. Es ist viel wahrscheinlicher, daß wir solche Ausbrüche in anderen Galaxien sehen. Weil solche Ereignisse so selten sind (wir müßten, grob gerechnet, 10000 Galaxien untersuchen, um einen Ausbruch pro Jahr zu sehen, wenn jede Galaxie einmal in 10000 Jahren einen Ausbruch hat), überrascht es nicht, daß ein solcher Ausbruch nicht beobachtet wurde; aber mit immer besseren Teleskopen und einer genaueren Vorstellung davon, was wir suchen, stehen die Chancen gut, daß Beobachter innerhalb der nächsten Jahre einen solchen Ausbruch in einer Galaxie beobachten können, die nicht weiter entfernt ist als der Haufen im Sternbild Jungfrau.

In unserer eigenen Galaxis könnte der weggeschleuderte Schutt eher auffindbar sein, selbst wenn er nicht, wie Hill es sieht, die Form ganzer superschneller Sterne hat. Materie, die vom zentralen Schwarzen Loch wie Wasser von einem Springbrunnen wegspritzt, wäre eine Schranke, die einfallendes Gas verlangsamt. Das hätte zweifache Wirkung. Es könnte die Aktivität des Loches selbst *reduzieren*, in dem es den »Nahrungsvorrat« vermindert, und es würde sicherlich eine heiße Blase um den

Mittelpunkt der Galaxie herum erzeugen, in der die einfallende Materie und die hinausgeschleuderten Trümmer zusammenstoßen. Wieder können jetzt, da die theoretischen Berechnungen zeigen, welche Form diese Blase haben müßte, die Beobachter mit der Suche nach den vorhergesagten Erscheinungen beginnen. Sie brauchen wahrscheinlich gar nicht weit zu suchen. Beobachtungen mit Röntgenstrahlen zeigen, daß sich in der Tat in den mittleren 1000 Lichtjahren elliptischer Galaxien heißes Gas befindet. Wenn dieses wirklich hilft, dem Strom von Materie nach innen Einhalt zu gebieten, dann könnten selbst die ruhigsten der nahen Galaxien ein halbverhungertes Schwarzes Loch mit einer Masse von etwa hundert Millionen Sonnen beherbergen.

Das sind aufregende Aussichten, weit entfernt von der Alltagswelt, in der die Schwerkraft einfach die Kraft ist, die Äpfel nach unten fallen oder die Knochen eines stürzenden Skifahrers brechen läßt. Es ist vielleicht angebracht zu betonen, daß alle in diesem Kapitel vorgestellten Gedanken die Gedanken der meisten der heutigen Astrophysiker wiedergeben. Im Lauf der letzten zwanzig Jahre haben die auf diesem Gebiet arbeitenden Theoretiker manchmal die Illusion raschen Fortschritts gehabt. Was wir dagegen wirklich erlebten, war ein recht langsames Vorwärtskommen, ein Zickzackweg, wenn Moden kamen und gingen (was aussieht wie ein Schneckengang: zwei Schritte vorwärts und ein Schritt zurück). Aber der Gedanke, daß Quasare von supermassiven Schwarzen Löchern mit kosmologischen Rotverschiebungen angetrieben werden, und selbst die Vorstellung, daß ein Schwarzes Loch von einer Million Sonnenmassen im Mittelpunkt des Milchstraßensystems liegt und Sterne ausspuckt, die Geschwindigkeiten von Tausenden von Kilometern pro Sekunde haben, ist uns jetzt vertraut. Wenn Quasare etwa um 1973 herum entdeckt worden wären, *nach* der Entdeckung von Pulsaren und kompakten Röntgenquellen in unserer Galaxis und nach den daraus resultierenden theoretischen Entwicklungen, dann hätte sich sicherlich sehr bald Übereinstimmung in bezug auf Modelle mit massereichen Schwarzen Löchern eingestellt. Es brauchte einfach deshalb so lange, dieses Modell als beste Möglichkeit zu erkennen, weil bis etwa 1960 ein Vierteljahrhundert lang kaum über Schwarze Löcher gearbeitet worden war und niemand erwartet hatte, in den Weiten des Weltalls große Schwarze Löcher vorzufinden. Bis dann Weltmodelle mit Schwarzen Löchern ausgefeilt waren, hatten verschiedene andere Spekulationen Zeit, Wurzeln zu schlagen und zu wachsen. Es brauchte entsprechend lange, bis Modelle mit Schwarzem Loch sie ein- und sogar überholen konnten.

Aber Enttäuschung darüber, daß große Schwarze Löcher jetzt in der Physik zur Routine gehören, weit entfernt von den Grenzen der Forschung, wo noch Spekulationen vorherrschen, erscheint unangebracht. Wenn Sie Lust auf wilde Spekulationen haben, brauchen Sie nicht weiter als bis zum nächsten Kapitel zu suchen.

7. Kosmische Strings

Liebhaber der deutschen Sprache wundern sich vermutlich, warum neue Bezeichnungen wie Quasar und Quark immer auf ihren Ursprung im Englischen zurückgeführt werden. Sie bedauern womöglich, daß die Wissenschaftler oft auch übersetzbare englische Ausdrücke »einfach so« beibehalten. Außer »Strangeness«, »Flavor« und »Color«, womit Eigenschaften der Quarks beschrieben werden, ist eines der Musterbeispiele »String«, ein Wort, das mit »Faden« oder »Saite« gut zu übersetzen wäre. Der Begriff, den es bezeichnet, ist jedoch als »String« in die Wissenschaftssprache eingegangen. Genaugenommen heißen gleich zwei der wichtigsten Elemente der modernen Physik, die ihrer Größe nach nicht verschiedener sein könnten, so. Für einen Teilchenphysiker ersetzen »Strings« die alte Vorstellung vom Elementarteilchen. Statt sich diese Teilchen als mathematische Punkte mit Massenenergie vorzustellen, als winzige Billardbälle, lernen Theoretiker, sie als winzige Linien oder Schleifen eindimensionaler Strings zu beschreiben, viel kleiner als Protonen und Neutronen. Für einen Kosmologen andererseits kann ein »String« buchstäblich das ganze Weltall durchziehen, obwohl selbst diese Art von String viel dünner ist als ein einzelnes Atom.

Die beiden Begriffe sind miteinander insofern verwandt, als beide der Hochenergiephysik und der Suche nach einer vereinheitlichten Theorie aller Teilchen und Naturkräfte entstammen. Aber sie sollten nicht miteinander verwechselt werden. Deshalb versehen Physiker gewöhnlich jede Stringart mit einem Zusatz und nennen jene, die das Weltall durchziehen, kosmische Strings und die, aus denen Teilchen bestehen, Superstrings. Die kosmischen Strings sind für die Frage wichtig, wie sich Galaxien überhaupt bilden konnten und warum sie in Flächen und Girlanden* um den Rand leerer Blasen im Universum angeordnet sind. Der Ansatz der vereinheitlichten Theorie, der zu den Superstrings

* Solche Girlanden oder Filamente werden gelegentlich auch *Strings* von Galaxien genannt. Diese dritte Bedeutung eines so prosaischen Worts ist zuviel des Guten, und wir bleiben bei *Girlanden*, um das Auftreten langer Galaxienketten am Himmel zu beschreiben.

führte, hat uns auch etwas über das Wesen der dunklen Materie zu sagen, die das sichtbare Weltall allein durch ihre Schwerkraft beeinflussen könnte.

Eine allumfassende Theorie?

Die neue Theorie der Superstrings erwuchs aus der Suche mathematischer Physiker nach einer einzigen Theorie, einem Gleichungssystem, das alle Kräfte und Teilchen beschreiben könnte. Ihre Begriffe sind noch vorläufig, aber Theoretiker glauben nicht mehr, daß die Suche hoffnungslos verfrüht sei – es sind nicht mehr ausschließlich Sonderlinge, die die ganze Grundlagenphysik auf einen Schlag zu »lösen« hoffen. Eine solch allumfassende Theorie muß sowohl über die Quantenphysik (die in Form der Quantenchromodynamik, QCD, viel von der Teilchenwelt erfolgreich erklärt) als auch über die Allgemeine Relativitätstheorie hinausgehen, die sich mit dem Universum im Großen und der Schwerkraft beschäftigt, der Kraft, die sich am schwierigsten in einer vereinheitlichten Theorie erfassen läßt. Aber da sich beide Theorien innerhalb weiter Grenzen großartig bewähren, muß eine gute allumfassende Theorie sie beide enthalten.

So weit, so gut. Welche Probleme müssen gelöst werden? Eine interessante Sache – nicht wirklich ein Problem – ist eine Art Henne-und-Ei-Frage zur Allgemeinen Relativitätstheorie. Wenn man wie Einstein von einer Beschreibung der gekrümmten Raumzeit ausgeht, erfordert die Theorie die Existenz von Gravitationswellen, also ein Kräuseln der Raumzeit, und das zugehörige Graviton, ein masseloses Teilchen mit Spin 2. Wer will, kann statt dessen von einer Theorie ausgehen, die ein Graviton voraussetzt mit Masse Null und Spin 2. Man erhält dann die übliche Allgemeine Relativitätstheorie mit ihrer gekrümmten Raumzeit. Bis vor kurzem gab es keinen Grund, einer der beiden Sichtweisen eine bessere Einsicht in das Wesen des Weltalls zuzuschreiben. Aber das könnte sich ändern.

Das große Problem aller Teilchentheorien vor der Stringtheorie ist, daß sie zu Unendlichkeiten führen, wenn die Schwerkraft hinzukommt. Nun sind einige dieser Unendlichkeiten zwar störend, aber es läßt sich mit ihnen leben. Die QCD zum Beispiel ist mit Unendlichkeiten geradezu gespickt; sie werden mit einem Trick, der sogenannten Renormierung unter den Teppich gekehrt und ignoriert. Die Renormierung ist im wesentlichen nichts als eine mathematische List. Aber sie führt zu einem Gleichungssystem, das sich unter geeigneten Umständen zur Beschreibung des Verhaltens von Teilchen nutzen läßt. Wenn die Schwerkraft dazukommt, können die Unendlichkeiten *nicht* renormiert und also auch nicht ignoriert werden. Sie lauern in den Gleichungen und machen die Arbeit mit ihnen unmöglich.

All das passiert, wenn Teilchen als mathematische Punkte angesehen werden, als die einfachsten möglichen Größen. Deshalb entschlossen sich einige Physiker, einmal nachzusehen, was passieren würde, wenn sie die Teilchen nicht als punktförmig, sondern als fadenförmig, als kleine eindimensionale Linien oder Strings voraussetzen würden. Es stellt sich heraus, daß sich dann das Problem mit den Unendlichkeiten nicht ergibt. Darüber hinaus muß die Schwerkraft in die Theorie gar nicht eingeführt werden, weil sie schon da ist – die Schwerkraft und insbesondere ein Graviton mit Ruhemasse Null und Spin 2 sind Teil jeder brauchbaren Stringtheorie der Teilchenwelt.

Warum *Super*strings? Das »Super« hat sich aus einer anderen Teilchentheorie, der Supersymmetrie, herübergeschlichen. Diese Theorie besagt, daß jede Teilchenart, die zu einer Kraft gehört (wie das Graviton), einen Partner (in diesem Fall das Gravitino) haben muß, der zur Welt der Materie gehört, während jedes Teilchen, das wir uns als Materie vorstellen (zum Beispiel ein Elektron), einen Partner hat, der zu den Kräften gehört (das Selektron). Supersymmetrie und Stringtheorie zusammen ergeben die Superstringtheorie, die bis heute die besten Aussichten hat, eine allumfassende Theorie zu werden, und eine, die ein besonders erfreuliches Bild ergibt.

In der Stringtheorie werden Teilchen durch kleine Schleifen dargestellt (wir meinen wirklich klein – ihr Durchmesser beträgt etwa 10^{-33} cm), die im Raum Tunnel bahnen. Wenn zwei Stringschleifen zusammentreffen und verschmelzen, läßt sich ihr Verhalten graphisch durch eine Struktur darstellen, die eine verblüf-

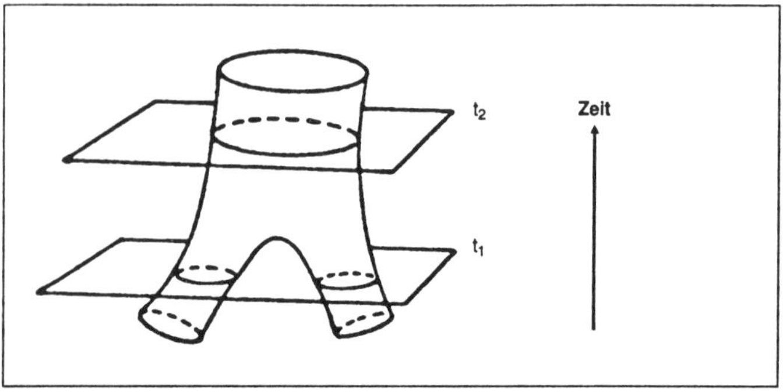

Abb. 29: Das »Hosen«-Raumzeit-Diagramm von zwei Superstrings, die zur Zeit t_1 getrennt, aber zur Zeit t_2 verschmolzen sind.

fende Ähnlichkeit mit einer Hose hat. Raumzeithosen, so scheint es, könnten die letztgültige Beschreibung der Teilchenwelt darstellen.

Aber das wichtigste Merkmal der Suche nach einer neuen allumfassenden Theorie bleibt das, was John Schwarz vom Cal Tech (einer der Gründer der Superstringtheorie) eine »tiefe Wahrheit« genannt hat – daß jede in sich stimmige Variation über das Stringthema ein und nur ein Graviton hat, ein masseloses Teilchen mit Spin 2, das unweigerlich zu der raumzeitlichen Krümmungsstruktur der Allgemeinen Relativitätstheorie führt und dadurch folglich auch zur Newtonschen Gravitationstheorie, wenn die Schwerefelder schwach sind. Das ist eine Übereinstimmung, die einfach nicht ignoriert werden kann. Ein Fortschritt zur endgültigen physikalischen Theorie kann, so scheint es, nur gemacht werden, wenn wir weiter den Weg gehen, den Einstein und Newton selbst beschritten.

Der Weg ist freilich noch lang. Obwohl Superstringtheorien im wesentlichen in bezug auf die Eigenschaften der Strings übereinstimmen – sie alle schreiben ihnen eine Länge von etwa 10^{-35} m und eine innere Spannung zu, die Energie im Äquivalent von 10^{-38} Protonenmassen speichert, Zahlen, die mit den in Abbildung 11 (S. 74) erwähnten Planckmassen und Plancklängen in Beziehung stehen –, so gibt es doch viele verschiedene Fassungen der Theorie. Einige der erfolgreichsten setzen eine zehndimensionale Welt voraus, wodurch sich das Problem stellt, warum unsere Welt anscheinend nur vier Dimensionen hat, drei räumliche und eine zeitliche. Das Problem ist nicht unüberwindbar – Mathematiker kennen einen Trick, die sogenannte *Kompaktifizierung*, die es ermöglicht, die überflüssigen Dimensionen (in diesem Fall sechs) so klein zusammenzurollen, daß sie nicht beobachtet werden müssen. Eine um eine Linie herumgewickelte Fläche, wie zum Beispiel ein Leitungsrohr mit seiner Isolierung, erscheint uns aus der Ferne ja auch als eindimensionale Linie. Jeder Punkt unseres gewöhnlichen Raums ist zu jedem Zeitpunkt eigentlich eine winzige, aber kompliziert aufgewickelte sechsdimensionale Welt. Die miteinander in Beziehung stehenden Strukturen und Resonanzen in diesen zusätzlichen Dimensionen bestimmen das Verhalten der Superstrings und dadurch auch, welches Teilchen an welchem Punkt des gewöhnlichen Raums existiert und wie die einzelnen Teilchen miteinander wechselwirken.

Es gibt verschiedene Versionen der zehndimensionalen Superstringtheorie und verschiedene Möglichkeiten der Kompaktifizierung. Es gibt auch Fassungen der Stringtheorie, die von vier Dimensionen ausgehen. Superstringtheorien sind mathematisch gesehen nicht besonders elegant (sie stellen keine so geschlossene Theorie dar wie zum Beispiel die Allgemeine Relativitätstheorie), was als Zeichen dafür angesehen wird, daß die »richtige« mathematische Beschreibung noch nicht gefunden wurde. Sie basieren auch nicht auf einer tiefen Wahrheit, wie den geometrischen Prinzipien, auf denen die Allgemeine Relativitätstheorie beruht. Schwarz selbst meint, es sei unrealistisch, zu bald zu viel zu erwarten. Die Superstringtheorie hat den Vorzug, daß es für sie das Problem der Unendlichkeiten nicht gibt, und wie sie die Schwerkraft in die Vereinheitlichte Theorie einbindet, ist großartig und ermutigend. Es braucht wahrscheinlich noch Jahrzehnte harter Arbeit, bevor wir verstehen, um was es bei der Superstringtheorie eigentlich geht. (Anders als die meisten physikalischen Theorien, die eine schon entwickelte »mathematische Sprache« benutzten, stellt die Superstringtheorie die reinen Mathematiker vor neue Aufgaben.)

Physiker erhoffen sich eine eindeutige Fassung der Superstringtheorie, aus der zwangsläufig Teilchenfamilien folgen, die sich mit den bekannten Quarks und Leptonen identifizieren lassen. Das mag noch Jahrzehnte dauern, falls es je soweit kommt, aber mehrere bescheidene Erfolge sprechen dafür, daß die Suche vielleicht nicht völlig hoffnungslos ist. So arbeiteten zum Beispiel Dimitri Nanopoulos von der Universität von Wisconsin und Keith Olive von der Universität von Minnesota an einer bestimmten Klasse von Superstringmodellen und fanden, daß einige der einfachsten Fassungen der Theorie ganz natürlich einige Neutrinomassen vorhersagen. Danach sollte das Elektron-Neutrino eine Masse von etwa drei Millionstel Elektronenvolt haben, das μ-Neutrino eine Masse von 0,01 eV und das τ-Neutrino 30 eV. Eine solche Massenkombination könnte die dunkle Materie im Weltall ausgezeichnet erklären.

Wir wollen uns hier nicht in die Einzelheiten der Superstringtheorie verwickeln. Aber wir können das Thema auch nicht verlassen, ohne eine Deutung der Gleichungen zu erwähnen, die um 1985 herum Schlagzeilen machte – die Idee der »Schattenmaterie«.

Zerbrechen ist gar nicht so schwer

Der Symmetriebegriff ist der Schlüssel zum modernen Verständnis von Teilchen und Kräften. Bei sehr hohen Energien gibt es zum Beispiel keinen Unterschied zwischen dem Elektromagnetismus und der schwachen Kraft; sie werden dann als eine einzige Kraft, die »elektroschwache« Kraft, beschrieben. Das läßt sich am einfachsten durch die Massen der Teilchen erklären, die die Kräfte tragen. Der Elektromagnetismus wird von Photonen übermittelt, die die Masse Null haben. Die Reichweite des Photons ist im Prinzip unendlich – der entfernteste Quasar, mit einer Rotverschiebung von über 4,5, kann selbst auf der Erde elektromagnetisch wirken (was ja passiert, wenn ein Photon eines Quasars auf die fotografische Platte eines irdischen Teleskops fällt). In der Praxis sind die elektromagnetischen Kräfte über so große

Entfernungen hinweg nicht wichtig, weil die positiven und negativen elektrischen Ladungen sich ausgleichen.

Im Vergleich damit haben die Teilchen, die die schwache Kraft übermitteln, nur knapp das Hundertfache der Protonenmasse. Damit ein Teilchen ein anderes durch die schwache Kraft beeinflußt, müssen diese (als Bosonen bekannten) Kräfteträger erschaffen werden. Ein Teilchen mit weniger als Protonenmasse kann offensichtlich ein solches massereiches Boson nicht aus seiner eigenen Substanz »machen«. Das Boson muß aus dem Vakuum auftauchen, wie es die Unschärferelation der Quantentheorie zuläßt, zu einem Nachbarteilchen gelangen und, nachdem es sich bemerkbar gemacht hat, wieder vom Vakuum absorbiert werden. Weil diese virtuellen Teilchen so massereich sind, existieren sie nur sehr kurze Zeit, und ihre Reichweite ist auf die Entfernung beschränkt, die sie in dieser Zeit zurücklegen können – grob gesagt, auf den Durchmesser des Atomkerns.

Die elektromagnetische und die schwache Kraft werden ununterscheidbar, wenn so viel Energie vorhanden ist, daß diese Bosonen im Überfluß existieren können, genauso wie masselose Photonen heute im Überfluß von Sternen (oder sogar durch den bescheidenen elektrischen Strom, der in einer brennenden Taschenlampe fließt) erzeugt werden können. Wäre die Temperatur des Universums hoch genug, wären schwache Bosonen nicht nur virtuelle, sondern reale Teilchen. Dafür geeignete Bedingungen herrschten im Urknall vor. Als die Temperatur auf den Punkt fiel, an dem schwache Bosonen nicht mehr als reale Teilchen existieren konnten, zerbrach die Symmetrie zwischen den schwachen und den elektromagnetischen Kräften.

Die Symmetriebrechung ist nicht nur deswegen wichtig, weil sie erklärt, wie sich die Komplexität des kalten Universums, in dem wir leben, aus der Einfachheit des heißen Urknalls entwikkelte, sondern weil die mit einigen Formen der Symmetriebrechung einhergehenden Veränderungen die Energie geliefert haben könnten, die nötig ist, das Weltall durch eine kurzlebige Periode der exponentiellen Expansion, die inflationäre Ära, zu schicken, die die Runzeln der Raumzeit glättete und das Weltall so flach machte. Die Symmetriebrechung hat jedoch eine Bedeutung, die weit über den Unterschied zwischen elektromagnetischen und schwachen Kräften und selbst über die Macht der Inflation hinausgeht. Die tiefste aller bisher besprochenen Symmetrien ist die Supersymmetrie, die vermutete Symmetrie zwischen Teilchen und Kräften, die sehr bald nach dem Augenblick der Schöpfung gebrochen wurde. Aber einige der verheißungsvollsten Fassungen der Superstringtheorie enthalten genau doppelt soviel Symmetrie. In der Superstringtheorie ist »Raum« für eine weitere Schicht der Symmetrie, in der die *gesamte* Welt der uns bekannten Teilchen und Kräfte selbst wieder durch eine andere gleich komplexe Welt von Teilchen und Kräften im Gleichgewicht gehalten wird, von der wir nichts wissen. Nach diesen Theorien wäre das die endgültige Symmetrie, die sich zu der Zeit einstellte, als sich nur 10^{-43} s nach dem Augenblick der Schöpfung die Schwerkraft von den anderen Naturkräften schied.

Gibt es eine Schattenwelt?

Als das Weltall sehr jung und sehr heiß war, herrschte nach dieser Vorstellung eine vollkommene Symmetrie, und alle Kräfte und Teilchen waren ununterscheidbar. Dann trennte sich die Schwerkraft von den anderen Kräften, und die Symmetrie zerbrach in zwei kleinere, anfangs identische Symmetrien. *Eine* der kleineren Symmetrien zerbrach in der Folge noch mehrmals und führte zu der Vielfalt von Kräften und Teilchen, die wir kennen. Was passierte mit der anderen?

Mit ihr *könnte* fast alles geschehen sein. Während sie ebenfalls weiter zerbrach, könnte sie viele Teilchen und Kräfte erzeugt haben, möglicherweise die gleichen wie in »unserer« Welt, wahrscheinlich aber andere. Das Wichtigste an jener anderen Symmetrie – der anderen Welt – ist jedoch, daß die Schwerkraft als einzige Kraft – als einziges überhaupt – den beiden Welten zugehört, weil sie sich ja spalteten, als es die Schwerkraft schon gab. Wir könnten die andere Welt vielleicht aufgrund ihrer Gravitationswirkung auf die Materie unserer Welt wahrnehmen, aber wir könnten nie irgendwie sonst mit ihr in Verbindung treten.

Wie könnte diese Welt anders heißen als »Schattenwelt«, und

wie ihr Inhalt anders als »Schattenmaterie«? Vielleicht leben wir auf dem Grund eines Meeres von Schattenmaterie oder wandern mitten durch einen Schattenberg hindurch und wissen es nicht. Die Wissenschaft ist, so scheint es, kopfüber in die Welt der Science-fiction geraten.

Schattenmaterie könnte offensichtlich die dunkle Materie des Universums ausmachen – eine zweite Welt, die unsere durchdringt und sich mit ihr ausdehnt, mittels der Schwerkraft auf sie wirkt, aber sonst unentdeckt und unentdeckbar bleibt. Wenn die Schattenwelt unsere eigene genau widerspiegelte, vielleicht sogar dieselben Massenmengen an Schattenquarks und Schattenleptonen (und sogar ihre eigene Schattenmaterie, vielleicht in Form von Schattenaxionen) bildete, dann könnte es in unserer eigenen Galaxis Schattensterne und -planeten geben. Sie können jedoch versichert sein (oder auch enttäuscht, je nachdem, wie sehr Sie Science-fiction lieben), daß Sie nicht im Innern eines Schattenberges leben. Obwohl die beiden Materieformen einander durchdringen und einen Planeten (oder einen Doppelplaneten) bilden könnten, zeigen Berechnungen der Erdmasse und Vergleiche mit den Bahnbewegungen von Satelliten, daß es im Innern unseres Planeten weniger als 10% und vermutlich gar keine Schattenmaterie gibt. Die Aussicht, innerhalb der Sonne auf Schattenmaterie zu treffen, ist noch geringer – denn wenn diese Art dunkler Materie in den Kern sinken und eine Gravitationswirkung auf die inneren Bereiche des Sterns ausüben würde, ohne ihn sonst zu beeinflussen, müßte sich die Sonnenmitte erhitzen, und das würde sich bei Untersuchungen der Sonnenneutrinos zeigen (die, wie Sie sich erinnern werden, vielmehr belegen, daß die Sonnenmitte 10% *kühler* ist, als die Standardtheorie vorhersagt). Die Schattenmaterie in der Sonne kann höchstens 0,1% betragen, und die Wahrscheinlichkeit ist groß, daß es dort überhaupt keine gibt. Die entscheidenden Indizien gegen diese Art Schattenmaterie stammen aus Berechnungen darüber, wie beim Urknall Helium erzeugt wurde – Schattenmaterie hätte das Weltall während der Ära der Heliumerzeugung zu schnell expandieren lassen. Beim Urknall wäre dann mehr Helium übriggeblieben, als wir heute in alten Sternen finden.

Sehr wahrscheinlich gehört die Vorstellung einer Schattenwelt als Spiegelbild unserer eigenen in den Bereich der Science-fiction. Aber wenn Ihnen solche Spekulationen Spaß machen, brauchen Sie nicht zu verzweifeln. Warum sollte die Schattenwelt schließlich genau dieselbe Symmetriebrechung erlebt haben wie unsere eigene Welt? Vielleicht enthält sie andere Teilchen und Kräfte, so daß andere physikalische Gesetze gelten. Eine passende Wahl der Regeln kann das Problem der Heliumerzeugung im Urknall umgehen und den Spekulanten die Bahn freimachen. Zum Beispiel könnte alle Materie der Schattenwelt in masselose Teilchen zerfallen, oder es könnte ein vollkommenes Gleichgewicht zwischen Schattenmaterie und Schattenantimaterie bestehen, so daß alle Materie in der Schattenwelt in Strahlung aufgeht. Oder es könnte eine oder mehr Arten von Schattenteilchen geben, die zusammen genau die richtige Masse haben, um die Flachheit der Welt (oder der Welten) zu garantieren. Sie könnten gleichmäßig im Raum verteilt sein und sich nie zu Sternen und Galaxien zusammenklumpen. Wenn Ihnen das zu langweilig scheint, stellen Sie sich eine Schattenwelt vor, in der die physikalischen Regeln so sind, daß die Sterne nicht größer sind als ein Haus auf der Erde; ein Schattenstern könnte dann auf Hintertupfing fallen, und die Bewohner würden nichts davon wissen.

Wir sind, wie Sie bemerkt haben mögen, von der Schattenmaterie nicht besonders begeistert. Es bleibt zuviel Raum für Spekulationen und zu wenig Aussicht auf eine Überprüfung durch Experiment oder Beobachtung – und abgesehen davon wird sie nicht benötigt. Wir wissen, daß bekannte Teilchen (Neutrinos) oder die von unseren besten Theorien postulierten Teilchen (Axionen, Minilöcher) sehr wohl die gesamte dunkle Materie ausmachen und sogar die für ein flaches Weltall kritische Dichte liefern können, ohne daß Schattenmaterie nötig ist. Schattenmaterie ist, von der Gravitation her gesehen, einfach zuviel des Guten. Aber – das liegt in ihrer Natur – wir können nie beweisen, daß sie nicht existiert. Kalte dunkle Materieteilchen könnten im Labor oder durch ihren Einfluß auf Sonne und Sterne entdeckt und ihre Eigenschaften untersucht werden; die Schattenmaterie jedoch läßt sich nicht fassen.* Kosmische Strings dagegen

* Es sei denn, Sie haben das Glück, ein Miniloch zu finden. Dann erzeugt, wie Andrei Sakharow vom P. N. Lebedew-Institut in Moskau gezeigt hat, die von Hawking be-

schreien geradezu danach, entdeckt zu werden. Sie können fast mit Sicherheit nicht all die dunkle Materie liefern, die wir brauchen. Aber sie können vielleicht erklären, wie die helle Materie so verteilt wurde, wie wir es heute sehen.

Kosmische Strings und weltliche Dinge

Die zwei wichtigsten Fragen in bezug auf Galaxien sind, wie einzelne Galaxien entstehen und wie und warum sie Girlanden und Flächen bilden. Die Theorie der kosmischen Strings bietet eine Möglichkeit, beide Fragen auf einmal zu beantworten. Unsere gegenwärtigen Theorien der Galaxienbildung nehmen an, daß das Weltall früher viel glatter war, als wir es heute sehen, und daß die Klumpenstruktur der Galaxien sich aus »Samen«, kleinen Unregelmäßigkeiten am Anfang, entwickelte. Im großen und ganzen ignorieren Kosmologen die Unregelmäßigkeiten (außer wenn sie Galaxien als Probekörper benutzen, um die Ausdehnung des Weltalls zu messen) und beschäftigen sich nur mit den Gleichungen, die ein sich gleichmäßig ausdehnendes Weltall beschreiben. Aber genau diese Gleichungen weisen jetzt einen Weg, die erforderlichen Samen natürlich aus dem Vakuum der Raumzeit heraus zu erzeugen. Auch die zum Beispiel für die Inflationstheorien und das moderne Verständnis der Teilchenwelt so wichtige Symmetriebrechung weist auf drei verschiedene, aber verwandte Arten von Defekten im Vakuum selbst hin.

Für einen heutigen Physiker ist das Vakuum weit davon entfernt, das »Nichts« zu sein, das der Laie darunter versteht. Das Vakuum, aus dem unser Weltall vielleicht durch eine Vakuumfluktuation geboren wurde, enthielt eine riesige Energiemenge und ein hohes Maß an Symmetrie, so daß es keine Unterscheidung zwischen den Fundamentalteilchen und -kräften gab. Die Symmetriebrechung, die jene Teilchen und Kräfte trennte, war verknüpft mit einer Reihe von Veränderungen, sogenannten

schriebene Verdampfung des Lochs sowohl Materie *als auch* Antimaterie. Das Loch strahlt dann schneller und seine Temperatur steigt rascher, als Hawkings Theorie vorhersagt. Aber finden Sie erst einmal das Schwarze Loch.

Phasenübergängen, in denen das Vakuum seine Energie abgab (und damit zur Ausdehnung der Welt beitrug). Das ist etwa so, wie flüssiges Wasser zu Eis wird. Im Vergleich mit Eis enthält flüssiges Wasser viel Energie. Wenn Wasser friert, wird diese Energie als latente Wärme freigesetzt, und das gefrorene Wasser (Eis) ist weniger symmetrisch, weil ein Kristallgitter von Molekülen aus Eis (Wasser) nicht aus allen Richtungen gleich aussieht. Die Moleküle in dem Gitter ordnen sich zu Mustern an, die wir in der Schönheit einer Schneeflocke wahrnehmen. Eine Schneeflocke ist sicher nicht in allen Richtungen gleich.

Das Eis enthält Strukturen, die in flüssigem Wasser niemals zu sehen sind – die Grenzen zwischen verschiedenen kristallinen Bereichen, die das Eis in kleinere Gebiete teilen (zum Beispiel die Grenzlinie zwischen einem Zweig einer Schneeflocke und dem Eis in der Mitte, aus dem der Zweig heraus»wächst«). Innerhalb eines jeden Bereichs kann das Eis relativ glatt sein, wenn die Wassermoleküle alle in dieselbe Richtung weisen. Aber die Orientierung der Moleküle in einem Bereich der Kristalle (einem Zweig der Schneeflocke) ist anders als die Orientierung der Moleküle in dem Bereich daneben.

Grenzen (»Domänenwände«) zwischen verschiedenen Bereichen eines Kristalls (es muß nicht Eis sein; jeder kristalline Festkörper ist ein gutes Beispiel) ziehen sich gewöhnlich wie Mauern um die Gebiete herum. Aber wenn eine Flüssigkeit kristallisiert, können sich auch andere sogenannte Defekte bilden. Einige sind Punktdefekte, wobei die Moleküle so angeordnet sind, daß sie von einem einzigen Punkt nach außen zu strahlen scheinen, und andere sind eindimensionale Linien. Alle drei Arten von Defekten können im Prinzip im Vakuum der Raumzeit ein Ergebnis von Phasenübergängen und Symmetriebrüchen aus der Zeit sein, als das Universum jung war.

Zweidimensionale Domänenwände, bei Eiskristallen das offensichtlichste Zeichen für diese Symmetriebrechung, werden im Weltall nicht beobachtet. Eine einzige Domänenwand, die sich durch das sichtbare Universum erstreckte, würde viel mehr Masse (gespeicherte Vakuumenergie aus der Zeit vor dem Phasenübergang) enthalten, als all die uns bekannte Materie einschließlich der dunklen, und ihre Schwerkraft müßte die Bewegung der Galaxien beeinflussen. Es *könnte* Domänenwände geben, die weiter entfernt sind, als wir sehen können. Aber durch die Ausdehnung des Weltalls würden sie sich noch weiter entfernen.

Im anderen Extrem erweisen sich diejenigen eindimensionalen Defekte, die Raumpunkte darstellen, als magnetische Monopole. Physiker waren zuerst ganz begeistert von der Entdeckung, daß Symmetriebrechung im frühen Universum ein Mittel zur Herstellung von Monopolen sein könnte, später jedoch eher entsetzt, als sie fanden, daß diese Theorien forderten, das Weltall müsse von noch nicht entdeckten Monopolen überschwemmt sein. Wie wir erwähnten, bietet die Inflation einen natürlichen Weg zur Lösung dieses Problems. Wie es auch gelöst wird – weder Monopole noch Domänenwände wurden je beobachtet.

Damit bleibt die Zwischenform der Defekte, eindimensionale Linien, oder kosmische Strings, die das Weltall durchziehen. Auch ein kosmischer String wurde bis jetzt von niemandem beobachtet – aber die Galaxiengirlanden könnten einen Indizienbeweis für ihre Existenz liefern.

Dem Vakuum auf der Spur

Was genau sind kosmische Strings? Der Begriff entstammt der Arbeit (aus den siebziger Jahren) von Tom Kibble an der Universität London. Er wurde wenige Jahre später von Yakov Zel'dowitsch in Moskau und Alex Vilenkin an der Tufts Universität in den USA aufgenommen, die beide erkannten, welche Bedeutung ihm für die Kosmologie zukommen könnte. Sie zeigten, daß während der Symmetriebrechung 10^{-35} Sekunden nach dem Augenblick der Schöpfung ein Teil des ursprünglichen Vakuumzustands des Weltalls in linearen Defekten im Raum festgehalten worden sein könnte. Am besten stellt man sich ein Stück eines kosmischen Strings als ein Stück Vakuum aus jener Zeit vor, »eingefroren« und innerhalb einer Röhre gefangen, deren Durchmesser das 10^{-14}fache eines Atomkerns beträgt. Weil ein String ein energetisches Vakuum aus der Zeit der Entstehung des

Weltalls ist, enthält er sehr viel Masse (in diesem Zusammenhang sind Energie und Masse schließlich dasselbe). Die wirkliche Masse hängt vom genauen Zeitpunkt (und der Energie) der Symmetriebrechung ab, aber eine gute Schätzung besagt, daß jeder Zentimeter eines kosmischen Strings 10 Billionen Tonnen Massenenergie hat. Ein meterlanges Stück String könnte so viel wiegen wie die Erde. Sie sehen sofort, warum der Gedanke des kosmischen Strings den Theoretikern gefiel, die zu erklären versuchten, woher die Samen kommen, aus denen die Galaxien wachsen. Eine Schleife eines kosmischen Strings mit einem Durchmesser von einigen hundert Lichtjahren könnte in der Tat dabei helfen, im expandierenden Universum einen Gasklumpen so lange zusammenzuhalten, bis sich eine Galaxie geformt hat. Aber es gibt Komplikationen.

Zunächst einmal müssen Strings endlos sein. (Das leuchtet ein, denn wenn es Enden gäbe, könnte die Vakuumenergie aus dem Inneren herauströpfeln; es folgt auch aus der Mathematik, die die Strings beschreibt.) Ein String muß sich also entweder durch das ganze Weltall erstrecken (nicht nur über den kleinen uns sichtbaren Teil) oder eine in sich geschlossene Schleife oder Schlinge bilden, wie ein Gummiband. Ein kosmischer String ähnelt in noch einer Hinsicht einem (gedehnten) Gummiband – er hat Spannung. Die Spannung ist wie die Masse des Strings in großem Maßstab zu denken; sie versetzt eine Stringschlinge in sehr schnelle Schwingungen. Diese Schwingungen erfolgen so schnell wie nur möglich, fast mit Lichtgeschwindigkeit, so daß eine Stringschleife mit einem Lichtjahr Umfang etwa einmal im Jahr schwingt. Große Mengen von Massenenergie, die so rasch vibrieren, müssen entsprechend der Allgemeinen Relativitätstheorie Energie in Form von Gravitationswellen abstrahlen (darüber mehr in Kapitel 8). Wie ein Schwarzes Loch durch den Hawking-Prozeß seine Masse verdampft, so, aber viel, viel schneller, verliert eine vibrierende kosmische Stringschleife Energie, bis sie schließlich bis auf nichts zusammenschrumpelt. Damit ist den Massen, die heute noch in der Form kosmischer Strings vorliegen können, eine feste obere Grenze gesetzt. Solche Stringschleifen mögen wichtig gewesen sein, als das Weltall jung war und sich Galaxien bildeten, aber sie können nur einen kleinen Teil der dunklen Materie bilden, die nötig ist, das Weltall heute flach zu machen. Wenn Galaxien sich wirklich um Stringschleifen herum gebildet hätten, sind die Galaxien, die wir heute sehen, vielleicht nicht mehr als das Grinsen auf dem Gesicht der verschwindenden Katze aus Alice im Wunderland, die anzeigen, wo der Kater (der String) früher einmal war.

Dies ist besonders wichtig, weil lange Stringstücke, die sich durch das Weltall erstrecken, nicht gerade sind. Sie bilden vielmehr ein wirres Durcheinander, in dem sich ein String mit anderen kreuzt und verflechtet oder sich verdoppelt und mit sich selbst kreuzt. Wellenberge laufen fast mit Lichtgeschwindigkeit auf diesen Strings hin und her. Wo sich Strings kreuzen, brechen sie und verbinden sich aufs neue, so daß Stringschleifen sich abtrennen und der ursprüngliche String wieder gerade wird. Weil die Schleifen dabei Energie abstrahlen, kann ein String niemals ein beherrschender Baustein der Welt sein. Aber das führt uns zu einem anderen sehr interessanten Phänomen.

Wie sich das Weltall ausdehnt, läßt sich durch die »Hubblelänge« beschreiben, einem Maß für die Größe des Weltalls, das etwa der Entfernung entspricht, die das Licht seit dem Urknall zurückgelegt hat. Da kein Signal schneller sein kann als Licht, können Objekte, die weiter als die Hubblelänge voneinander entfernt sind, nicht miteinander wechselwirken. Das gilt, wenn die Objekte Galaxien sind oder Teile eines unendlich langen kosmischen Strings. Die »Zuckungen« eines Teils eines unendlichen Strings sind etwa so groß wie die Hubblelänge, so daß die Schleifen, die sich von dem String abtrennen, immer etwa eine Hubblelänge Durchmesser haben. Das ist unabhängig von der Größe des Universums so. Jederzeit werden neue Stringschleifen abgebrochen, die jeweils ungefähr so groß sein können wie das beobachtbare Universum selbst (kleinere Schleifen sind natürlich schon abgebrochen, als das Weltall kleiner war). Jede Schleife beginnt sofort, Gravitationsstrahlung auszuschicken und Energie zu verlieren, so daß es in der Geschichte des Weltalls zu jeder Zeit viele Schleifen geben muß, deren Größe von der Hubblelänge bis zu Nichts reicht. Da neue Schleifen immer so groß sind, wie es das expandierende Weltall zuläßt, und kleine Schleifen immer verdampfen, ergibt sich, daß das Grundmuster von gro-

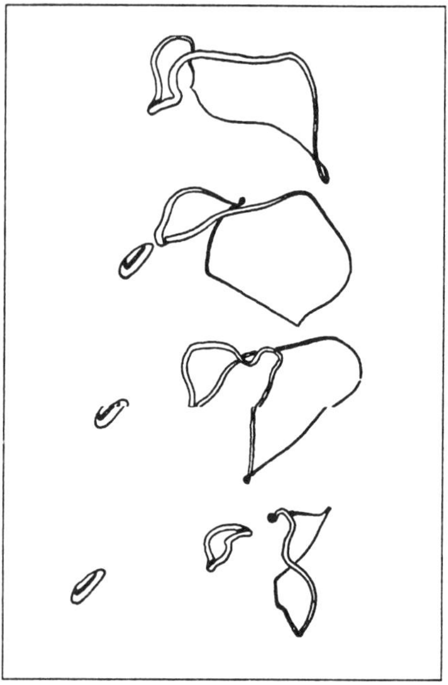

Abb. 30: Vier »Schnappschüsse«, die das im Computer simulierte Verhalten einer Stringschleife zeigen, die sich bei ihrer Schwingung kreuzt und kleine Schleifen bildet (mit freundlicher Genehmigung von W. Press und R. Scherrer).

ßen und kleinen Schleifen im Weltall trotz seiner Ausdehnung im wesentlichen immer gleich bleibt – es ist »selbst-ähnlich«. Das bedeutet, daß die Mathematiker, um zu berechnen, wie die Strings und Schleifen heute aussehen sollten, nur bestimmen müssen, wie die ersten Schleifen aussahen, als das Weltall jung war.

Grob gesagt enthielt das Weltall aus dieser Sicht in den ersten zehntausend Jahren seines Bestehens nur Strings, heiße Strahlung und gleichmäßig verteilte Materie. Als die Temperatur fiel, zogen Stringschleifen Gaswolken und dunkle Materie an und hielten sie fest. Eine Galaxie konnte sich um eine kleine Schleife herum bilden, während eine größere Schleife kleine Schleifen

(Galaxien) anzog und einen Galaxienhaufen bildete. Noch längere Strings konnten wiederum diese Haufen zu Girlanden und Ketten zusammenziehen und in der Fläche des Kielwassers neue Galaxien bilden. Auf jeder dieser Ebenen erfaßte der Einfluß der Strings auch die dunkle Materie. Die statistischen Eigenschaften der Haufen und Ketten von Schleifen kosmischer Strings, die sich so bilden sollten, ähneln der Statistik der Galaxienverteilung in Haufen und Ketten im heutigen Weltall. Wieder einmal begegnet uns ein Zufall im Weltall. Wir können nicht beweisen, daß es Strings gibt, aber die Ähnlichkeit zwischen der Art und Weise, wie Strings verteilt sein sollten und der Verteilung der Galaxien ist faszinierend – vielleicht beobachten wir darin das Grinsen auf dem Gesicht der sich auflösenden Katze. Die Beobachter bestärken die Theoretiker darin herauszufinden, wie viele Galaxien um Stringschleifen herum wachsen können und wie sie die Wirkung von Strings auf das Weltall heute direkt beobachten können.

Die Entstehung von Galaxien

Kosmische Stringschleifen sind für jene Astrophysiker eine Gottesgabe, die versuchen, die dunkle Materie vor allem mit Hilfe von Neutrinos zu erklären. Das Problem mit den Neutrinos ist, daß sie »heiße« Teilchen sind, die sich sehr schnell bewegen. In den ersten Entwicklungsstadien der Welt nach dem Urknall muß sich solche dunkle Materie beim Durchfließen von baryonischem Gas homogenisiert und das Wachstum baryonischer Fluktuationen behindert haben. In einem solchen Weltall können sich wohl Galaxien bilden, aber erst, nachdem die heiße dunkle Materie dünn verteilt ist und begonnen hat, sich abzukühlen – und das macht es uns schwer zu erklären, wie sich seit dem Urknall Galaxien gebildet haben können, die so alt sind wie die in unserer Umgebung. Aber Schleifen kosmischer Strings können nicht durch schnell bewegte Teilchen auseinandergerissen worden sein. Sie konnten intakt bleiben und als Gravitationssamen dienen, nachdem sich das Weltall so weit ausgedehnt hatte, daß die heiße dunkle Materie verdünnt und ihr Einfluß geschwächt war. Dann konnte sich bald baryonische Materie um die Strings herum ansammeln und Strukturen erzeugen, die den Galaxien sehr ähnlich sind. Ähnliche Berechnungen lassen sich mit einer Kombination von Strings und *kalter* dunkler Materie anstellen. Dann muß das entgegengesetzte Problem gelöst werden. *Ohne* Strings bilden sich in einem von *heißer* dunkler Materie beherrschten Weltall die Galaxien zu spät; *mit* Strings könnten sich Galaxien in einem von *kalter* dunkler Materie beherrschten Weltall zu früh bilden.

Der Gedanke, daß massereiche Stringschleifen um sich herum mit Hilfe der Schwerkraft Materie ansammeln, ist die offensichtlichste Erklärung dafür, wie sie als Samen für Galaxien gewirkt haben. Aber es gibt andere Möglichkeiten, wie Stringschleifen bei der Galaxienbildung geholfen haben könnten, Möglichkeiten, die an einige der früheren Spekulationen über die schaumige Verteilung der hellen Materie im Universum denken lassen.

Ed Witten von der Universität Princeton meinte, Strings könnten Supraleiter sein. Alle Teilchen, die von Strings gefangengenommen wurden, verhalten sich so, als ob sie masselos wären, weil die Energie des Vakuums um sie herum so groß ist wie die in ihrer eigenen Masse gespeicherte Energie – das entspricht haargenau der Art, wie virtuelle Bosonen bei hohen Energien zu realen Teilchen werden können, die die elektromagnetischen und die schwachen Kräfte vereinigen. Masselose Teilchen bewegen sich, ohne jemals auf Widerstand zu treffen, mit Lichtgeschwindigkeit längs des Strings. Auch wenn diese Teilchen elektrisch geladen sind, fließen enorm große Ströme ungehindert um die Schleifen der kosmischen Strings. Wenn ein solcher supraleitender String oszilliert, strahlt er nicht nur in gewaltigem Ausmaß Gravitations-, sondern auch elektromagnetische Wellen aus. Ein Ausbruch elektromagnetischer Strahlung, der von der Schleife eines kosmischen Strings ausgeht, würde baryonisches Gas wegstoßen und um den String herum eine immer größer werdende Materieblase bilden. Weil die dunkle Materie jedoch nicht elektrisch geladen ist, beeinflußt die Strahlung sie nicht; sie bliebe zurück. Galaxien würden sich dort bilden, wo Blasen an den Rändern der mit dunkler Materie angefüllten

Leerräume zusammenstoßen. Uns bleibt ein buchstäblich explosives Szenario der Galaxienbildung.

Rechnungen, die Witten und seine Kollegen Jeremiah Ostriker und Christopher Thompson in Princeton angestellt haben, legen nahe, daß die Blasen eine Schwammstruktur mit Galaxien in Girlanden und Flächen um die Leerräume herum bilden, die bis zu 50 Millionen Lichtjahre Durchmesser haben, genau so, wie wir es im wirklichen Weltall sehen. In dem Fall jedoch brauchen die Stringschleifen nicht in den Zentren der Galaxien zu liegen, und die feinen Unterschiede zwischen den Galaxien, die sich vor einem Hintergrund heißer dunkler Materie bilden, und jenen, die sich vor einem Hintergrund aus kalter dunkler Materie bilden, wären unwesentlich.

Das bringt uns zu einem weiteren Zufall im Weltall. Manche Zufälle wie sie in Teil 1 dieses Buches erwähnt und in Teil 3 genauer behandelt werden – weisen, wie John Schwarz sagt, auf die Existenz tiefer Wahrheiten hin. Sie gewähren uns Einsichten in besondere Züge der physikalischen Gesetze, die so sein müssen, wie sie sind, wenn es uns geben soll und wir uns über sie Gedanken machen können. Andere Zufälle sind weniger geheimnisvoll. Die Verteilung von Galaxien am Himmel ähnelt der Art, wie kosmische Strings verteilt sein *müssen*, falls es sie gibt. Aber wir können uns andere Möglichkeiten der Galaxienverteilung vorstellen. Das *beweist* nicht, daß es Strings gibt, aber es ermutigt die Theoretiker, in diesem Sinne weiter darüber zu spekulieren. Lange Strings sollten sich wie knallende Peitschen durch das Weltall bewegen, während die Zuckungen entlang unendlicher Strings laufen. Diese bewegten Strings würden ein »Kielwasser« hinter sich herziehen, Bereiche mit größerer Dichte, in denen sich Galaxien bilden könnten. Auch das würde erklären, warum sich Galaxien in Flächen sammeln, die durch große, scheinbar leere Räume getrennt sind. Es gibt viele Möglichkeiten, wie kosmische Strings die Existenz von Galaxien im Weltall erklären könnten. Wie also finden wir Strings, wenn es sie in unserer Welt wirklich gibt?

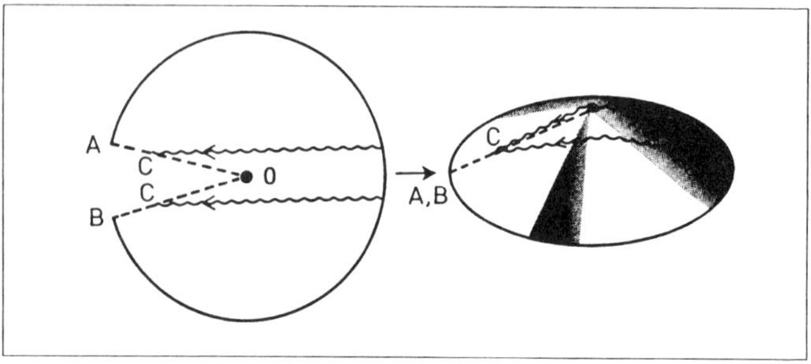

Abb. 31: Veranschaulichung des Raums um einen geraden String. Dem gewöhnlichen Raum wurde ein kleiner Keil entnommen; der Raum wird »konisch«, wenn die beiden Strecken *OA* und *OB* zusammengefügt und gleichgesetzt werden. Zwei Lichtstrahlen, die auf beiden Seiten des Strings verlaufen, treffen sich in *C*.

Die Suche nach den Strings

Wie alle massereichen Objekte wirken Strings durch ihre Schwerkraft auf die sie umgebende Raumzeit. Aus der Ferne – einer Entfernung, die viel größer ist als der Radius der Schleife – hat die Schleife eines kosmischen Strings eine Gravitationswirkung, die der einer jeden Massenkonzentration, auch der eines Schwarzen Lochs, gleicht. Aber aus der Nähe oder wenn der Radius der Schleife viel größer ist als die Entfernung zum nächsten Teil der Schleife, herrscht eine andere Art der Raumzeit-Verzerrung vor.

Strings sind nicht einfach supermassive Objekte. Sie sind Risse in der Raumzeit, Defekte in der Struktur des Vakuums. Der Raum in der Nähe eines Strings hat andere Eigenschaften als der gewöhnliche flache Raum, und der läßt sich als ein idealer unendlich langer, still im flachen Raum liegender gerader String veranschaulichen. Der String entstellt den Raum um sich herum, und der *Raum* (nicht der String) wird kegelförmig. Das läßt sich am besten begreifen, wenn wir uns einen Kreis denken, der um die Linie des Strings herum gezogen ist. Im flachen Raum gilt die euklidische Geometrie, die wir in der Schule gelernt haben; das

Verhältnis vom Umfang eines Kreises zu seinem Durchmesser ist π, also 3,14159... Wenn Sie aber um ein Stück eines kosmischen Strings einen Kreis ziehen und das Verhältnis von Umfang zu Durchmesser bestimmen, finden Sie, daß es etwas weniger als π beträgt. Oder stellen Sie sich vor, Sie reisten auf einer Kreislinie um eine Schleife eines kosmischen Strings. Im gewöhnlichen flachen Raum kommen Sie zum Ausgangspunkt zurück, wenn Sie 360° umrundet haben. Wenn Sie aber um ein Stück eines kosmischen Strings kreisten, würden Sie zum Ausgangspunkt zurückkommen, bevor Sie 360° zurückgelegt hätten. Ein kleiner Winkel scheint aus dem Raum herausgeschnitten worden zu sein. Um die Lücke zu füllen, wurden die Kanten wieder aneinandergeklebt.

Die Wirkung auf die Materie läßt sich einfach veranschaulichen. Stellen wir uns zwei Teilchen (oder Sterne) vor, die sich parallel zueinander durch den Raum bewegen. Weil sie sich wie auf den Gleisen einer Eisenbahn entlang paralleler Geraden bewegen, bleiben sie immer im gleichen Abstand. Wenn aber die Teilchen einen kosmischen String auf verschiedenen Seiten passieren, läßt die Verzerrung der konischen Raumzeit ihre Wege konvergieren, so daß sie schließlich zusammenstoßen (dies ist der Effekt, der die Materie hinter einem bewegten String zusammenpreßt und der dazu führen könnte, daß sich im Kielwasser Galaxien bilden). Der String verzerrt den Raum, als ob die beiden Teilchen durch die Schwerkraft zueinander hin gezogen würden – obwohl dies nicht die Schwerkraft im gewöhnlichen Sinne des Wortes ist. Es ist eine Verzerrung der Raumzeit, die durch das Vorhandensein eines Defekts ausgelöst wird.

Die Anfangsgeschwindigkeit der gemeinsamen Bewegung dieser beiden Teilchen hängt davon ab, wie schnell sie am String vorbeilaufen, mit anderen Worten, wie schnell sich der String bewegt, wenn wir uns die beiden Teilchen in Ruhe neben einem String vorstellen.

Dies erleichtert die Antwort auf die Frage, die sich immer stellt, wenn die Rede auf Strings kommt. Was würde passieren, wenn einer durch den Raum liefe, in dem Sie gerade sitzen? Zunächst einmal würden Sie die Stringmasse nicht durch die Wirkung der üblichen Schwerkraft spüren. Nur wenn Sie eine

Stringschleife aus großer Entfernung sehen, scheint sie das Schwerefeld einer großen Masse zu haben. Mit einer Breite von weniger als einem Wasserstoffatom könnte ein String in Taillenhöhe das Zimmer und Ihren Körper durchqueren, ohne daß Sie irgend etwas fühlen. Wenn sich der String jedoch schnell genug bewegte (vielleicht ungefähr mit Lichtgeschwindigkeit), dann würde sich die konische Verzerrung des Raumes hinter ihm darin äußern, daß sich Ihr Kopf und Ihre Füße (von der Decke und dem Boden des Zimmers gar nicht zu reden) nach vorn und mit einer Geschwindigkeit von mehreren Kilometern pro Sekunde aufeinander zu bewegten. Damit hätten wir einen ziemlich drastischen und spektakulären Beweis für die Existenz kosmischer Strings.

Wenn dasselbe einem Stern passierte, würde die Masse, aus der der Stern besteht, zusammengepreßt, und vielleicht würde ein heftiger Ausbruch von Kernreaktionen hervorgerufen, durch den der Stern explodiert. Es ist *möglich* (wir zögern zu sagen: wahrscheinlich), daß gelegentlich einmal eine Sternexplosion von diesem String-Druck-Effekt herrührt.

Der konische Raum um einen kosmischen String herum würde auch die Photonen der kosmischen Hintergrundstrahlung beeinflussen. Immer wenn sich ein String von der Erde aus gesehen quer über den Himmel bewegt, würde die beobachtete Strahlung auf der führenden Seite etwas kühler und auf der rückwärtigen etwas heißer sein. Wenn wir je Flecken am Himmel fänden, wo sich die 3 K Hintergrundstrahlung von der Durchschnittstemperatur zu unterscheiden scheint, und insbesondere, wenn solche Flecken scharfe Ränder hätten, könnten wir darin einen Hinweis auf kosmische Strings sehen. Ein verwandter Effekt wäre die Lichtablenkung durch einen in der Nähe vorbeilaufenden String. Wenn ein Stück eines Strings zufällig zwischen uns und einer fernen Galaxie hindurchgeht, könnten wir zwei Bilder der Galaxie sehen, die durch Lichtstrahlen erzeugt werden, die auf beiden Stringseiten entlanglaufen und zur Erde hin abgelenkt werden. Massereiche Objekte wie Galaxien lenken ebenfalls das Licht ab, das nahe an ihnen vorbeigeht, und erzeugen dabei auf ähnliche Weise Vielfachbilder. Ein solches System wird gewöhnlich als Gravitationslinse bezeichnet. Wir werden die vertrautere Form der Gravitationslinsen im nächsten Kapitel behandeln; ein entscheidender Unterschied zwischen solchen Linsen und dem Stringeffekt ist, daß die Gravitationslinsen eine ungerade Zahl von Bildern erzeugen sollten (drei, fünf und so weiter), während der Stringeffekt gewöhnlich nur zwei gleich helle erzeugt. Ein weiterer Test für das Vorhandensein von Strings ist also die Suche nach Bereichen des Himmels, wo Paare von anscheinend identischen Galaxien (oder Quasaren) über und unter einer mehr oder weniger geraden Linie liegen. Es ist sogar schon behauptet worden, daß solche Paarbilder identifiziert wurden, aber bis jetzt hat noch keine dieser Behauptungen genauerer Nachprüfung standgehalten.

Es scheint, als ob die Theoretiker um so mehr Freude haben, je länger sie die von den Strings aufgezeigten Möglichkeiten erforschen. Die Szenarien können nicht alle stimmen, aber vielleicht treffen einige zu. Wir haben schon die Möglichkeit erwähnt, daß sich Galaxien im Kielwasser eines sich bewegenden geraden Strings bilden. Eine kleine schnellbewegte Stringschleife könnte ähnliches durch die gewöhnliche Gravitationswirkung auf die umgebende Materie erreichen, wenn sie Masse hinter sich herzieht und sich ein röhrenartiges Kielwasser bildet. Beide Vorgänge könnten schon bei einer Rotverschiebung von 200 oder mehr am Werk gewesen sein und die Samen für Galaxien gesät haben, als die Welt noch jung war. Schleifen von elektrisch leitenden Strings haben vielleicht zu jener Zeit damit begonnen, »Schaum zu schlagen«. Hochenergetische Strahlung dieser Strings, ausgeschickt lange bevor sich die erste Galaxie bildete, ließe sich heute in Röntgen- oder Gammastrahlenbanden nachweisen. Verschiedene Formen von Strings könnten sowohl Flächen als auch Girlanden von Galaxien erzeugt haben, selbst wenn diese Strings sich seitdem weit von dem Ort entfernt haben, an dem wir heute die Galaxien sehen; sie könnten sogar schon völlig verdampft sein.

Schnell bewegte Schleifen, die asymmetrisch Energie ausstrahlen, werden im allgemeinen schneller, beschleunigen sich gar bis auf Lichtgeschwindigkeit, während ihre Masse abnimmt. Andererseits könnten Schleifen, die sich bei ihrer Geburt mit großer Geschwindigkeit bewegen, sogar zum Stillstand kommen und sich dann in die entgegengesetzte Richtung bewegen, wenn dieser Raketeneffekt (der entweder auf Gravitationsstrahlung oder auf Photonen zurückzuführen ist) sie verlangsamt. Während sich eine solche Schleife langsamer bewegt, kann sie mit Hilfe der Schwerkraft Masse um sich herum ansammeln, und wenn sie sich wieder zu beschleunigen beginnt, muß sie diese Masse mitschleppen. Wenn sich zuviel Masse angesammelt hat, geht das nicht mehr. Dann könnte die Schleife, von der durch die eigene Schwerkraft eingefangenen Masse festgehalten, innerhalb der Massenansammlung auf einer Bahn kreisen. Wenn diese Materie einen Galaxienhaufen bildet, könnten wir nach Spuren kosmischer Strings in Form ungewöhnlicher, energiereicher Galaxien suchen, die aus dem Zentrum eines solchen Systems verschoben sind.

Die beobachtbaren Folgen von Strings hängen davon ab, wie schwer sie sind – von ihrer Masse pro Einheitslänge. Stringtheorien bringen diese direkt mit einer der Fundamentalkonstanten der Vereinheitlichten Theorie in Zusammenhang, die noch nicht durch Experimente erfaßt werden konnte. Falls Astronomen je eindeutige Hinweise auf Gravitationslinsen fänden, die durch einen String bewirkt wurden, könnten sie die Fundamentalmasse ganz direkt bestimmen. Falls Strings in der Tat die Anfangsfluktuationen darstellen, aus denen Galaxien entstanden, können wir diese Masse bis auf einen Faktor 2 bestimmen. Wenn theoretische Physiker aufgrund ihrer Theorien durch eine andere Überlegung zu einer ähnlichen Massenangabe gelangen würden, würde das nahelegen, daß Strings in der Tat an der Entstehung von Galaxien beteiligt sind – sonst wäre die Übereinstimmung der beiden Schätzungen reiner Zufall. Darüber hinaus gibt es reale Hoffnungen, den Hintergrund der von Strings erzeugten Gravitationswellen zu entdecken, wie wir im nächsten Kapitel sehen werden.

Es könnten auch Strings existieren, die viel leichter sind als die eben behandelten. Wenn es von ihnen so wenige gibt wie von den massereichen, spielen sie für die Entwicklung des Universums keine wesentliche Rolle. Wenn sie jedoch nicht wieder zusammenkommen, sondern einander kreuzen und dabei immer kleinere Schleifen abspalten, dann ist es möglich, daß diese leichtere

Form der Strings ein wirres Netzwerk bildet, dessen Gesamtlänge so beträchtlich ist, daß es wesentlich zur dunklen Materie beiträgt. Das ist vielleicht der richtige Ort, ehrfürchtig das Thema der kosmischen Strings zu verlassen – bis es unweigerlich wiederkehrt, wenn wir unsere Aufmerksamkeit darauf richten, wie sich der Gehalt des Weltalls an dunkler Materie mit Hilfe von Gravitationsteleskopen bestimmen läßt.

8. Die Schwerkraft als Fernrohr

Gravitationswellen entstehen nicht nur durch das Anzupfen kosmischer Saiten, der Strings. Die Allgemeine Relativitätstheorie beschreibt die Schwerkraft als Veränderung der Struktur der Raumzeit. Sie ist eine geometrische Theorie und beschäftigt sich vor allem mit der Krümmung; merkwürdig daran ist aus unserer gewöhnlichen Sicht nur, daß das, was gekrümmt wird, auch leerer Raum sein kann. Dies ist heute, da Physiker von einem Vakuum sprechen, das vor Energie platzt und in dem virtuelle Teilchen zwischen Sein und Nichtsein hin und her hüpfen, vielleicht etwas leichter zu akzeptieren, als zu der Zeit, als Einstein den Begriff einführte. Am einfachsten merkt man sich mit Hilfe eines Zweizeilers, wie Materie und Raum wechselwirken:

Die Masse diktiert dem Raum die Krümmung,
der Raum diktiert der Masse die Bewegung.

Eine große Masse wie die Sonne krümmt, so sagt der Vers, den Raum in ihrer Nähe. Eine kleinere Masse, etwa die der Erde, folgt in diesem gekrümmten Raum auf dem Weg des geringsten Widerstands.* Wir nehmen die Wirkung als Schwerkraft als eine Kraft wahr, die uns zur Sonne hinzieht und unseren Planeten in der Bahn um die Sonne hält. Diese Umlaufbahn ist der Weg des geringsten Widerstands im gekrümmten Raum. Aber was hat das mit Gravitationswellen zu tun?

Stellen wir uns Materie als feste Klumpen vor, die in eine gedehnte dünne Gummimembran, die Raumzeit, eingebettet sind. Wenn einer dieser Klumpen schwingt, schickt er (wie ein ins Wasser fallender Stein) Wellen durch die Membran, und diese Wellen regen andere Materieklumpen zum Mitschwingen an. Dieses Prinzip liegt der Gravitationsstrahlung zugrunde und auch den Detektoren, mit denen die Physiker Gravitationswellen zu messen hoffen. Die tatsächlichen Schwierigkeiten entstehen

* Auch die kleinere Masse krümmt natürlich den Raum, und der Weg des geringsten Widerstands wird genaugenommen durch die kombinierte Krümmung beider Massen bestimmt.

zum einen, weil der Raum in Wirklichkeit dreidimensional ist und keine zweidimensionale Membran. Eine weitere und wesentlichere Schwierigkeit ist, daß die Gravitationswellen so schwach sind. Die moderne Technologie gerät bei ihnen an die Grenzen dessen, was sie zu messen hoffen kann. Soweit der Vergleich sinnvoll ist, denn wir vergleichen eigentlich Unvergleichbares, beträgt die Gravitationsstrahlung nur etwa das 10^{-40}fache der elektromagnetischen Strahlung.

Ähnlich wie elektromagnetische Wellen durch die Bewegung elektrischer Ladungen entstehen, werden Gravitationswellen durch bewegte Massen erzeugt. Eine isolierte, völlig kugelige Masse jedoch strahlt keine Gravitationswellen aus. Die Strahlungsmenge, die eine Masse ausschicken kann, hängt nach Einsteins Theorie vom sogenannten Quadrupolmoment ab, einer Eigenschaft, die mit der Form der Masse zu tun hat. Ein Rugbyball hat ein großes, ein Fußball hat kein Quadrupolmoment. Gravitationswellen haben die Form sogenannter Quadrupolstrahlung; wenn sie die Raumzeit durchqueren, üben sie eine Wirkung auf sie aus.

Am besten stellen wir uns zur Veranschaulichung einen biegsamen Ring vor. Wenn eine Gravitationswelle an ihm vorbeiläuft, wird der Ring in eine Richtung gedehnt und gleichzeitig in einer anderen, dazu senkrechten, gestaucht. Er wird zur Ellipse. Dann dreht sich alles um; die Längsachse wird gestaucht, während die Querachse gedehnt wird. Dieses abwechselnde Dehnen und Stauchen in zwei zueinander senkrechten Richtungen ist die charakteristische »Signatur« der gravitationellen Quadrupolstrahlung. Dabei wird nicht nur der Ring wirklich gestaucht und gedehnt, sondern auch der Raum selbst. Vier Massen, eine in jedem Kreisquadranten, bewegen sich rhythmisch nach innen und außen, als ob sie eine periodisch schwankende (Gezeiten-)Gravitation spürten. Es genügen sogar drei »Probemassen« in *L*-Stellung, um durchlaufende Gravitationswellen anzuzeigen – *wenn* die Instrumente zur Messung der winzigen, durch die Einwirkung der Gravitationswellen verursachten Bewegungen empfindlich genug sind. Die Mühe wird sich zweifellos lohnen, falls wir Gravitationswellen messen können, die direkt von kosmischen Strings, Supernova-Explosionen und an-

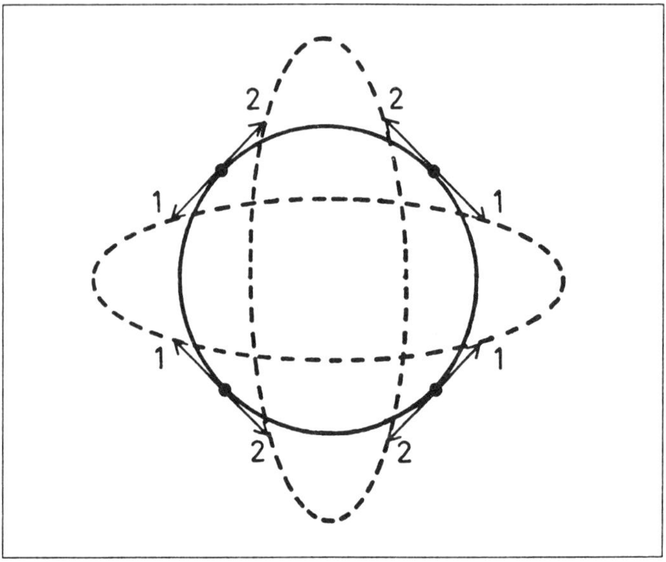

Abb. 32: Ein Kreisring wird zu einer Ellipse verzerrt, wenn Gravitationswellen durch ihn hindurchgehen. Durch die Beobachtung der Lage von vier Massen, in jedem Quadranten eine, ließen sich Wellen entdecken. (Schon die Beobachtung von drei solchen Punkten genügt.)

deren kosmischen Quellen herrühren – das Ergebnis wirft vielleicht auch etwas Licht auf die dunkle Materie.

In einem hypothetischen Weltall ohne elektrische Ladung wäre alle Strahlung Gravitationsstrahlung. Elektromagnetische Strahlung dominiert in unserem Universum, weil die elektrischen Kräfte bei kurzen Reichweiten die Schwerkraft um vierzig Zehnerpotenzen übertreffen. Das bedeutet aber nicht, daß wir die Gravitationswellen völlig vernachlässigen können.

Die Entstehung von Gravitationswellen

Eine gute Quelle für durch die Gravitation bedingte Quadrupolstrahlung wäre eine lange gerade Stange, die sich wie ein Propeller dreht. Von der Seite (aus der Ebene der Drehung) her gesehen, erschiene die Stange zuerst in voller Länge quer zur Sichtlinie, dann, wenn ein Ende zum Betrachter zeigt, sehr kurz, dann wieder lang und so weiter. Das entspricht ganz gut dem fortwährenden Stauchen und Dehnen des Raums durch Gravitationswellen. Tatsächlich erzeugt die Bewegung der Stange auch wirklich diese Art Strahlung. Eine sich drehende Hantel oder zwei einander umlaufende Sterne erzeugen auf ähnliche Weise Strahlung. Ein Doppelsternsystem, in dem die beiden Sterne sehr nahe beieinander sind und hohe Umlaufgeschwindigkeiten haben, wäre die beste Quelle. Tatsächlich wurden die Wirkungen der Gravitationsstrahlung in einem solchen System entdeckt.

Ein solches System heißt »binärer Pulsar«, obwohl er tatsächlich nur einen Pulsar enthält (einen sich rasch drehenden Neutronenstern, der mit Radiofrequenz strahlt). Dieser umläuft in geringer Entfernung einen anderen Neutronenstern, der keine Radioquelle ist. Pulsare sind für Astronomen eine reine Freude, weil die von ihnen ausgehende Radiostrahlung mit unglaublicher Genauigkeit stoßweise ausgeschickt wird. (Dieser Effekt ist den Signalen der sich drehenden Scheinwerfer eines Leuchtturms vergleichbar; Pulsare rotieren ja auch.) Pulsare sind neben den Atomuhren, die Schwingungen innerhalb von Atomen messen und auf denen die moderne wissenschaftliche Zeitbestimmung beruht, die vollkommensten uns bekannten Uhren. Einige Pulsare übertreffen möglicherweise sogar die Atomuhren an Genauigkeit. Schwankungen in den Radiopulsen des binären Pulsars, die bis auf Mikrosekunden genau gemessen werden können, geben über die Bahnbewegung um seinen Begleitstern Auskunft. Die Pulse kommen schneller, wenn sich der Pulsar zu uns hin bewegt, und langsamer, wenn er sich entfernt – im wesentlichen ein Dopplereffekt. Die Periode der Bahn des Pulsars nimmt sehr langsam ab. Das bedeutet, daß sich die beiden Neutronensterne im Lauf der Zeit sehr langsam aufeinander zu bewegen, woraus wiederum folgt, daß das binäre System Energie verliert. Mit Hilfe der Allgemeinen Relativitätstheorie läßt sich genau berechnen, wieviel Gravitationsstrahlung dieses System erzeugen sollte. Es stellt sich heraus, daß die berechnete Gravitationsstrahlung genau dem gemessenen Energieverlust des Systems entspricht. Das ist einer der größten Triumphe der Einsteinschen Theorie – und einer, der die Forscher zuversichtlich hoffen läßt, daß sich noch in diesem Jahrzehnt auf der Erde Gravitationsstrahlung messen lassen wird.

Fast wurde sie 1987 entdeckt, als in der Großen Magellanschen Wolke eine Supernova explodierte. Wenn ein Stern stirbt, fällt sein Kern plötzlich in sich zusammen, und dieser Kollaps sollte, das folgt aus der Relativitätstheorie, einen Ausbruch von Gravitationswellen erzeugen. Die Stärke des Ausbruchs hängt davon ab, wie unregelmäßig und asymmetrisch der Kollaps ist. Ein genau sphärischer Kollaps strahlt nicht. Aber selbst wenn der Kollaps der Supernova 1987A so chaotisch wie möglich gewesen wäre, hätte der Ausbruch bei seiner Ankunft auf der Erde doch nur ein Zehntel der Energie gehabt, die nötig ist, um die Detektoren ansprechen zu lassen. Mit empfindlicheren Detektoren dürften sich nicht nur Supernovae, sondern auch schwingende Strings oder kollabierende Schwarze Löcher entdecken lassen (falls es sie gibt). Wir haben schon von der Möglichkeit gesprochen, daß kosmische Strings Gravitationswellen erzeugen könnten. Die großartigste Spekulation dieser Art behauptet, das Weltall sei von einer Gravitationswellenhintergrundstrahlung erfüllt, die bei den heftigen Ereignissen während des Urknalls und in der Ära der Galaxienbildung übrigblieb. Sie wäre der elektromagnetischen Hintergrundstrahlung vergleichbar. Es mag geradezu beängstigend aussichtslos erscheinen, diese Effekte messen zu wollen, denn man hat berechnet, daß sie auf der Erde einen Meter nur um etwa ein Millionstel des Protonendurchmessers verzerren. Aber Experimentalphysiker sind davon überzeugt, daß es schon sehr bald solche empfindliche Instrumente geben wird.

Die Messung von Gravitationswellen

Die experimentelle Herausforderung wurde in den sechziger Jahren von Joseph Weber an der Universität von Maryland angenommen. Er baute Detektoren, lange Aluminiumzylinder, die schwingen sollten, wenn Gravitationswellen vorüberliefen. Zwanzig Jahre Forschung haben nicht zur Entdeckung solcher Wellen geführt. Höchstwahrscheinlich sind sie zu schwach, um diese Detektoren spürbar zu beeinflussen.* Inzwischen wird eine zweite Generation von Detektoren entwickelt, die auf denselben Grundlagen beruhen, aber hunderttausendmal empfindlicher sind.

Ein typischer »Resonanz«-Gravitationswellendetektor ist gewöhnlich ein Aluminiumzylinder mit einem Gewicht von 4800 kg, der durch flüssiges Helium auf eine Temperatur von 4 K (−269° C) gekühlt wird. Er muß so kalt sein, damit die thermischen Schwingungen in den Atomen des Zylinders so klein wie möglich gehalten werden, und er muß von einem Vakuum umgeben sein, damit ihm kein Luftmolekül einen Stoß versetzen kann. Ein mit dem Zylinder verbundener Umformer wandelt alle Schwingungen, wie etwa das Stauchen und Dehnen einer durchlaufenden Gravitationswelle, in elektrische Signale um, die dann mit Verfahren der Supraleitung verstärkt werden. Diese Verstärker sind so empfindlich, daß sie Schwingungen wahrnehmen, deren Amplituden weniger als ein Tausendstel des Atomdurchmessers betragen.

Das Hauptproblem bei dieser Empfindlichkeit ist, daß jede Schwingung die Detektoren anregt, nicht nur die von Gravitationswellen. Trotzdem werden solch hochentwickelte Detektoren an der Universität Rom in Italien, an den Universitäten von Stanford und Maryland in den USA, in Australien und anderswo bald einsatzbereit sein. Die Forscher sollten mit diesen Detektoren echte astronomische Quellen an ihrer Verzögerung erkennen können. Die unterschiedlichen Zeiten, zu denen die Detektoren ansprechen, geben dann Hinweise auf die Herkunft der Wellen. Mit einem völlig anderen Ansatz suchen andere Wissenschaftler mit Laserstrahlen nach Gravitationswellen. Diese Experimente haben große Ähnlichkeit mit dem idealisierten Beispiel der Mes-

* Die Allgemeine Relativitätstheorie sagt sogar vorher, daß alle Gravitationswellen, die vorhanden sein könnten, zu schwach sind, um von Webers Detektoren entdeckt zu werden. Wenn Webers Detektoren Gravitationswellen entdeckt hätten, hätte die Allgemeine Relativitätstheorie eine so starke Gravitationsstrahlung im heutigen Weltall nicht erklären können, es sei denn, ihre Quelle läge zufällig in Erdnähe oder (zum Beispiel) das Zentrum des Milchstraßensystems wäre besonders aktiv.

sung von Veränderungen in einem Kreisring. Große, mit Spiegeln versehene Massen werden an zwei gegenüberliegende Ecken eines Quadrats gesetzt (es braucht nicht wirklich ein Quadrat zu sein, aber es ist einfacher so), und Laserstrahlen werden aus einer dritten Ecke, dem Winkel des »L«, auf die Spiegel geworfen. Das Licht eines Laserstrahls wird aufgespalten und je ein Teilstrahl zu einem Spiegel geworfen und dort reflektiert. Wenn die beiden Strahlen zurückkehren, vereinen sie sich und erzeugen ein Interferenzmuster. Falls die Längen der beiden Quadratseiten sich beim Vorbeilaufen einer Gravitationswelle ändern, wirkt sich das auf die beiden Laserstrahlen aus, denn der eine hat einen längeren und der andere einen kürzeren Weg zurückzulegen. Dadurch ändert sich das Interferenzmuster und verrät so den Durchgang einer Gravitationswelle.

All das erfordert, daß die Laserstrahlen durch etwa ein Meter breite und mehrere Kilometer lange Röhren laufen, in denen ein extremes Vakuum herrscht. Zwei solche Detektoren werden in den USA geplant; sie sollen in Südkalifornien und in Maine gebaut werden. Andere werden in Schottland und vom Max-Planck-Institut für Quantenoptik in Garching bei München erwogen. Jeder kostet etwa soviel wie ein großes optisches Teleskop; wenn sie wie geplant arbeiten, können Astronomen eines Tages Spuren der Gravitationsstrahlung von Supernovae anderer Galaxien und anderer Katastrophen beobachten, etwa von Zusammenstößen zweier Neutronensterne in einem Doppelsternsystem oder von Sternen, die im Herzen der Milchstraße ein Schwarzes Loch umlaufen.

Supernovae sollten Gravitationswellenstöße aussenden, aber wie stark diese sind, hängt wesentlich davon ab, wie die Explosionen im einzelnen verlaufen und insbesondere davon, wie symmetrisch sie sind. Doppelsternsysteme andererseits haben mit Sicherheit große Quadrupolmomente, deshalb könnte selbst ein Pessimist hoffen, von ihnen Strahlung zu empfangen. Die Frage ist nur, ob wir sie entdecken können. In etwa hundert Millionen Jahren müßte die Gravitationsstrahlung die Bahn des binären Pulsars so verkleinert haben, daß die beiden Neutronensterne einander einige hundertmal in der Sekunde umrunden, und nicht nur (wie heute) einmal in acht Stunden. Dabei senden sie dann gewaltig viel Gravitationsstrahlung aus. Im Endstadium, wenn die Sterne zusammenstoßen, verschmelzen und zu einem Schwarzen Loch werden, wird bis zu 10% ihrer gesamten Massenenergie in Gravitationswellen transformiert und innerhalb von wenigen Millisekunden ausgestoßen. Wir wissen nicht, wie viele binäre Neutronensterne dieser Art es in unserem Milchstraßensystem gibt. Man vermutet etwa hundert. Wenn jeder eine Lebensdauer von hundert Millionen Jahren hätte, »stürbe« alle Million Jahre einer auf diese Art – solche Ereignisse sind zehntausendmal seltener als Supernova-Explosionen. Ein Laser-Interferometer, das eine solche Explosion in einer Entfernung von mehreren hundert Millionen Lichtjahren entdecken könnte, würde mehr als eine Million Galaxien wie unsere eigene erfassen. Es wäre also mit etwa einer Entdeckung pro Jahr zu rechnen – das genügte den Wissenschaftlern, die unglücklich wären, wenn ihre Lebensarbeit nur Nullergebnisse bringen würde. Denn wohl nur wenige Forscher wären ausschließlich damit zufrieden, sich der technischen Herausforderung zu stellen und hochempfindliche Geräte zu entwickeln, ohne sicher zu wissen, ob die Geräte wirklich etwas entdecken können.

Noch mächtigere Ausbrüche könnten von den massereichen Schwarzen Löchern herrühren, die in galaktischen Zentren lauern. Zusammenschlüsse von Galaxienpaaren sind gar nicht selten. Wenn das Innere einer jeden solchen Galaxie ein Schwarzes Loch enthielte, würden die beiden Löcher sich in der Nähe der Mitte des vereinigten Systems zu einem binären System zusammenfinden. Dieses System würde Gravitationswellen aussenden und schließlich verschmelzen, wobei es wohl hundertmillionenmal mehr Energie aussenden würde als die beiden verschmelzenden Neutronensterne. Die Wellenlänge dieser Strahlung wäre jedoch einhundertmillionenmal länger, weil die beteiligten Objekte größer sind – der Ausbruch würde Stunden dauern, nicht Millisekunden. Leider sind Resonanz- und Laserinterferometer auf der Erde für solche langsamen Wellen nicht empfindlich genug, weil seismische Aktivität, Wetteränderungen und andere irdische Ereignisse im Hintergrund Schwingungen verursachen.

Schleifen kosmischer Strings würden starke Gravitationsstrahlung mit noch längerer Wellenlänge aussenden – einen Zyklus im Jahr oder noch weniger. Für diese extrem langsamen Wellen lieferte uns die Natur einen Detektor in Form eines einzelnen Pulsars, der sich ungeheuer rasch mit einer alle irdischen Uhren übertreffenden Genauigkeit dreht. Schnell drehende Pulsare liefern uns sowohl die beste Bestätigung für die Gravitationswellen binärer Pulsare als auch die einzige Begrenzung für die Menge der Hintergrund-Gravitationsstrahlung, die es im Weltall noch geben kann. Die schnellsten Pulsare drehen sich alle paar Millisekunden einmal um sich selbst und erzeugen damit ein genaues Ticken der Radiostrahlung im Abstand weniger Millisekunden. Sie werden leicht übertrieben *Millisekundenpulsare* genannt. Atomuhren haben eine Genauigkeit von etwa eins zu zehntausend Milliarden (10^{-13}). Ein Pulsar kann noch genauer sein; er »verliert« weniger als eine Mikrosekunde pro Jahrhundert.*

Als der erste Millisekundenpulsar gefunden wurde, gab es keine Möglichkeit der Überprüfung, weil es nichts gab, was für einen Vergleich genau genug war. Jetzt aber sind mehrere Millisekundenpulsare bekannt. Die Astronomen hoffen, durch einen Vergleich dieser Pulsare untereinander ein System der Zeitmessung, eine kosmische Uhr, zu entwickeln, die noch genauer ist als Atomuhren. Jede Gravitationsstrahlung, die den Hintergrund des Weltalls füllt, verzerrt den Raum zwischen uns und dem Pulsar, wenn die Welle vorbeigeht. Das dabei entstehende Zittern könnte die Regelmäßigkeit der kosmischen Uhr stören. Dieser Effekt stellt einen empfindlichen Test für Gravitationswellen sehr niedriger Frequenz dar – Gekräusel in der Raumzeit mit Wellenlängen von einigen Lichtjahren. Da kein solcher Effekt beobachtet wurde, können wir zuversichtlich sagen, daß die Menge der in der Gravitationsstrahlung gespeicherten Massenenergie nicht mehr als ein Millionstel dessen beträgt, was nötig ist, allein damit das Weltall flach zu machen. Diese obere Grenze ist schon jetzt für String-Theoretiker sehr interessant, weil sie

* Ein Pulsar verlangsamt sich tatsächlich etwas schneller, aber stetig und vorhersagbar. Wenn wir ein solches System als Uhr benutzen, ist allein der Grad der Abweichung von dieser ständigen Veränderung wichtig, und der könnte ein Bruchteil einer Mikrosekunde pro Jahrhundert sein.

dem Niveau des vermuteten Gravitationswellenhintergrunds von Stringschleifen sehr nahe kommt (Kapitel 7). Wenn wir die Daten der Pulsarzeiten einige Jahre lang sammeln, werden die Ergebnisse noch genauer sein. Wenn auch dann noch kein Wellenhintergrund entdeckt wird, müssen wir schließen, daß Strings nicht existieren (oder, wenn doch, daß ihre Masse zu klein ist, als daß sie die Galaxienbildung ausgelöst haben könnte).

Gravitationsstrahlung ist keine das Weltall beherrschende Erscheinung; aber ihre sehnsüchtig erwartete Entdeckung würde es den Astronomen ermöglichen, energiereiche Objekte durch ein neuartiges Teleskop zu betrachten. Diese Gravitationsfernrohre werden sicherlich zuvor unerwartete Züge des Weltalls aufdecken. Sie könnten uns auch helfen, die dunkle Materie und vielleicht sogar Strings zu erforschen. Die dunkle Materie wiederum könnte die Raumzeit in ihrer Nähe so stark krümmen, daß sie als Gravitationslinse wirkt und uns Objekte sehen läßt, die so fern sind, daß sie ohne diese Art von Gravitationsteleskop immer unsichtbar bleiben würden. Sie könnte sogar als Brille wirken, ohne selbst sichtbar zu werden, denn mit Hilfe von Gravitationslinsen können wir der dunklen Materie, die das Weltall beherrscht, näher kommen als irgendwie sonst.

Gravitationslinsen

Die Lichtablenkung ist wohl das vertrauteste und erprobteste Merkmal der Allgemeinen Relativitätstheorie. Diese erschien 1916 im Druck und machte die Vorhersage, daß die Bahnen des Lichts in einem durch das Vorhandensein von Materie verzerrten Raum gekrümmt sein müssen. Dieser Effekt der Lichtablenkung wurde 1919 während einer Sonnenfinsternis gemessen, bei der er sich als eine Verschiebung in der Lage der Bilder von Sternen zeigte, die am Himmel sonnennah (aber im Raum sonnenfern) waren. Licht von diesen Sternen hinter der Sonne war in der Tat ungefähr um den von Einstein vorhergesagten Betrag abgelenkt worden, als es am Sonnenrand vorbeilief. Die durch Gravitation bedingte Lichtablenkung wurde zuerst vor über siebzig

Jahren beobachtet und fotografiert. Sie ist die Grundlage für die Gravitationslinsen.

Ein hinreichend massereiches Objekt, das zwischen uns und einem fernen Stern liegt, würde Licht so stark ablenken, daß es von der Erde aus gesehen zwei Bilder des fernen Sterns erzeugen könnte. Einstein untersuchte 1936 diese Möglichkeit und bewies, daß ein kompaktes massereiches Objekt tatsächlich unter geeigneten Umständen zwei getrennte Bilder erzeugen kann, von denen eines (und gelegentlich beide) vergrößert sind. Wenn sie genau hintereinander liegen, erscheinen die Sterne als ein vollständiger Ring aus Licht, der die »Linse« umgibt.

Das Ganze wird etwas komplizierter und auch interessanter, wenn entweder die Linse selbst oder das durch die Linse gesehene Objekt so ausgedehnt ist wie etwa eine Galaxie. Wenn ein Schwarzes Loch mit dem Hundertfachen der Masse unseres ganzen Milchstraßensystems auf halbem Wege zwischen uns und einer fernen Galaxie läge (eine, wie wir zugeben müssen, nicht sehr wahrscheinliche Möglichkeit), würde die Projektion dieser Galaxie am Himmel die Form eines hellen Rings aus Licht von dem Teil der Galaxie genau hinter dem Schwarzen Loch bilden. Sie enthielte zwei Bilder, wie sie Einstein beschrieb, nämlich ein helles auf der einen und ein schwaches auf der entgegengesetzten Seite des Rings. Wenn ein weniger massereiches (und entsprechend wahrscheinlicheres) Schwarzes Loch das Bild erzeugte, wäre der Ring zu schwach, um gesehen zu werden, und die beiden Bilder der fernen Galaxie (oder des Quasars) würden allein auftreten. Im Jahre 1979 fanden Astronomen zwei Quasare, deren Bilder am Himmel genau sechs Bogensekunden voneinander entfernt sind – das ist etwa der Winkel, unter dem ein Tennisball aus einer Entfernung von fünf Kilometern gesehen wird. Diese beiden Quasare sind sich insbesondere in bezug auf ihre Farbe und ihre Rotverschiebung so ähnlich, daß man in ihnen bald das erste von einer Gravitationslinse erzeugte Bildpaar zu erkennen meinte. Wir wissen jetzt, daß es genau an der richtigen Stelle einen großen Galaxienhaufen gibt, zu dem eine riesige elliptische Galaxie gehört. Möglicherweise wirkt sie als Linse und entwirft zwei Bilder eines einzigen Quasars.

Mittlerweile sind etwa ein gutes Dutzend Gravitationslinsensysteme bekannt. Die genaue Zahl hängt vom Datum (die Beobachter finden anscheinend etwa jedes Jahr ein weiteres solches System) und von Ihrer Leichtgläubigkeit ab. (Manchmal nämlich behaupten Enthusiasten, daß Quasarpaare Gravitationsbilder sind, während spätere Untersuchungen ergeben, daß sie in Wirklichkeit zwei verschiedene Quasare sind.) Aber es gibt außer dem zuerst entdeckten ein anderes sehr interessantes System, bei dem das Objekt, das den Linseneffekt bewirkt, ebenfalls identifiziert wurde – in diesem Fall als eine große Scheibengalaxie, die unserer Galaxie relativ nah ist. Dieses System ist deshalb besonders interessant, weil es zeigt, was passiert, wenn das die Linse darstellende Objekt groß ist und gar nicht kugelrund. Die ersten Beobachtungen ließen vermuten, daß das Licht eines fernen Quasars gespalten und abgelenkt wurde und *drei* Bilder ergab, ein winziges himmlisches Dreieck mit einer Seitenlänge von wenigen Bogensekunden. Empfindlichere Messungen haben später ein viertes Bild gezeigt, so daß die Zentralregion der Galaxie von einem Quadrat umgeben ist. Es könnte sich sogar noch ein fünftes Bild fast genau unter dem Zentrum zeigen.

Die Anzahl der Bilder ist entscheidend, wenn versucht werden soll, mit Hilfe von Gravitationslinsen herauszufinden, wie die dunkle Materie im Weltall beschaffen ist. Wenn die Linse ein Schwarzes Loch ist, sollte sie zwei und nur zwei Bilder erzeugen. Wenn die Linse ein ausgedehntes Objekt wie etwa eine Galaxie ist, sollte sie mindestens drei Bilder ergeben, vielleicht auch mehr, aber sicherlich eine ungerade Anzahl.* Und wenn die »Linse« tatsächlich durch die Verzerrung der Raumzeit hinter einem kosmischen String verursacht wird, sollten die beiden erzeugten Bilder gleich hell sein. In den letzten Jahren jedoch war für Astronomen die Entdeckung einer anderen Art von Himmelsbogen viel aufregender.

* Es ist zumindest etwas beschämend, daß Beobachter in dem ersten identifizierten Gravitationslinsensystem immer noch nach einem dritten Bild suchen, denn die Linse dort scheint ein ausgedehntes Objekt zu sein. Es gibt mehrere Auswege: Das dritte Bild könnte zu schwach sein, um gesehen zu werden, die Linse könnte eigentlich ein Schwarzes Loch in dem dazwischenliegenden Galaxienhaufen sein und so weiter. Die Erforschung der Gravitationslinsen im wirklichen Weltall hat (im Gegensatz zu den mathematischen Träumen der Theoretiker) erst 1979 begonnen und muß noch viele Lücken füllen.

Leuchtende Bögen

Diese Gebilde sind gewaltig *groß*. Sie beschreiben fast völlig kreisrunde Bögen, Kreisausschnitte mit einer Länge von über 300 000 Lichtjahren. Jeder Bogen ist etwa 30 000 Lichtjahre breit. Zwei dieser gewaltigen, fast vollkommenen Bögen wurden Mitte der achtziger Jahre entdeckt. Sie liegen anscheinend beide in einem Galaxienhaufen und erstrecken sich jeder über eine Entfernung, die das Dreifache des Durchmessers unseres Milchstraßensystems beträgt. Sie sind die größten bekannten zusammenhängenden, hellen Objekte der Welt und sehen nur deshalb so klein aus, weil sie so weit entfernt sind. Etwa zur selben Zeit wurde ein dritter, dünnerer Bogen beobachtet.

Die Entdeckungen wurden fast gleichzeitig von dem französischen Astronomen Bernard Fort mit seinen Kollegen am Observatorium in Toulouse und von Roger Lynds und Vahe Petrosian in den USA gemacht. Die französische Gruppe vermutete fast sofort, daß die Erscheinungen auf Gravitationslinseneffekte zurückzuführen sein könnten – daß sie also »Einsteins Ringe« wären. Zunächst fand dieser Vorschlag wenig Gehör. Lynds und seine Kollegen vermuteten, daß die Bögen expandierende Massesplitter sein könnten, ausgeschleudert bei einer kosmischen Explosion, die vielleicht von einem Zusammenstoß von Galaxien herrührte und in Galaxienhaufen nicht selten vorkommen könnte. Die Theoretiker hatten ihre große Stunde und dachten sich alle möglichen außergewöhnlichen Erklärungen dafür aus, wie eine perfekt kreisförmige Anordnung zustande kommen könnte. Aber bald erschreckte sie die französische Gruppe mit einer kalten Dusche von Beobachtungsergebnissen, die zeigten, daß verschiedene Abschnitte eines einzigen Bogens genau dasselbe Spektrum hatten und deshalb alle demselben Gebilde angehören mußten. Das Wesen der Bögen wurde erst erkannt, als die Rotverschiebung dieser Spektren gemessen wurde.

Das beste Beispiel für diese neu entdeckte astronomische Erscheinung scheint der Bogen ein Teil eines als Abell 370 bekannten Galaxienhaufens zu sein. Aber dieser Haufen hat eine Rotverschiebung von 0,374, während das Licht des Bogens eine

Rotverschiebung von 0,724 hat. Das Licht des Bogens entsteht im sich ausdehnenden Universum also in einer Entfernung, die etwa doppelt so groß ist wie die Entfernung zum Haufen. Es ist ein vergrößertes und verzerrtes Bild einer anderen Galaxie. Interessanterweise zeigen die Rechnungen, daß die Haufen nur dann eine so starke Linsenwirkung haben können, wenn sie mindestens zehnmal soviel Masse haben, wie wir in Form heller Sterne in ihren Galaxien sehen können. Das paßt genau zu dem groben Bild, nachdem mindestens 90% der Schwerkraft ausübenden Materie dunkel sind.

Daraus ergeben sich viele faszinierende Folgerungen. Zunächst scheint das Spektrum des Lichts der Bögen dem Spektrum des Lichts von Scheibengalaxien zu entsprechen (dem gemittelten Licht von Milliarden Sternen), ist aber etwa bis 25mal größer und heller. Die Bögen könnten uns also sagen, wie gewöhnliche Galaxien im Unterschied zu Quasaren oder Radiogalaxien aussahen, als das Weltall halb so alt war wie heute. Viele weitere Untersuchungen sind nötig, aber es ist schon jetzt klar, daß das Licht dieser Galaxien viel ultraviolette Strahlung enthält, die für heiße junge Sterne typisch ist – genau, wie wir es erwarten würden, wenn wir Galaxien in den Frühstadien der Sternbildung sehen. Und obwohl die beiden großen Bögen nur bemerkt wurden, weil sie so groß sind, muß die Anordnung, die zu ihrer Erzeugung nötig ist, sehr selten sein. Es sollte viel mehr Systeme geben, in denen die Anordnung weniger vollkommen ist und bei denen nur Bruchstücke der Einsteinringe erzeugt werden. Einige der merkwürdigen Objekte, die Astronomen in Galaxienhaufen fotografieren, könnten also Bruchstücke von Bildern sehr, sehr entfernter Galaxien sein. Die Schwerkraft stellt uns in der Tat ein Teleskop zur Verfügung, mit dem wir weit entfernte Dinge so sehen können, wie sie vor langer Zeit waren. Aber um eine gute Linse für das Fernrohr der Schwerkraft zu erhalten, braucht man nicht unbedingt einen ganzen Galaxienhaufen.

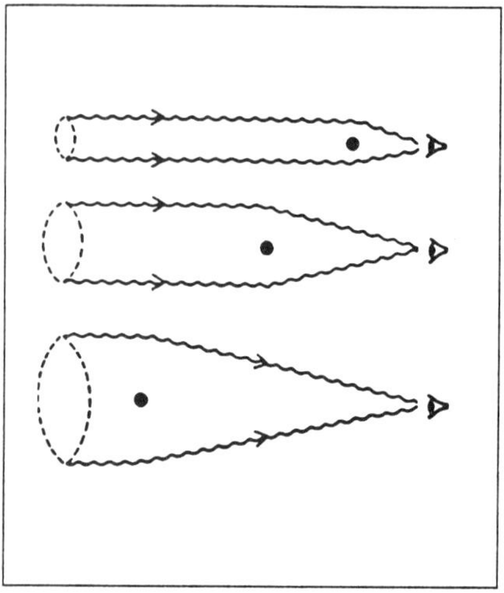

Abb. 33: Eine sehr ferne kompakte Masse fokussiert Licht. Die Linse hat für Licht, das nahe am kompakten Objekt vorbeigeht, eine kurze Brennweite und eine längere für entferntere Passagen. Ein bestimmter Körper ist deshalb wirksamer (hat also einen größeren Abbildungsquerschnitt), wenn er als Linse mit sehr langer Brennweite wirken kann. Deshalb erzeugt ein Schwarzes Loch in einer sehr fernen Galaxie eher auffindbare Bilder als ein ähnliches, näheres Loch in unserem eigenen galaktischen Halo.

Licht in dunkle Materie

Das Licht der entferntesten Objekte des Universums, der Quasare, könnte in der Tat enthüllen, welcher Art die Materie ist, die unsere Galaxis zusammenhält. Die Doppelbilder am Himmel, die vom Licht einiger Quasare gebildet werden, könnten von Galaxien erzeugt werden, bei denen 90% der Masse in einem dunklen Halo steckt. Aus der Feinstruktur, den Einzelheiten dieser Bilder, ließe sich darüber hinaus vielleicht erfahren, ob diese Halos aus sehr massereichen Objekten (sogenannten VMO) oder aus Braunen Zwergen (Jupiter-Ähnlichen) bestehen, und damit wäre die Entscheidung unter den baryonischen Rivalen um die dunkle Materie des Halos gefallen.

Wenn sehr massereiche Objekte einen wesentlichen Teil der dunklen Materie im Halo ausmachen, könnte es eine Million Schwarzer Löcher geben, von denen jedes die Masse von einer Million Sonnen hat. Zusammen hätten sie zehnmal soviel Masse wie alle hellen Sterne des Milchstraßensystems zusammen. Die Wahrscheinlichkeit, einen Linseneffekt zu beobachten, der von einem Objekt im Halo unserer eigenen Galaxis herrührt, beträgt etwa eins zu einer Million. Aber es ist viel wahrscheinlicher, daß Licht von einem sehr fernen Quasar auf dem Weg zu uns durch ein Objekt im Halo einer anderen Galaxie etwa auf halbem Weg entlang der Sichtlinie gebündelt wird. Wenn das Licht durch die Halos mehrerer Galaxien hindurchgeht, wie das bei sehr fernen Quasaren der Fall ist, dann ist die Wahrscheinlichkeit, daß es gebündelt wird, noch größer. Wir sprechen hier nicht über den Linseneffekt einer ganzen Galaxie oder eines Galaxienhaufens (also dem, was man Makrolinsen nennen könnte). Wir denken vielmehr an das Licht eines entfernten Quasars, das durch ein *einzelnes* Objekt von Stern- oder Planetengröße im Halo einer Galaxis zwischen uns und dem Quasar gebündelt wird (Mikrolinsen).

Ein solches Ereignis mag ziemlich wahrscheinlich sein, aber ließe es sich auch beobachten? Die Antwort lautet überraschenderweise Ja. Wenn die Mikrolinse durch ein sehr massereiches Objekt von etwa einer Million Sonnenmassen verursacht wird und dieses Objekt etwa auf halbem Wege im beobachtbaren Universum liegt (auf halber Hubble-Entfernung), dann sind die beiden dadurch erzeugten Bilder von der Erde aus gesehen durch einen Winkel von einem Tausendstel einer Bogensekunde getrennt. Das ist mehrere tausendmal weniger als der Abstand zwischen den am weitesten entfernten bekannten Doppelbildern der bis jetzt behandelten Gravitationslinsensysteme. Kein *optisches* Bild könnte scharf genug sein, um eine solche Feinstruktur aufzudecken. Aber indem sie *Radio*teleskope an gegenüberliegenden Orten der Erde elektronisch miteinander verbinden, können Astronomen die Wirkung eines einzigen Instruments mit derselben Auflösung erreichen wie eine Radioschüssel, die so groß ist wie die Erde. Dieses als Interferometrie bekannte Verfahren könnte einen solch kleinen Abstand zwischen den Komponenten einer Doppelquelle messen. Viele in Frage kommende Objekte wurden beobachtet, ohne daß ein klarer Fall eines Doppelbilds gefunden wurde. Die Statistik legt nahe, daß Mikrolinsen so selten sind, daß nicht mehr als ein Zehntel der Materie, die für ein flaches Weltall nötig ist, die Form von VMOs haben kann, von denen jedes eine Masse von einer Million Sonnen hat. Das nährt natürlich Zweifel daran, ob der größte Teil der Halomasse unserer eigenen Galaxis wirklich aus sehr massereichen Objekten besteht.

Und wie ist es mit Braunen Zwergen oder Jupiter-Ähnlichen? In dem Fall würde derselbe Effekt Bilder mit einem Abstand (von der Erde aus gesehen) von weniger als einem *Millionstel* Bogensekunde ergeben. Das ist viel zu wenig, um gemessen zu werden. Aber es ist auch ein so kleiner Winkel, daß ein Objekt in halber Hubble-Entfernung von uns mit der (nach astronomischen Maßstäben) mäßigen Geschwindigkeit von hundert Kilometern pro Sekunde einige Jahre braucht, um einen Winkel von einem Millionstel Bogensekunden zu überstreichen. Das könnte eine Möglichkeit eröffnen, Bilder ferner Quasare so schnell funkeln zu lassen, daß sie in einem Menschenleben beobachtbar sind. Kompliziert wird es allerdings, wenn das Licht des Quasars mehrere galaktische Halos durchläuft und Gelegenheit hat, auf dem Weg zu uns mehrere Linsen zu passieren, oder wenn andere den Quasaren eigentümliche Wirkungen es verändert. Wieder einmal scheinen aber die begrenzten Beobachtungsdaten die Möglichkeit auszuschließen, daß mehr als ein Zehntel der Materie, die nötig ist, damit das Weltall flach ist, in dieser Form vorliegt.

Es gibt zumindest einige Hinweise aus diesen Untersuchungen der Mikrolinsen, daß Halos weder überwiegend sehr massereiche Objekte noch Jupiter-Ähnliche sind, obwohl sie einige solche Objekte enthalten könnten. So läßt sich vermuten, daß die Materie des Halos selbst nichtbaryonische, weitverteilte dunkle Materie ist. Das führt zu weiteren Fragen: Könnte es sein, daß dann, wenn eine typische Galaxie zu 90% oder vielleicht sogar 99% aus weit verteilter dunkler Materie besteht, die sichtbaren Sterne nur der Zuckerguß sind und einige der Kuchen noch gar nicht gefunden wurden? Gibt es tatsächlich dunkle »Halos«, die keine hellen Galaxien enthalten? Mit Hilfe von Gravitationslinsen könnte sich diese Frage beantworten lassen, wenn das Hubble-Raumteleskop diese Beobachtungen anstellen kann.

Dunkle Galaxien

Neuere Arbeiten zur Galaxienbildung, wie etwa Computermodelle mit kalter dunkler Materie, lassen vermuten, daß es dunkle Halos geben könnte, in denen sich keine Galaxien gebildet haben. Weil Licht von Materie ganz unabhängig davon abgelenkt wird, ob diese Materie leuchten kann (wie das Beispiel des Schwarzen Lochs verdeutlicht), sollten diese »unsichtbaren« Halos ihre Gegenwart dadurch verraten, daß sie Licht von fernen hellen Objekten verzerren. Bei den wenigen uns bekannten Gravitationslinsen überrascht am meisten, wie weit die beiden Bilder in einigen Fällen voneinander entfernt sind. Der Abstand ist viel größer, als man erwartet, wenn das abbildende Objekt eine einzelne gewöhnliche Galaxie oder ein Schwarzes Loch ist. Ein weiteres Problem liegt, wie schon erwähnt, darin, daß sich in einigen dieser Systeme dort, wo sich der Linseneffekt zeigen sollte, keine Spur von einer (oder mehreren) hellen Galaxien zeigt. Beide Rätsel stellen sich in aller Deutlichkeit bei dem System mit der weitesten Bildtrennung, vollen 7,3 Bogensekunden. Könnte dieses System (und andere, ähnliche) ein Ergebnis des Linseneffekts dunkler Halos entlang der Sichtlinie sein?

Die entsprechenden Berechnungen lassen es als wenig wahrscheinlich erscheinen, daß ein einzelner ausgedehnter Halo mehrere Bilder eines hellen Objekts entwirft, das, von der Erde aus gesehen, hinter ihm liegt. Das Licht wird zwar verzerrt, aber nicht stark genug fokussiert, um Mehrfachbilder zu ergeben. Andererseits *können* sich Mehrfachbilder ergeben, wenn *zwei* dunkle halo-ähnliche Objekte entlang der Sichtlinie zu einer fernen Quelle hin liegen (etwa den beiden Linsen eines einfachen Fernrohrs entsprechend). Die Situation ist ziemlich kompliziert, denn es können zwei Halos mit verschiedenen Rotverschiebungen ins Spiel kommen, die nicht genau hintereinander oder vor dem fernen Quasar liegen. In Modellen mit kalter dunkler Materie könnte es mehr von diesen »verpaßten« Galaxien geben, als es sichtbare, mit Sternen erfüllte gibt. In einem flachen Weltall ist der Effekt am wahrscheinlichsten bei dunklen Halos mit Rotverschiebungen zwischen 0,3 und 0,6. Doppelabbildungen solcher Halos sollten Bilder erzeugen, die von unserer Galaxis aus gesehen einen Abstand von 5 bis 7,5 Bogensekunden haben. Dies ist genau der Bereich, in dem die verwirrend weit getrennten Bilder gesehen werden. Solange sorgfältige Himmelsdurchmusterungen keine dazwischenliegende Linsengalaxie finden, spricht unserer Meinung nach viel dafür, daß ein oder zwei der bekannten durch Gravitationslinsen erzeugten Systeme zwei dunkle Halos enthalten.

Verpaßte Galaxien könnten dunkel sein, weil alle Baryonen in dem Halo zu lichtschwachen Objekten, etwa zu Braunen Zwergen kondensiert sind. Andererseits könnten sie Halos sein, die nur nichtbaryonische Materie enthalten und ihre Baryonen aus irgendeinem Grund verstoßen haben. Aber vielleicht ist es am wahrscheinlichsten, daß sie eine Mischung aus baryonischem und nichtbaryonischem Material sind, in dem die Baryonen in Form von Wolken aus Wasserstoffgas (die selbst wieder mit 25% im Urknall erzeugten Heliums durchsetzt sind) verteilt sind. In diesem Abschnitt unseres Buchs haben wir uns bis jetzt auf die dunkle Materie konzentriert, die das Weltall beherrscht und die nichtbaryonisch ist. Aber wir sollten nicht vergessen, daß es auch viel dunkle *baryonische* Materie geben könnte. Die sichtbaren Galaxien tragen selbst dann, wenn jede zehnmal soviel dunkle (möglicherweise nichtbaryonische) Materie enthält, wie sie helle Sterne hat, nur durchschnittlich 10 bis 20% zu der Menge bei, die nötig ist, wenn das Weltall wirklich flach ist. Deshalb könnten der größte Teil der dunklen Materie und auch die meisten Wasserstoffatome zwischen den Galaxien und den Haufen liegen. Irgendwo dort draußen gibt es viele unsichtbare Wasserstoffatome.

Einige der von uns behandelten Theorien der Galaxienbildung behaupten, daß die Leerräume zwischen hellen Galaxien nicht wirklich leer sind, sondern viele »verpaßte« Galaxien enthalten. Und es gibt, wie wir im nächsten Kapitel sehen werden, eine Möglichkeit, diese verpaßten Galaxien zu erforschen, indem wir nicht darauf achten, wie sie das Licht ferner Objekte ablenken, sondern darauf, wie sie in Form dunkler Linien im Spektrum von Quasaren ihre Spur hinterlassen.

9. Der Lyman-Wald: Entstehung und Entwicklung von Galaxien

Astronomen bestimmen die Entfernungen von Galaxien und Quasaren mit Hilfe der Rotverschiebung. Sie vergleichen also die Wellenlängen der Spektrallinien dieser Objekte mit jenen, die diese Linien in den Laboratorien hier auf der Erde haben. Eine Spektrallinie ergibt sich, wenn Elektronen im Atom von einem Energieniveau auf ein anderes übergehen. Am besten stellt man sich diese Energieniveaus als Treppenstufen vor. Ein Elektron kann sich auf jeder Stufe niederlassen, zwischen zwei Stufen aber findet es keinen stabilen Halt. Wenn das Atom genau die richtige Energiemenge aufnimmt, kann ein Elektron eine, zwei oder mehr Stufen hoch springen. Aber es muß immer ganze Stufen überspringen, weil es zwischen zwei Stufen nicht bleiben kann. Später fällt es vielleicht wieder hinunter, allerdings kann es wiederum nur um eine oder zwei oder auch mehrere ganze Stufen fallen. Die dazu benötigte Energie hängt von der Größe und von der Anzahl der Stufen ab, die das Elektron überspringt. Elektromagnetische Strahlung, also zum Beispiel Licht, überträgt Energie; das Licht überträgt um so mehr Energie, je kürzer die Wellenlänge des Lichts ist. Wenn das Atom dem Licht im Hintergrund Energie entnimmt, bleibt im Spektrum dort, wo das Licht weggenommen wurde, eine scharf definierte dunkle Linie. Wenn das Elektron die Stufen hinunterfällt, strahlt es, wieder mit einer sehr genau definierten Wellenlänge, Energie aus und erzeugt im Spektrum eine helle Linie.

Diese Linien können im Labor gemessen werden, und ihre Wellenlängen lassen sich mit Hilfe der Quantentheorie vorhersagen. Der Erfolg der Quantentheorie bei der Erklärung des Spektrums des Wasserstoffatoms zählt sogar zu den größten Triumphen der Physik des frühen zwanzigsten Jahrhunderts.

Weil Wasserstoff das einfachste Element ist, bei dem nur ein Elektron ein einziges Proton umrundet, hat es das einfachste Spektrum und ist am einfachsten zu berechnen. Die Energieniveaus des Wasserstoffs sind sehr genau bekannt. Das kommt besonders den Astronomen sehr zustatten, denn Wasserstoff ist das bei weitem häufigste Element des Universums. Aus ihm besteht 75% aller baryonischen Materie, in den hellen Sternen ebenso wie in den dunklen Wolken. Zum Messen kosmologischer Entfernungen braucht man daher nichts als eine gute Kenntnis des Wasserstoffspektrums und der Rotverschiebung.

Selbst das Wasserstoffspektrum enthält viele Linien. Stellen Sie sich vor, unsere Treppe hätte nur sechs Stufen und die unterste Stufe entspräche dem niedrigsten Energieniveau, dem also, das dem Atomkern, hier dem Proton, am nächsten ist. Ein Elektron, das von Stufe sechs auf Stufe eins springt, erzeugt im Spektrum eine charakteristische Linie. Ein Elektron, das in einem anderen Atom einen äquivalenten Sprung macht, erzeugt dieselbe Wellenlänge der Strahlung und trägt zu dieser Linie im Spektrum einer Wolke aus heißem Wasserstoff bei. Das ist nur der Anfang. Ein Elektron, das von Stufe fünf auf Stufe eins springt, erzeugt eine andere Linie; genauso ist es beim Sprung von Stufe vier auf Stufe eins und so weiter. Das Spektrum einer Wasserstoffwolke enthält also viele Linien, und zu jedem möglichen Sprung gehört eine andere. Alle diese Linien entsprechen Sprüngen, die auf Stufe eins aufhören, und haben eine gewisse Ähnlichkeit. Daneben gibt es eine andere Serie von Linien, zu der Sprünge gehören, die auf Stufe zwei enden, eine weitere Serie, die den Sprüngen nach Stufe drei entspricht und so weiter. Wir haben uns hier auf nur sechs Stufen beschränkt; in Wirklichkeit gibt es mehr! Uns interessiert aber jetzt nur eine dieser Linienserien.

Die Sprünge, die auf der ersten Stufe eines Wasserstoffatoms enden, wurden in den ersten beiden Jahrzehnten dieses Jahrhunderts von dem amerikanischen Physiker Theodore Lyman experimentell untersucht. Die zugehörigen Linien liegen alle im ultravioletten Teil des Spektrums und entsprechen höheren Energien als Linien, die im sichtbaren Teil des Spektrums auftreten, also längere Wellenlängen haben als der ultraviolette Bereich. Zu Ehren von Lyman wurden diese Linien die *Lyman-Serie* genannt. Die hellste Linie der Serie ist als Lyman-α bekannt. Lyman-α tritt bei einer Wellenlänge von 122 Nanometer (nm) auf; diese Wellenlänge wurde zuerst im Labor gemessen und später aus der Quantentheorie abgeleitet. Weil die Ozonschicht der Erdatmosphäre uns von ultravioletter Strahlung abschirmt, läßt sich die Lyman-α-Linie von der Erde aus im Spektrum der Sonne oder anderer Sterne unserer Galaxis nicht finden. Aber Lyman sagte voraus, daß es diese Linie im Sonnenlicht geben müßte. Als 1959 (fünf Jahre nach Lymans Tod) Raketen Detektoren für UV-Strahlung über die Stratosphäre hinaus brachten, wurde seine Vorhersage bestätigt. Selbst 1959 hatten Astronomen jedoch keine Ahnung, als wie wichtig sich die Lyman-α-Linie für ihre Arbeit erweisen würde.

Quasare und Lyman-α

Quasare wurden zuerst Anfang der sechziger Jahre identifiziert, bald nachdem die Lyman-α-Linie im Sonnenlicht gefunden wurde. Zur Messung der Rotverschiebung eines Quasars lassen sich viele Spektrallinien benutzen, am besten jedoch eignen sich Wasserstofflinien, weil Wasserstoff so häufig vorkommt. Wegen der Rotverschiebung hat das Licht, bei dem wir üblicherweise einen Quasar sehen (oder vielmehr fotografieren), nicht die Wellenlänge, mit der es ausgesandt wurde. Die Energie, die die Erde im sichtbaren Teil des Spektrums erreicht, hat ursprünglich kürzere Wellenlängen – sie liegen im ultravioletten Bereich. Sehr heiße, energiereiche Objekte wie Quasare verstrahlen im ultravioletten Bereich viel Energie, die sich wegen der Rotverschiebung als heller Beitrag am blauen Ende des Spektrums zeigt. Es klingt paradox, daß ein Quasar trotz der Rotverschiebung für unsere Augen sehr *blau* aussehen kann, weil das blaue Licht, das wir sehen, noch viel *blauer* – also ultraviolett war. (Eine noch größere Rotverschiebung verschiebt natürlich das Licht ganz ans rote Ende des Spektrums, so daß der Quasar wirklich rot aussieht.) Im ultravioletten Bereich wird viel Energie ausgestrahlt, deshalb ist zu erwarten, daß die Lyman-α-Linie eines Quasars sehr stark ist; wenn die Rotverschiebung hinreichend groß ist, wird diese Linie in den sichtbaren Teil des Spektrums verschoben, wo die Ozonschichten der Stratosphäre die Strahlung nicht beeinflussen. Anders gesagt, es ist tatsächlich möglich, die Lyman-α-Strahlung eines Quasars mit großer Rotverschiebung *auf der Erde* zu entdecken, ohne daß Instrumente in den Raum geschickt werden. Lyman-α-Linien mit einer Rotverschiebung von 1,7 (aber keiner kleineren) lassen sich mit einer Wellenlänge von 330 nm eben noch von irdischen Instrumenten entdecken. Die Lyman-α-Emissionslinie ist im allgemeinen so stark und klar, daß aus Untersuchungen ihrer Form und Energie auf jene Energieprozesse geschlossen werden kann, die den Quasar so hell scheinen lassen. Aufgrund dieser Untersuchungen wird vermutet, daß Quasare ihre Energie von sehr massereichen Schwarzen Löchern erhalten. Aber das ist noch lange nicht das Ende der Geschichte. In einem typischen Quasarspektrum tritt die Lyman-α-Linie als eine deutliche Spitze hervor, wie ein sehr hoher Berg. Bei Wellenlängen auf der blauen Seite dieser Linie jedoch (bei etwas kleineren Rotverschiebungen) gibt es sehr viele schwächere, dunkle Linien. Sie lassen sich mit einer Reihe sehr enger, aber steiler Täler vergleichen, die unter die Ebene hinuntersinken, aus der sich der Lyman-α-Berg erhebt. Diese Linien können nicht im Quasar selbst gebildet werden – sie erstrecken sich über einen Bereich von Rotverschiebungen, der im expandierenden Weltall Entfernungen von Hunderten oder Tausenden von Millionen Lichtjahren entspricht. Sie müssen erzeugt werden, wenn das Licht des Quasars von Wolken kalten Gases absorbiert wird, die zwischen uns und dem Quasar liegen.

Diese dunklen Absorptionslinien, der sogenannte Lyman-Wald, wurden zuerst 1971 bemerkt, aber Anfang der siebziger Jahre waren die spektroskopischen Verfahren noch nicht gut genug, um viele Einzelheiten des Waldes zu zeigen. Mit der Entwicklung der Spektroskopie jedoch haben Astronomen bemerkt, daß sie eine ganze Serie von Lyman-α-Linien sehen, von denen jede eine andere Rotverschiebung hat. Wie ein ferner Scheinwerfer die Silhouette eines nahen Baums zeigt, hebt das Licht des Quasars Wasserstoff in Wolken zwischen uns und dem Quasar hervor. Anfang der achtziger Jahre waren die Verfahren so weit entwickelt, daß eine Untersuchung des Lyman-Waldes erste Informationen über diese Wolken geben konnte.

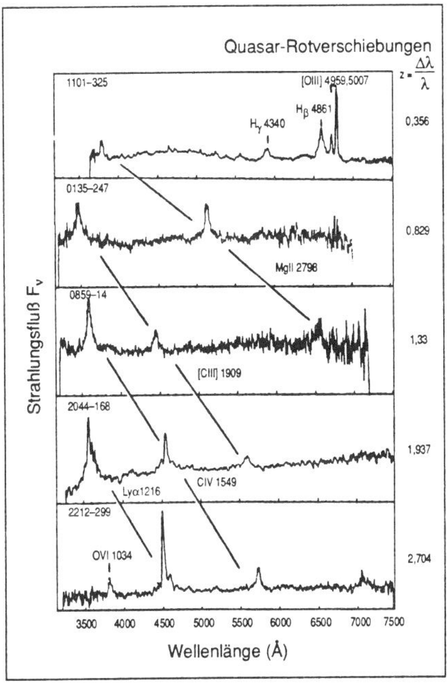

Abb. 34: Die Spektren mehrerer Quasare mit unterschiedlichen Rotverschiebungen *z* zeigen, daß die optischen Spektren von Objekten mit hohem *z* Emissionslinien aufweisen, die normalerweise weit im Ultravioletten liegen.

Hinein in den Wald

Die Erforschung des Lyman-Waldes war in den Jahren nach 1980 besonders aufregend, weil sie *nur* über jene Bereiche des Weltalls Aufschluß gab, die jenseits einer Rotverschiebung von 1,7 liegen. Gewöhnliche Galaxien lassen sich lediglich bis zu einer Rotverschiebung von etwa 0,3 untersuchen. Damit lassen sich nur wenige Milliarden Jahre der Weltgeschichte und wenige Milliarden Lichtjahre des Weltraums erfassen. Alle Beschreibungen von Blasen, Leerräumen, Flächen und Girlanden von Galaxien im Weltall beruhen auf unserem Wissen über diesen re-

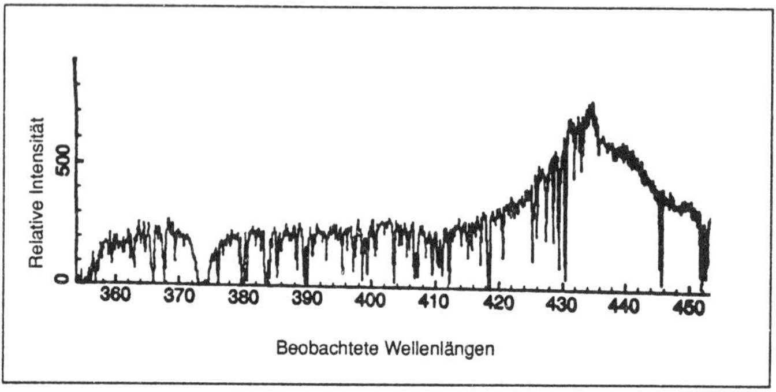

Abb. 35: Ein Spektrum des Quasars Q2206-199 mit einer Rotverschiebung von 2,56 zeigt die vielen engen Linien, aus denen ein Lyman-Wald besteht. Die breite Lyman-α-Emissionslinie befindet sich rechts. (Die Aufnahme wurde von A. Boksenberg und W. Sargent mit dem 5-Meter-Teleskop auf Mount Palomar gemacht.)

lativ kleinen Teil der Raumzeit. Der Lyman-Wald erzählt uns etwas aus früheren Zeiten – aus der Zeit zwischen etwa einer Milliarde Jahren nach dem Urknall und vier Milliarden Jahren nach dem Augenblick der Schöpfung, als das Weltall also noch jung war. Was er uns erzählt, bestätigt das allgemeine Bild eines von dunkler Materie beherrschten Universums; es führt zu Widersprüchen mit einigen der detaillierteren Modelle und stärkt die Glaubwürdigkeit der Kosmologie der kalten dunklen Materie.

Das Licht eines einzelnen Quasars kann Dutzende von Lyman-α-Absorptionslinien verschiedener Rotverschiebungen enthalten. Indem Astronomen eine einzelne Linie genau untersuchen, können sie etwas über die Bedingungen im Innern der Gaswolke herausfinden, die eben diese Lichtwellenlänge absorbierte.

Untersuchungen des Lyman-Waldes verraten auch, wie groß diese Wolken sind. In einigen Fällen lassen sich nämlich in den Wäldern zweier benachbarter Quasare sehr ähnliche Muster von Lyman-α-Linien erkennen. Dabei könnten die Quasare verschieden sein und nur zufällig fast auf derselben Sichtlinie liegen oder auch zwei Bilder eines einzigen durch eine Gravitationslinse gesehenen Quasars sein. Entscheidend ist, daß der Lyman-Wald

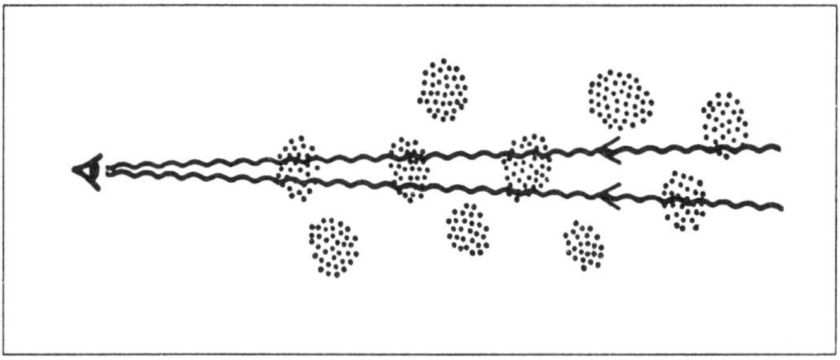

Abb. 36: Wenn der Lyman-Wald entlang zweier Sichtlinien – ob zu benachbarten Quasaren oder zu verschiedenen durch Gravitationslinsen entworfenen Bildern desselben Objekts – zeigt, daß einige (aber nicht alle) Linien übereinstimmen, müssen die Wolkengrößen, wie hier gezeigt, dem transversalen Abstand gleich sein.

fast unverändert aussieht, wenn das Licht auf zwei sehr wenig verschiedenen Wegen zu uns kommt. Einige der dazwischenliegenden Wolken müssen dann offenbar so groß sein, daß sie beide Quasarbilder am Himmel überdecken. In anderen Fällen haben die Lyman-Wälder zweier benachbarter Quasarbilder ganz verschiedene Kennzeichen – ihr Licht ist auf dem Weg zu uns *nicht* durch dieselben Wolken gelaufen. Eine gewöhnliche Dunkelwolke stellt sich mit einem Durchmesser von 35 000 Lichtjahren als etwa so groß heraus wie eine kleine Galaxie. Das wiederum sagt uns, wenn wir es mit den Schätzungen der Zahl der Wasserstoffatome und Protonen in jedem Kubikmeter Raum kombinieren, daß die Masse einer typischen Dunkelwolke zwischen dem Zehn- und dem Hundertmillionenfachen der Masse unserer Sonne liegt, was recht genau der Masse von Zwerggalaxien wie der Magellanschen Wolke entspricht, aber viel kleiner ist als die Masse unserer eigenen Galaxie. Mit Hilfe des Lichts von Quasaren können wir also Dunkelwolken, die etwa zehn Milliarden Lichtjahre von der Milchstraße entfernt sind, messen und wägen.

Ein weiteres wichtiges Ergebnis der verbesserten spektroskopischen Untersuchungen ist, daß sie keine Spuren von Linien zeigen, die etwas anderem als Wasserstoff entsprechen. Die Wolken sollten 25% Helium enthalten, wenn unsere Berechnungen des Urknalls stimmen, aber die entsprechenden Heliumlinien sind zu weit im Ultravioletten, um selbst bei diesen großen Rotverschiebungen von der Erde aus gesehen werden zu können. Ein Raumteleskop sollte diese Linien, den Helium-Wald, entdecken können und uns damit wissen lassen, ob die Wolken wirklich bis zu 25% aus Helium bestehen. Die Tatsache, daß keine Linien schwererer Elemente gefunden werden, ist eine Bestätigung dafür, daß beim Urknall nur Wasserstoff und Helium entstanden sind – schwerere Elemente entstehen in Sternen, und Sterne haben sich in diesen Wolken noch nicht gebildet.

Moderne Verfahren sagen uns, wie groß die einzelnen Dunkelwolken sind und woraus sie bestehen. Mit ihrer Hilfe können wir einen anderen Zugang zur nichtbaryonischen Materie des Weltalls gewinnen, indem wir schauen, was eine einzelne Dunkelwolke zusammenhält und wie die Wolken über das Weltall verteilt sind.

Lektionen im kosmischen Maßstab

Wenn solche Wolken im Raum isoliert existierten, würden sie sich, in astronomischen Zeiträumen gedacht, ziemlich schnell auflösen. Sie würden gewissermaßen verdampfen. Was also hält sie zusammen? Einige Forscher meinen, sie seien in noch größere Wolken aus noch viel heißerem Material eingebettet. In jenen größeren Wolken gäbe es keinen neutralen Wasserstoff, sondern nur freie Protonen und Elektronen, und deshalb wären keine Lyman-Linien zu sehen. Der Druck des heißeren Gases außerhalb würde jedoch die kleineren, kühleren Wolken, die wir sehen, daran hindern, sich auszudehnen und zu verdampfen. Dann würde sich diese einhüllende Wolke aus heißem Material abkühlen, und die Einschränkung für die einzelnen dunklen Wolken würde aufgehoben. Sie könnten sich auflösen und nur dünne Gasspuren hinterlassen. Da es im Lyman-Wald bei größeren Rotverschiebungen mehr Linien zu geben scheint als bei kleineren, was nahelegt, daß die Dunkelwolken sich im Lauf der Zeit verzogen haben, muß diese Möglichkeit ernst genommen werden. Wir ziehen jedoch eine Vorstellung vor, die das Vorhandensein dieser Dunkelwolken sehr schön mit der Kosmologie der kalten dunklen Materie verknüpft.

Danach bilden sich Galaxien, indem sich kleine Materieklumpen zu immer größeren Klumpen zusammenfinden. Früh in der Weltgeschichte wäre dann die kalte dunkle Materie in Räumen, die kleiner sind als die heute sichtbaren Galaxien, viel unregelmäßiger verteilt gewesen. Diese Unregelmäßigkeiten, die sogenannten Gravitationsmulden, müßten baryonische Materie eingefangen haben, aber es gibt keinen Grund, warum sich baryonische Materie in allen Fällen zu Sternen kondensiert haben sollte. Eine tiefe Mulde mit steilen Wänden würde Baryonen in ihre Mitte ziehen, und dort könnten sich Sterne bilden; eine sehr flache Mulde könnte vielleicht überhaupt kein baryonisches Gas einfangen. Aber in einem Zwischenbereich würden mäßig tiefe Mulden mit mäßig steilen Seiten Gas einfangen, das sich innerhalb der Mulde frei bewegen kann und nicht zu Sternen konzentriert wird. Die Messungen der Eigenschaften des Gases in den Wolken, die den Lyman-Wald erzeugen, entsprechen genau den Berechnungen für diese Art von Mulden. Das Gas, das die Quasarabsorptionslinien verursacht, mag in der Tat in einem Potentialtopf gefangen sein, wo etwas anderes als die Baryonen den wichtigsten Gravitationseinfluß darstellt. Das Ganze erinnert an die Messungen der Rotation von Scheibengalaxien, die zeigen, daß die Galaxien auseinanderfliegen würden, wenn sie nicht durch die Gravitation der dunklen Materie zusammengehalten würden. Genauso würden die Dunkelwolken des Lyman-Waldes auseinanderfliegen, wenn sie nicht durch etwas für uns Unsichtbares zusammengehalten würden. Die einfachste und natürlichste Annahme besagt, daß in beiden Fällen dasselbe Etwas – kalte dunkle Materie – für den Zusammenhalt sorgt.

Aber es gibt einen wichtigen Unterschied zwischen den Lyman-Wolken und den hellen beobachtbaren Galaxien. Sie umgeben nicht wie eine Art Schaum die Leerräume. Die Rotverschiebungen der Lyman-α-Linien sind anscheinend zufällig verteilt, wenn wir einmal davon absehen, daß es mehr Linien mit größeren Rotverschiebungen gibt als mit kleineren. Wenn es Leerräume gibt, die keine Lyman-Wolken enthalten, können sie zu den Zeiten, die Rotverschiebungen zwischen 1,7 und 4 entsprechen, nicht mehr als fünf Prozent des Weltvolumens ausgemacht haben.

Dies ist eine wichtige Entdeckung; sie besagt nicht nur, daß helle Galaxien schlechte Indikatoren dafür sind, wo sich die meiste Masse des Weltalls befindet, sondern auch, daß sie nicht einmal verraten, wo all die Baryonen sind. Dazu paßt auch gut, daß es Bereiche gibt, in denen sich eher Galaxien bilden als in anderen. Computermodelle sagen uns, daß in einem von kalter dunkler Materie beherrschten Weltall helle Galaxien in Haufen auftreten sollten. Aber jene Untersuchungen sagen uns auch, daß die Leerräume dunkle Materie in einer Dichte enthalten sollten, die etwa so groß ist wie die Dichte in den sie umgebenden flächen- und girlandenartig verteilten Galaxien. Wie üblich sind einige wenige Prozent baryonischer Materie in die kalte dunkle Materie der Leerräume hineingemischt, von der einiges in »Minihalos« festgehalten wird. Der Lyman-α-Wald hätte allein aufgrund der Theorie der kalten dunklen Materie vorhergesagt werden können – wäre er nicht über zehn Jahre »zu früh« entdeckt worden. Diese Reihenfolge der Ereignisse regt jedoch eher zum Nachsinnen über die Trägheit der Theoretiker an als über die Glaubwürdigkeit der Theorie selbst. Der Lyman-α-Wald bestätigt gut die *einfachste* Fassung der Kosmologie der dunklen Materie, die das Weltall als flach voraussetzt. Sie sagt uns klar und deutlich, daß alle Teile des Weltalls von dunkler Materie *und* von Baryonen erfüllt sein müssen. Die großen scheinbaren Leerräume sind nicht leer, ihnen fehlen vielmehr einfach helle Galaxien. Und damit haben wir immer noch nicht alle Hinweise auf die Natur des Weltalls ausgeschöpft, die wir vom Licht der Quasare gewinnen können.

Gewichtige Hinweise auf eine Galaxienmauer

Das Spektrum eines Quasars enthält gewöhnlich mehr als hundert Lyman-α-Linien, von denen jede eine andere Rotverschiebung aufweist. Die Lyman-Wolken selbst enthalten keine schweren Elemente. Aber das Quasarspektrum weist ein paar Linien auf, die zu schweren Elementen gehören. Solche Linien müssen entstehen, wenn Licht von einem Quasar durch eine Galaxie wie jene in unserer Nachbarschaft hindurchgeht. In all diesen Galaxien haben sich Sterne entwickelt. Einige von ihnen wurden dann Supernovae und verteilten die in ihrem Innern aufgebauten schweren Elemente im interstellaren Raum. Deshalb finden sich in den Wasserstoffwolken in einer Galaxie wie der unseren schwere Elemente, und deshalb ist das Licht eines Quasars, das in einer Galaxie wie der unseren durch eine Wasserstoffwolke läuft, durch die Spuren dieser schweren Atome gekennzeichnet. Helle Galaxien sind jedoch viel seltener als Lyman-Wolken. Entsprechend klein ist die Wahrscheinlichkeit, daß die Sichtlinie zu einem Quasar genau durch eine helle Galaxie hindurchgeht. Tatsächlich zeigt fast jedes Quasarspektrum einige Linien, die von schweren Elementen herrühren. Das kann nur bedeuten, daß alle Galaxien in große, dunkle Halos eingebettet sind, die etwa zehnmal so groß sind wie die hellen Galaxien (was wieder einmal sehr gut zu anderen neueren Untersuchungen über Galaxien paßt).

Einige der Rotverschiebungen, die diesen von schweren Elementen herrührenden Linien entsprechen, liegen zwischen etwa 0,5 und 0,8, sind also viel kleiner als jene der Linien im Lyman-Wald. Die Linien an den Grenzen der Beobachtung mit erdgebundenen Teleskopen rühren also von Galaxien her. Astronomen haben sich bei ihrer Suche nach Milchstraßensystemen von diesen Linien leiten lassen und daraufhin in vielen Fällen sehr schwache, entfernte Galaxien mit den richtigen Rotverschiebungen identifizieren können. Jetzt sind viele dieser Galaxien bekannt, und es ist gar nicht mehr zu bezweifeln, daß die von schweren Elementen herrührenden Linien in der Tat in Galaxien erzeugt werden. Wir brauchen also nicht mehr mühsam jede solche Galaxie zu identifizieren, sondern können darauf vertrauen, daß jede Rotverschiebung dieses Bereichs, die sich in einem Quasarspektrum aus einer von einem schweren Element herrührenden Linie bestimmen läßt, uns verrät, wo eine ferne Galaxie liegt. Die von schweren Elementen herrührenden, noch größeren Rotverschiebungen entsprechen Linien, bei denen wir nicht hoffen können, die zugehörigen Galaxien direkt zu identifizieren; mit etwas Mut können wir mit gutem Grund annehmen, daß diese Linien uns sagen, wo diese Galaxien in der Jugend des Weltalls waren. Die Frage ist offensichtlich, wie diese Galaxien im Raum verteilt sind.

Diese Forschungen stecken noch in den Kinderschuhen; am meisten überrascht bei dieser neuen Sicht des fernen Weltalls eine starke Konzentration von Galaxien. Sie bilden eine Mauer, die 30 Millionen Lichtjahre dick und 300 Millionen Lichtjahre breit ist. Mit einer Rotverschiebung von etwa 2 entspricht sie einer Zeit, in der das Weltall gerade erst drei Milliarden Jahre alt war. Dieser 1986 entdeckte Super-Superhaufen wird jetzt untersucht. Erst wenn wir solche Phänomene mit großen Rotverschiebungen erforscht haben, werden wir uns ein Bild von der Entwicklung des Universums machen können.

In die Vergangenheit des Weltalls

Unser Wissen von der Entstehung und Entwicklung der Galaxien ist jetzt in einem primitiven Stadium – es entspricht etwa dem, was wir vor fünfzig Jahren über die Sterne wußten. Wir verstehen die grundlegenden Strukturen noch nicht ganz – wir wissen zum Beispiel nicht, warum manche Galaxien Scheiben sind und andere Ellipsoide –, obwohl diese grundlegende Unterscheidung schon in den vierziger Jahren von Edwin Hubble getroffen wurde. Hubble beobachtete Galaxien, die weniger als einige hundert Millionen Lichtjahre von uns entfernt waren, also im Vergleich mit der Entfernung, die wir jetzt betrachten können, relativ nah. Aber weil das Weltall überall ziemlich gleich ist, sah Hubble damit einen repräsentativen Ausschnitt. Seine Klassifizierung der Galaxien hat überlebt und sich bewährt. Hubble selbst jedoch war sich der durch die Beobachtung gesetzten Grenzen durchaus bewußt. Sein großartiges Buch, *Im Reich der Nebel*, schließt mit den Worten:

Mit zunehmender Entfernung nimmt unser Wissen ab, und zwar schnell. Schließlich kommen wir an eine verschwommene Grenze, die äußerste Schranke für unsere Teleskope. Dort messen wir Schatten, und wir suchen unter geisterhaften Meßfehlern nach Landmarken, die kaum deutlicher sind. Die Suche geht weiter: Erst wenn die empirischen Möglichkeiten erschöpft sind, müssen wir ins Traumreich der Spekulation ausweichen.

Diese Suche ging weiter, und es wurden mächtigere Teleskope und empfindlichere Detektoren entwickelt. Ernsthafte Beobachter sind ins Reich der Spekulation eingedrungen. Weil sich das Licht mit endlicher Geschwindigkeit fortpflanzt, sehen wir ferne Teile der Welt, wie sie vor langer Zeit waren. Wir können in die Vergangenheit hineinsehen, wenn wir sie auch nicht wiederholen können. Es erfüllt uns mit Staunen, wenn wir uns klarmachen, daß die einfachen physikalischen Gesetze, die wir aus Experimenten hier auf der Erde hergeleitet haben, sich in den ungeheuren Weiten des kosmischen Raums und der kosmischen Zeit anwenden lassen. Um die Entwicklung des Kosmos zu beobachten, muß man jedoch weit in die zehn Milliarden Jahre zurückschauen, die sich das Weltall schon ausdehnt. Als erster hat das Sir Martin Ryle Ende der fünfziger Jahre dieses Jahrhunderts in Cambridge getan. Er fand deutliche Hinweise darauf, daß zu der Zeit, als die Galaxien jung waren, andere Bedingungen herrschten. Seine Radioteleskope nahmen elektromagnetische Wellen von aktiven Galaxien wahr (eine von denen, in denen wir heute sehr massereiche Schwarze Löcher vermuten), obwohl diese zu weit entfernt sind, als daß sie mit den optischen Verfahren jener Zeit beobachtet werden konnten. Er konnte die Entfernungen zu solchen Galaxien nicht allein mit Hilfe von Radiomessungen bestimmen, aber er nahm an, daß zumindest im Mittel die schwächer erscheinenden weiter entfernt wären als jene, die in seinen Instrumenten ein stärkeres Signal auslösten. Er zählte die Anzahl der Radioquellen mit unterschiedlichen scheinbaren Intensitäten und fand, daß es im Vergleich zu helleren und näheren zu viele schwache (also vermutlich entferntere) Galaxien gab. Das verwirrte jene, die den Gedanken eines unveränderlichen Steady-State-Universums befürworteten – Kosmologen, mit denen Ryle seinerzeit ständig im Kampf lag. Die

Beobachtungen waren mit dem Bild eines expandierenden Weltalls unter der Voraussetzung vereinbar, daß Galaxien in der fernen Vergangenheit häufiger heftige Ausbrüche hatten.

Nach der Entdeckung der Quasare 1963 beteiligten sich optische Astronomen an dieser Arbeit. Weil Quasare die überhellen Kerne von Galaxien sind, konnten optische Astronomen einige beobachten, die so weit entfernt sind, daß das Licht von ihnen ausgesandt wurde, als das Weltall weniger als ein Fünftel seines heutigen Alters hatte. Es ergibt sich aus der Erforschung der Quasare so klar wie aus Ryles radioastronomischen Daten, daß es im Kosmos zur Zeit der jungen Galaxien viel heftiger zuging als heute. Die meisten der Hauptkatastrophen, bei denen sich große Schwarze Löcher bildeten, fanden früh in der galaktischen Geschichte statt, als die Sterne weniger Gas einschlossen und den Ungeheuern in der Mitte dadurch mehr Brennstoff zur Verfügung stand.*

Galaxien mit sehr hohen Rotverschiebungen lassen sich, wie wir erläutert haben, indirekt mit Hilfe von Quasaren untersuchen, indem man Absorptionslinien oder auch Gravitationslinsen sucht, die von Galaxien entlang der Sichtlinie herrühren. Diese gewöhnlichen Galaxien, ohne überhelle Quasarkerne, würden bei solch großen Entfernungen fast unsichtbar schwach sein. Aber kürzlich haben sich die Aussichten verbessert, sie direkt zu entdecken. Die neuesten empfindlichen Detektoren, wie zum Beispiel die Ladungskoppler (CCD), geben Hinweise auf äußerst zahlreiche Objekte, die überall am Himmel dicht gepackt sind. Sie sind vermutlich junge Galaxien in dem Zustand, in dem sich eine Gaswolke noch zu einer Scheibe zusammenzieht. Wir müssen die Ergebnisse der Messungen des Raumteleskops und die Weiterentwicklung irdischer Teleskope abwarten, bis wir Bilder dieser Objekte gewinnen können. Das erste Instrument, von dem wir die Erfüllung dieser Aufgabe erwarten, ist das Keck-Teleskop in Hawaii mit einer Öffnung von zehn Metern; es sollte helle Bilder dieser Objekte erzeugen, die ihre Form erkennen lassen. Wir werden dann »Schnappschüsse« von Gruppen von Galaxien in unterschiedlichen Entfernungen (und des-

* Es ist auf anti-anthropische Art ironisch, daß es damals, vor der Bildung der Erde, besonders interessant gewesen wäre, ein Astronom zu sein.

halb verschiedenen Entwicklungsstufen) erhalten und direkt nachforschen können, wie Galaxien sich von ihren amorphen Anfängen her entwickelten – aus einer anfangs glatten und fast strukturlosen universalen Suppe heraus.

Fast strukturlos, aber nicht ganz; er gab kleine Fluktuationen der Ausdehnungsgeschwindigkeit von einem Ort zum anderen (wir wissen jedoch nicht, warum). Wir glauben jedoch zu verstehen, was damals passierte. Embryonische Galaxien waren überdichte Gebiete, deren Ausdehnung hinter der mittleren Ausdehnung zurücklag. Diese Embryonen entwickelten sich schließlich zu Wolken, deren Ausdehnung im Innern aufhörte und sich umkehrte. Die größeren kollabierten zu den ersten Galaxien, als das Weltall etwa zehn Prozent seines heutigen Alters hatte. Weniger massereiche Systeme hätten als stabile Gaswolken überleben können – sie führten zum Lyman-α-Wald. Später fanden sich die Galaxien zu Haufen zusammen. Das ist zumindest das Szenario, das unsere Theorie nahelegt – nur weitere Beobachtungen können sagen, ob das Vertrauen der Theoretiker in die Geschichte begründet ist.

Das Weltall ist so einfach, daß wir es verstehen können – darin liegt eine tiefe Wahrheit. Wie kommt es eigentlich dazu, daß wir hier sind und über die Natur des Weltalls nachdenken? Unser Sein hängt von der Tatsache ab, daß es Elemente gibt, die schwerer sind als Wasserstoff und Helium. Linien, die der Absorption schwerer Elemente entsprechen, lassen sich bei Rotverschiebungen, die bis zu 3,3 reichen, im Licht von Quasaren entdecken, und das allein zeigt, daß einige Sterne den Kreislauf ihres Lebens schon zu jener frühen Zeit abgeschlossen und ihre Produkte schon an junge Galaxien verteilt hatten. Aber wie wir im ersten Kapitel des Buchs andeuteten, konnten jene Sterne Wasserstoff und Helium nur deshalb in schwerere Elemente verwandeln, weil das durch einen erstaunlichen Zufall zu den Energieverhältnissen in Kohlenstoffkernen paßt. Wir haben jetzt zumindest im Großen ein Bild des Weltalls, in dem wir leben. Es ist an der Zeit, diese und andere Zufälle genauer zu betrachten. Ist das Weltall wirklich auf die Menschheit zugeschnitten?

Teil III

Ein Universum nach Maß?

10. Dem Menschen auf den Leib geschneidert?

Genau wie Elektronen in einem Atom verschiedene Energieniveaus, gleichsam verschiedene Treppenstufen, besetzen können, so auch die Teilchen im Atomkern. Diese Nukleonen gehen von einem Zustand mit niedriger Energie in einen mit hoher Energie über, wenn sie von außen den richtigen Stoß (die richtige Energiemenge) erhalten. Wenn sie einmal in einem hochenergetischen Zustand sind, können sie wieder auf ein niedrigeres Niveau zurückfallen. Meistens fallen sie auf die Grundstufe der Energieleiter zurück und strahlen dabei die entsprechende Energie ab. Der größte Zufall überhaupt im Weltall ist, daß es genau so flach ist, wie es ist, und daß die Menge der baryonischen Materie relativ genau der Menge der dunklen Materie entspricht. In dieser flachen Welt gibt es noch einen weiteren fast ebenso bemerkenswerten Zufall; er ermöglicht die Herstellung von Kohlenstoff und schwereren Elementen und hängt von der Feinabstimmung der Energieniveaus in einer Handvoll von Atomkernen ab.

Das Standardmodell des Urknalls wird unter anderem deshalb als wissenschaftlicher Triumph gesehen, weil es das reichliche Vorkommen der leichtesten Elemente erklärt, wie es sich in spektroskopischen Untersuchungen von Gaswolken und alten Sternen zeigt. Diese in den Gaswolken enthaltenen Elemente sind Wasserstoff, das leichteste Element von allen, Helium, aus dem etwa 25% der baryonischen Materie besteht, Deuterium (schwerer Wasserstoff), das in kleinen Spuren enthalten ist, sowie Lithium. Das Standardmodell zeigt, wie diese Elemente in einer Zeit zwischen etwa einer Zehntelsekunde und vier Minuten nach dem Augenblick der Schöpfung aus den ursprünglichen Baryonen entstanden sein können. Es ist nicht wichtig, auf welche Art die Materie so heiß und so dicht wurde, wie sie es im »Alter« von 0,1 Sekunden war. Temperatur und Dichte waren so hoch, daß sich ein »thermisches Gleichgewicht« ausbilden konnte, das alle Spuren seiner vergangenen Geschichte verwischte. Deshalb haben all die Auseinandersetzungen der letzten Jahre über den Zustand des sehr frühen Universums und den Augenblick der Schöpfung selbst keinen Einfluß auf diese Rechnungen. Im Urknall wurde kein baryonisches Material in Elemente umgewandelt, die schwerer sind als Lithium, bei dem jeder Atomkern drei Protonen und vier Neutronen enthält. Woher kommt dann alles andere?

Dies war ein Problem, das um 1950 schon voll erkannt war, lange bevor das Standardmodell des Urknalls vollständig und in seinen Einzelheiten aufgestellt worden war. Die Tatsache, daß wir existieren, zeigt, daß Kohlenstoff und andere Elemente irgendwo hergestellt und im Raum verteilt wurden. Selbst die frühesten Untersuchungen der dem Urknall zugrundeliegenden Physik durch George Gamow und seine Kollegen in den USA zeigten schon die Schwierigkeit, irgend etwas außer Wasserstoff und Helium herzustellen (eine Schwierigkeit, die der überschwengliche George Gamow mit dem Hinweis abzutun pflegte, daß diese Theorie als Erfolg gewertet werden müsse, da sie die Herkunft von 99% der bekannten Materie, nämlich von Wasserstoff und Helium, erklären könne). Der einzige Ort, an dem schwerere Elemente hätten hergestellt werden können und an dem sie heute noch hergestellt werden, ist das Sterninnere. Aber wie bringen die Sterne das Kunststück fertig?

Der Engpaß Beryllium

Astrophysiker wußten, daß die Kernsynthese etwas mit der Verbindung zweier Heliumkerne zu tun haben muß. Die stabilste Form des Helium, Helium-4, enthält im Kern nur zwei Protonen und zwei Neutronen. Diese Verbindung ist so stabil, daß ein Heliumkern sich wie ein Teilchen verhält. Es war schon vor der Entdeckung der Neutronen als α-Teilchen bekannt. Da der Helium-4-Kern so stabil ist, sind Atome, die im wesentlichen aus ganzzahligen Vielfachen des Helium-4 bestehen, selbst auch stabil und deshalb im Vergleich mit anderen Kernen häufig. Kohlenstoff, der 12 Nukleonen enthält, und Sauerstoff mit 16 Nukleonen sind hierfür die besten Beispiele, die von grundlegender Wichtigkeit für Lebensformen wie unsere eigene sind. Wenn einmal Kohlenstoff und Sauerstoff im Weltall in den richtigen Mengen vorkommen, ist es relativ leicht, den Gesetzen der Physik entsprechend die schwereren Elemente aufzubauen, wenn man Untersuchungen darüber kennt, wie zum Beispiel α-Teilchen in Teilchenbeschleunigern mit Kernen wechselwirken.

Das passiert im wesentlichen durch den Einbau von α-Teilchen (Heliumkernen) in schon existierende Kerne, die dann manchmal das überflüssige Proton oder Neutron ausspucken und zum Kern eines etwas leichteren Elements werden. Aber der allererste Schritt in diesem Prozeß scheint einen Engpaß darzustellen.

Zwei α-Teilchen, die mit der richtigen Energie (die genügend groß sein muß, um den von den positiv geladenen Protonen – die jedes Teilchen enthält – bewirkten elektrischen Rückstoß zu überwinden) aufeinanderstoßen, verbinden sich zu einem Beryllium-8-Kern. Leider ist jedoch Beryllium-8 die Ausnahme von der Regel, daß Kerne, die ganze Vielfache eines α-Teilchens sind, stabil sind. Dieses ist ganz auffallend *in*stabil und zerbricht nach einer Lebensdauer von nur 10^{-17} s in leichtere Teilchen. Wie kann also je Kohlenstoff entstehen, wozu ja dem Beryllium-8-Kern ein weiteres α-Teilchen hinzugefügt werden muß?

Vielleicht, so spekulierten manche Theoretiker, könnte Kohlenstoff-12 direkt innerhalb der Sterne erzeugt werden, wenn *drei* Helium-4-Kerne zufällig gleichzeitig zusammenstoßen. Aber eine einfache Rechnung zeigte bald, daß dies in der Tat so unwahrscheinlich ist, wie es klingt. Es könnte gelegentlich passieren, aber nicht oft genug, um all den Kohlenstoff zu erzeugen, den wir um uns herum sehen und der ja für die Chemie der Lebewesen entscheidend ist.

Ed Salpeter, ein amerikanischer Astrophysiker, schlug 1952 (mehr oder weniger aus Verzweiflung) vor, daß Kohlenstoff-12 in einem sehr raschen Prozeß in zwei Schritten erzeugt werden könnte, wenn nämlich zwei α-Teilchen zusammenstoßen und einen Kern von Beryllium-8 bilden, der wiederum in den 10^{-17} s vor seinem Zerfall von einem dritten α-Teilchen getroffen würde. Da dieses dem dritten Teilchen zumindest 10^{-17} s Zeit zum Auftreffen gibt, statt daß alle drei gleichzeitig zusammentreffen müssen, war das gegenüber der Dreifach-Kollision eine

Verbesserung. Aber da die Ankunft eines dritten Teilchens den instabilen Beryllium-8-Kern auch zerschmettern könnte, war die Verbesserung nicht besonders groß. Dann aber kam Fred Hoyle ins Bild, der schon 1946 eine klassisch zu nennende Arbeit geschrieben hatte, in der er die Idee verfocht, daß die chemischen Elemente in Sternen hergestellt werden.

Hoyles anthropische Einsicht

Hoyle (später Sir Fred Hoyle) war in England zu Hause, verbrachte aber in den 50er Jahren einige Zeit in Kalifornien, wo er mit seinem Freund, dem Kernphysiker Willy Fowler, zusammenarbeitete. Hoyle rätselte daran herum, wie schwere Kerne sich in Sternen bilden könnten (stellare Nukleosynthese) und war fasziniert von der Möglichkeit, daß die Energieniveaus von Beryllium, Helium und Kohlenstoff genau die richtigen sein könnten, um die von Salpeter vorgeschlagene Zwei-Stufen-Reaktion auszulösen. Alles hing von einer als Resonanz bekannten Eigenschaft ab.

Mit der Resonanz ist es so: Wenn zwei Kerne kollidieren und zusammenbleiben, trägt der neugebildete Kern die kombinierte Massenenergie der beiden Kerne und die gesamte Bewegungs- oder kinetische Energie (bis auf einen kleinen von der starken Kraft herrührenden Energiebetrag, die Bindungsenergie, die den neuen Kern zusammenhält). Der neue Kern »möchte« eine der Stufen seiner eigenen Energieleiter besetzen. Wenn diese kombinierte Energie von den einfallenden Teilchen nicht genau die richtige ist, muß der Überschuß in Form von kinetischer Restenergie eliminiert oder als Teilchen vom Kern ausgestoßen werden. Das vermindert die Wahrscheinlichkeit, daß die beiden kollidierenden Kerne zusammenbleiben; in vielen Fällen prallen sie einfach voneinander ab und führen weiterhin ihr Eigenleben. Wenn alles gut zusammenpaßt, wird der neue Kern mit genau der Energie geschaffen, die einem seiner natürlichen Niveaus entspricht (er kann dann natürlich Energiequanten abgeben und die Stufen bis zur niedrigsten Ebene hinunterspringen). In diesem Fall verläuft die Wechselwirkung sehr effektiv, und die Umwandlung leichterer Kerne in schwerere ist vollständig. Diese Zuordnung von Energien zu den Niveaus, die dem neuen Kern entsprechen, heißt Resonanz; sie hängt entscheidend von der Struktur der an diesen Zusammenstößen beteiligten Kerne ab.

Hoyle machte sich 1954 klar, daß nur dann im Sterninnern genug Kohlenstoff gewonnen werden kann, wenn es eine Resonanz zwischen Helium-4, Beryllium-8 und Kohlenstoff-12 gibt. Die Massenenergie eines jeden Kerns liegt fest und kann sich nicht ändern; die kinetische Energie eines jeden Kerns hängt von der Temperatur im Sterninnern ab, die Hoyle berechnen konnte. Aufgrund dieser Berechnungen sagte Hoyle vorher, daß es unter den Bedingungen im Sterninneren ein zuvor unentdecktes Energieniveau im Kohlenstoff-12-Kern geben müsse, dessen Energie mit den kombinierten Energien seiner Bestandteile einschließlich der kinetischen Energie in Resonanz ist. Er berechnete dieses Energieniveau und redete den eher skeptischen Kollegen Fowlers, den Kernphysikern, so lange gut zu, bis sie Experimente zur Überprüfung seiner Vorhersage anstellten. Zur Überraschung fast aller mit Ausnahme Hoyles zeigten die Messungen, daß das Kohlenstoff-12-Gas ein Energieniveau hat, das nur 4% über der berechneten Energie lag. Das ist so wenig mehr, daß die kinetischen Energien der kollidierenden Kerne leicht den Überschuß liefern können. Diese Resonanz vergrößert wesentlich die Chancen, daß ein Helium-4- und ein Beryllium-8-Kern zusammenhalten, und stellt sicher, daß im Sterninneren genug α-Teilchen zu Kohlenstoffkernen verschmolzen werden können, um unsere Existenz zu erklären.

Die Bedeutung von Hoyles erfolgreicher Vorhersage kann gar nicht genug betont werden. Nehmen wir zum Beispiel an, das Energieniveau im Kohlenstoff hätte sich als nur um 4% niedriger erwiesen als die kombinierte Energie von Helium-4 und Beryllium-8. Da kinetische Energie keine Möglichkeit hat, den Unterschied zu subtrahieren statt zu addieren, hätte das einfach nicht funktioniert. Das wird klar, wenn wir uns den vermutlich nächsten Schritt der stellaren Kernverschmelzung anschauen, die Erzeugung von Sauerstoff-16 aus einer Kombination von Kohlenstoff-12 und Helium-4. Wenn ein Kohlenstoff-12- und ein Helium-4-Kern zusammentreffen, verschmelzen sie zu Sauerstoff, wenn die geeignete Resonanz vorliegt. Aber die nächste Sauerstoff-16-Resonanz hat nur 1% *weniger* Energie als Helium-4 plus Kohlenstoff-12. Dieses eine Prozent ist jedoch alles, was notwendig ist, um sicherzustellen, daß diesmal keine Resonanz eintritt. Gewiß, in Sternen wird Sauerstoff-16 hergestellt, aber im Vergleich mit Kohlenstoff nur in kleinen Mengen (zumindest in diesem Frühstadium eines Sternenlebens). Wenn dieses Sauerstoff-Energieniveau 1% niedriger wäre, würde praktisch der gesamte im Inneren von Sternen erzeugte Kohlenstoff in Sauerstoff umgewandelt werden und ein großer Teil in noch schwerere Elemente. Es würde keine auf Kohlenstoff basierenden Lebensformen wie die unsrige geben.

Die meisten anthropischen Überlegungen werden mit dem Vorteil der nachträglichen Einsicht angestellt. Wir schauen uns das Weltall an, bemerken, daß es fast flach ist und sagen: »Ja, natürlich, das muß so sein, sonst würde es uns ja gar nicht geben.« Aber Hoyles Vorhersage ist anders, von eigener Art. Sie ist eine echt wissenschaftliche Vorhersage, die durch *spätere* Experimente überprüft und bestätigt wurde. Hoyle sagte im wesentlichen: »Da es uns gibt, muß Kohlenstoff ein Energieniveau von 7,6 MeV haben.« *Dann* wurden die Experimente durchgeführt und das Energieniveau gemessen. So weit wir wissen, ist dies die einzige echte Vorhersage, die auf dem anthropischen Prinzip beruht. Alle anderen sind »Vorhersagen«, die vor den Beobachtungen *hätten* gemacht werden können, wenn jemand genial genug gewesen wäre, sie zu machen, aber es kam nie dazu.

Hoyles bemerkenswerte Einsicht führte direkt zu einem genaueren Verständnis dafür, wie im Sterninneren alle anderen Elemente von Wasserstoff und Helium aufgebaut werden. Er arbeitete eng mit Willy Fowler und dem Ehepaar Geoffrey und Margaret Burbridge zusammen. Fowler erhielt später (ohne Hoyle) einen Nobelpreis für seinen Anteil an der Untersuchung der stellaren Nuklearsynthese.

Die Kombination dieser Zufälle, die für Kohlenstoff-12 die genau richtige Resonanz ergeben und für Sauerstoff-16 die genau falsche, ist in der Tat bemerkenswert. Es gibt keine bessere Bestätigung für die Behauptung, daß das Weltall zu unserem

Wohl gemacht ist – dem Menschen auf den Leib geschneidert. Aber diese und andere Zufälle lassen sich auch anders sehen. Bevor wir jedoch andere Sichtweisen darstellen, sollten wir vielleicht zwei weitere auffällige Zufälle erwähnen, die das Weltall zu einem lebenswerten Ort machen.

Der stellare Dampfkochtopf

Wenn wir wissen, wie Kohlenstoff und schwerere Elemente im Inneren von Sternen hergestellt werden, haben wir die Frage, wieso überhaupt auf der Erde Lebewesen existieren, die auf Kohlenstoff basieren, erst zur Hälfte beantwortet. Wie kommen die schweren Elemente aus den Sternen heraus und wie verteilen sie sich so über die Galaxie, daß sie ein Teil der Materiewolken werden, aus denen sich neue Sterne und Planeten bilden? Die einfache Antwort ist: Die schweren Elemente werden verteilt, wenn einige wenige Sterne als Supernovae explodieren. Aber was veranlaßt eine Supernova zum Ausbruch? Es stellt sich heraus, daß auch diese Verteilung der lebenswichtigen Elemente im Kosmos auf einen merkwürdigen Zufall im Weltall beruht.

Weil die Resonanz bei Sauerstoff-16 versagt, ist das Leben eines sehr massereichen Sterns sehr kompliziert und letztlich verheerend. Alle Sterne beginnen ihr Leben, indem sie Wasserstoffkerne »verbrennen«, sie in Helium umwandeln und dabei Hitze freisetzen. Wenn der Wasserstoff erschöpft ist, kann Helium seinerseits verbrannt werden, um Kohlenstoff zu erzeugen – in diesem Stadium seines Lebens schwillt ein Stern, der so beschaffen ist wie unsere Sonne, zu einem Roten Riesen an. So lange Helium in Kohlenstoff umgewandelt wird und bei jeder Bildung eines Kohlenstoffkerns etwas Energie frei wird, kann der Stern in der Mitte heiß genug bleiben, um das Gewicht seiner äußeren Schichten stützen zu können. Aber schließlich, nach vielen Millionen Jahren, ist das Helium erschöpft. Was dann passiert, hängt von der Masse des Sterns ab. Die meisten Sterne durchleben weitere Kernreaktionen, versuchen gleichsam in den letzten Atemzügen noch vergangenen Glanz zu retten, stürzen dann zusammen und kühlen sich ab. Sie werden zu einem Ball aus toter Sternenmasse, einem Weißen Zwerg, der vielleicht die Masse unserer Sonne hat, aber ein Volumen einnimmt, das nicht größer ist als das der Erde.

In den letzten Stadien seines Lebens kann ein solcher Stern große Mengen von Materie in den Raum pusten. Aber diese Materie kommt nur aus der Sternhülle und besteht fast ausschließlich aus Wasserstoff und Helium. Solche Sterne sind für unsere Zwecke uninteressant, weil die schweren in ihnen hergestellten Elemente im toten Stern eingeschlossen bleiben. Doch auch die ersten Entwicklungsstadien einer Supernova gleichen denen dieser prosaischen Objekte. Sie laufen etwa so ab: Wenn die Verbrennung des Heliums aufhört, erhöht sich der Druck des inneren Kerns unter dem Gewicht der Sternhüllen auf eine Temperatur um 600 Millionen Kelvin, bis zu dem Punkt, an dem die Kohlenstoffverbrennung beginnt. Diese Temperaturen werden nur im Inneren von Sternen erreicht, die mehr als viermal so massereich sind wie die Sonne; kleinere Sterne lassen sich fast sofort, nachdem ihr Helium verbrannt ist, nieder, um in Ruhe ihren Lebensabend zu verbringen. Weil es keine passende Sauerstoffresonanz gibt, ist die Kohlenstoffverbrennung in massereicheren Sternen nicht nur eine Frage der Hinzufügung eines α-Teilchens zu einem Kohlenstoff-12-Kern, damit Sauerstoff-16 entsteht. Zur Kohlenstoffverbrennung gehören auch Zusammenstöße zwischen Paaren von Kohlenstoff-12-Kernen. Dabei kann ein α-Teilchen hinausgeschleudert werden (das die überschüssige kinetische Energie mit sich nimmt) und ein Kern von Neon-20 entstehen. Manchmal bleiben die beiden Kohlenstoffatome als Magnesium-24 zusammen, und die überschüssige Energie entlädt sich in einem Strom von Gammastrahlen. Manchmal werden bei der Vereinigung zweier Kohlenstoff-12-Kerne *zwei* Helium-4-Kerne ausgeschieden, und es bleibt Sauerstoff-16 zurück.

Diese Vorgänge können sich nur solange abspielen, wie Kohlenstoff vorrätig ist. Wenn er erschöpft ist, beginnt der Gravitationskollaps des Sterns aufs neue. Wieder einmal beenden viele Sterne ihr Leben in diesem Stadium und kommen als abgekühlte Materieklumpen zur Ruhe. Wenn die Sternenmasse jedoch größer ist als neun Sonnenmassen, steigt die Temperatur auf über eine Milliarde Grad, und das Verbrennen von Neon beginnt. Dieser Vorgang führt zu einer Neuordnung des bei der Kohlenstoffverbrennung übriggebliebenen Materials. Ein Neon-20-Kern kann einen Helium-4-Kern absorbieren und zu Magnesium-24 werden, wobei er einen Gammastrahl ausschickt. Ein anderer Neon-20-Kern absorbiert einen Gammastrahl und spuckt Helium-4 aus, wobei Sauerstoff übrigbleibt.

Wenn die Temperatur über 1,5 Milliarden K steigt, beginnt die Sauerstoffverbrennung. Das ist ein noch komplizierterer Vorgang, denn wenn zwei Sauerstoff-16-Kerne kollidieren, erzeugen sie eine Vielzahl von Elementen, darunter zwei Isotope des Siliziums, zwei Arten Schwefel, Phosphor und noch mehr Magnesium. Das entscheidende ist hier das Silizium, weil es in dem nächsten Stadium der Kernfusion, bei einer Temperatur von 3 Milliarden Kelvin in einem Stern mit einer Masse von zwanzig oder mehr Sonnenmassen, in Hunderte von Kernreaktionen verwickelt wird, deren Endprodukt in Form von Eisen-56-Kernen die letzte Sternenasche ergeben.

Es klingt wie eine lange und komplizierte Geschichte, und in gewisser Weise ist es das auch. Aber verglichen mit der Lebensdauer von Sternen sind die letzten Stadien in einem Augenblick vorüber. Einer dieser massereichen Sterne kann zehn Millionen Jahre damit verbringen, in aller Ruhe Wasserstoff zu verbrennen und dabei wie unsere Sonne zu scheinen, um dann noch weitere Millionen Jahre als ein Helium verbrennender Roter Riese zu leben. In einem Stern mit zum Beispiel fünfundzwanzigfacher Sonnenmasse braucht die Kohlenstoffverbrennung dann aber nur 600 Jahre, die Neonverbrennung nur ein Jahr, und der Sauerstoff ist nach einem halben Jahr verbrannt.* Das Endstadium, die Verbrennung von Silizium, ist in weniger als einem Tag abgeschlossen.

Es gibt drei Gründe für diese rasante Beschleunigung der stellaren Vorgänge. Zunächst kollabiert der Stern in jedem Stadium ein wenig mehr; der Kern wird heißer, und die Kernreaktionen

* Alle Zahlenangaben dieses Abschnitts beruhen auf Computermodellen, die berechnen, wie Sterne sich nach den bekannten physikalischen Gesetzen entwickeln. Sie wurden geeicht, indem die Computer »vorhersagen« mit dem Auftreten verschiedener Arten wirklicher Sterne mit verschiedenem Alter und verschiedenen Massen verglichen wurden. Die Zahlen sind folglich ziemlich zuverlässig.

werden heftiger. Zweitens sind die späteren Kernbrennstoffe weniger wirksam. Ein einziger Silizium-28-Kern wiegt zum Beispiel fast soviel wie 28 seiner Wasserstoffkerne (Protonen), mit denen der Stern begann, kann aber viel weniger Energie abgeben. Drittens werden solch hohe Temperaturen erreicht, daß Neutrinos erschaffen werden können. Diese entkommen ohne Schwierigkeit und nehmen viel rascher Energie weg, als die Sternoberfläche sie abstrahlt.

Der Schlüssel für das, was als nächstes passiert, heißt Energie. Der Stern gewinnt all seine Energie bei Kernreaktionen, indem Protonen und Neutronen in Atomkernen enger gepackt werden. In Eisen-56 sind sie so eng wie möglich gepackt; durch Fusion läßt sich deshalb keine weitere Energie gewinnen. Massereichere Kerne, wie etwa Gold, Blei, Silber und Uranium, sind weniger dicht gepackt als Eisen-56. Damit sie zu Eisen werden können, muß *mehr* Energie in das System hineingesteckt werden. Dies ist einer der Prozesse, die in einer Supernova ablaufen.

Bindeglied Supernova

Um unsere Argumentation weiter auszuführen, beschreiben wir nun, was einem Stern mit einer Masse von etwa 25 Sonnen passiert, wenn das Silizium vollständig verbrannt ist und sein Mittelpunkt zu einer Eisenkugel von der Masse unserer Sonne geworden ist. Die Vorgänge verlaufen in Sternen mit großer Masse nur in Einzelheiten etwas anders. Ein solcher Stern kann nicht mehr stabil bleiben, denn in seinem Inneren wird durch Kernfusion keine Energie mehr erzeugt. Das Ergebnis ist erschütternd. Die inneren Bereiche des Sterns werden nach innen gepreßt, und der Druck auf die Eisenkerne in der Sternmitte wird so groß, daß Elektronen und Protonen gezwungen werden, miteinander zu Neutronen zu verschmelzen. Ein Neutronenball packt Materie noch fester zusammen als eine Kugel aus Eisenkernen, und so wandelt sich die Sternmitte in einen Neutronenstern um, der immer noch so viel Masse hat wie unsere Sonne, aber jetzt nur noch so viel Raum einnimmt wie der Mount Everest. Er wird wirklich zu einem einzigen »atomaren« Kern. Der Materie im Inneren des umgebenden Sterns wird der Boden unter den Füßen weggezogen, und sie stürzt auf den neugebildeten Neutronenstern mit Geschwindigkeiten ein, die bis zu 15% der Lichtgeschwindigkeit erreichen. Wenn dieses rasende Material den Neutronenstern von allen Seiten gleichzeitig bombardiert, zerquetscht der Aufprall die Neutronenkugel etwa so, wie ein Golfball in einer Eisenklemme zusammengepreßt wird. Aber Neutronenmaterie läßt sich nur sehr schwer zusammendrücken – es ist, als ob ein Atomkern zusammengepreßt werden sollte – und prallt schnell wieder zurück. Dieser Rückstoß erzeugt gewaltige Temperaturen und großen Druck, wodurch sich die Stoßwelle umkehrt und durch den riesigen Stern hindurch nach außen läuft.

All das passiert in weniger als einer halben Sekunde. Der Stern kann einen Durchmesser von 700 Millionen Kilometern haben, also so groß sein wie die Bahn des Jupiter; wenn die Schockwelle ihn nach außen hin durchläuft, trifft sie auf Widerstand und wird langsamer. Sie versucht ja schließlich etwa 24 Sonnenmassen zu bewegen! Ohne Hilfe würde sie schnell verpuffen. Aber ihr folgt eine Flut von Neutrinos, die im Neutronenkern unter dem Druck der einfallenden Materie erzeugt wurden. Die Materie in der verlangsamten Schockwelle ist so dicht, daß sie ziemlich viele Neutrinos absorbiert. Die Energie dieser Neutrinos gibt der Schockwelle den Schub, den sie braucht, um auch die äußeren Schichten des Sterns auseinanderzublasen.

Bei all dieser energiereichen Tätigkeit haben sich viele Elemente gebildet, die schwerer sind als Eisen, und viele komplexe Kernreaktionen haben aus den Grundbestandteilen der Kernverbrennung viele andere Elemente hergestellt. Eine Supernova scheint einige Wochen lang so hell wie eine ganze Galaxie normaler Sterne zusammen. Die Energie, die sie so hell macht, stammt aus der Radioaktivität, aus instabilen Elementen, die schwerer sind als Eisen, die durch die Schockwelle zusammengedrängt wurden und jetzt wieder zerbrechen, wobei sie Energie freisetzen und stabilere, enggepackte Kerne bilden. Dieser intergalaktische Leuchtturm stößt in unserem Beispiel mehr als zwanzig Sonnenmassen in den Raum hinein, die das Vermächtnis der schweren Elemente des sterbenden Sterns mit sich in den Raum hinein tragen. Die Sternmitte ist endlich vom lästigen Druck des restlichen Sterns befreit; sie läßt sich als rotierender Neutronenstern nieder und wird vielleicht von einer fernen zivilisierten Welt als Pulsar identifiziert. Die Lebewesen, die solche Pulsare untersuchen, und die Stahlträger, mit denen ihre Radioteleskope gebaut sind (vom Silizium in den Chips ihrer Computer gar nicht zu reden), sind gleicherweise Erzeugnisse von Supernova-Ausbrüchen vergangener Äonen.

Diese Geschichte fasziniert schon an sich. Aber wo bleibt der anthropische Zufall? Er steckt im Neutrino-Ausbruch, dem entscheidenden Schritt, durch den die Schockwelle den Stern platzen lassen kann. Computerberechnungen haben in den 80er Jahren gezeigt, daß die Schockwelle allein die Aufgabe nicht lösen kann und Neutrinos daran beteiligt sein müssen. Aber einige Forscher waren skeptisch, weil die »Feinabstimmung« der Eigenschaften der Neutrinos für diese Aufgabe so sehr gut sein muß. Alles hängt von der Stärke der schwachen Wechselwirkung ab, einer der vier Grundkräfte. Wäre die schwache Wechselwirkung etwas zu schwach, dann wäre selbst die dichte Schockwelle für Neutrinos durchlässig, und sie würden einfach durch den Stern hindurchfluten und nicht dabei helfen, die Sternhülle nach außen zu stoßen. Wenn andererseits die schwache Wechselwirkung etwas zu stark wäre, dann würden die Neutrinos in Reaktionen in der Sternmitte selbst verwickelt und niemals aus dem Bereich herauskommen, in dem die Schockwelle langsamer wird und ihren Geist aufgibt. Die schwache Wechselwirkung muß genau richtig dosiert sein, damit genug Neutrinos aus der Mitte entweichen und mit der Schockwelle wechselwirken können.

Einige Zweifel an diesem Bild des Explosionsmechanismus wurden durch Untersuchungen des Neutrino-Ausbruchs der Supernova 1987A ausgeräumt. Die Energie und die Anzahl der Neutrinos, die der Supernova entkamen und unsere Detektoren erreichten, entsprechen dem, was die Modelle fordern. Die Beobachtungen an der Supernova stimmen also sehr gut mit den Computerrechnungen überein. Sie bestätigen die Ansicht, daß die Neutrinos in der Tat die treibende Kraft liefern, die große mit schweren Elementen durchsetzte Gasmengen in den Raum jagt – ein Phänomen, ohne das Planeten wie die Erde oder Geschöpfe wie wir nicht entstehen könnten.

Ein kosmischer Zusammenhang

Derselbe Zufall taucht im Leben des Weltalls schon viel früher auf. Die Stärke der schwachen Kraft entscheidet nämlich, wieviel Wasserstoff beim Urknall in Helium verwandelt wird. Ein hohes Maß an Feinabstimmung ist erforderlich, wenn es auf beiden Seiten keinen Ausrutscher geben soll – wäre die Kraft etwas stärker, wäre kein Helium erzeugt worden. Wäre sie etwas schwächer, wären im Urknall fast *alle* Baryonen in Helium umgewandelt worden. Ein Weltall, in dem Sterne anfangs nur aus Wasserstoff bestehen, unterscheidet sich vielleicht von dem unseren gar nicht so sehr; aber wenn alle Sterne ursprünglich aus Helium bestanden hätten, wären sie sehr viel schneller ausgebrannt und hätten dem Leben vermutlich nicht genug Zeit gelassen, sich auf irgendeinem der möglicherweise entstandenen Planeten zu bilden (falls Leben sich überhaupt entwickeln kann, wenn es keinen Wasserstoff gibt, mit dem Wasser gebildet werden kann). Die Voraussetzung, daß manche Sterne durch ein Supernovastadium (das die von den Neutrinos verstärkte Schockwelle auslöst) gehen, ist im wesentlichen dieselbe wie die Bedingung, daß im Kosmos beträchtliche Mengen an Helium erzeugt werden. Die schwache Kraft scheint ziemlich genau so schwach zu sein, wie sie sein darf, damit nicht der gesamte ursprüngliche Wasserstoff in Helium verwandelt wird. Supernovae könnte es auch geben (sie würden dann nach einem anderen Mechanismus explodieren), wenn die Kraft etwas stärker wäre, aber wäre sie schwächer, könnten die Neutrinos keinerlei Explosion bewirken. Noch bequemer (vom baryonischen Standpunkt aus) würde das Universum vom Wasserstoff beherrscht, wenn die Kraft etwas stärker wäre. Aber die Chancen für ein Universum, in dem es *etwas* Helium *und* explodierende Supernovae gibt, sind sehr gering.

Diese Beispiele reichen aus, um die Macht der Zufälle zu belegen, die in unserem Weltall am Werk sind. Aber es gibt noch eine Ebene, auf der wir das Rätsel unserer Existenz erwägen können. Bis jetzt haben wir die Rahmenbedingungen unseres Weltalls als gesichert angesehen. Wir haben Möglichkeiten erwogen, an der schwachen Kraft oder an der Gravitationskonstanten herumzubasteln, und mit Freuden über die Krümmung und Dehnung der Raumzeit nachgedacht. Aber ist die Struktur des Weltalls selbst einzigartig und außergewöhnlich? Können wir irgend etwas Besonderes darin sehen, daß wir in einer Welt leben, die drei räumliche und eine zeitliche Dimension hat?

Raum, Zeit und Weltall

Befassen wir uns zuerst mit der Zeit. Bei der Betrachtung der Planckzeit müssen wir die ganze Vorstellung eines Zeitpfeils über Bord werfen, sogar die, daß es drei räumliche und eine zeitliche Dimension gibt. Wir können fragen, *warum* es einen Urknall gab – mußte er sich ganz zwangsläufig ereignen oder ist er Zeichen eines merkwürdigen Zufalls, ohne den es uns nicht geben würde? –, aber wir können nicht fragen, was »vor« dem Urknall passierte. In gewisser Weise beginnt die Zeit selbst mit dem Urknall. Ähnlich wird die Zeit enden, wenn es einen »Endknall« gibt. Selbst wenn sich das Weltall immer weiter ausdehnt, endet die Zeit für jeden Beobachter, der von einem Schwarzen Loch verschluckt und in die zentrale Singularität hineingezogen wird.

All das setzt voraus, daß die Zeit durch geeichte Uhren gemessen wird. Aber wir stehen vor einem Rätsel, wenn wir uns vorzustellen versuchen, wie wir die Zeit direkt vor einem Endknall messen könnten. Jede denkbare Uhr wird bei hinreichend großer Dichte zerstört. Wir könnten uns vorstellen, daß wir damit beginnen, die Zeit in Jahren zu messen, als Umlaufzeiten der Planeten um die Sterne. Wenn die Dichte groß wird und Sonnensysteme zerstört werden, könnten wir eine Atomuhr benutzen. Aber schließlich werden selbst Atome zerstört. Bei der Annäherung an die Singularität würden wir uns auf eine unendliche

Folge von immer kleineren und robusteren Uhren verlassen.* Diese Art des Denkens beruht jedoch auf einer unendlichen Rückwärtsbewegung, die fast sicher unbegründet ist – die Zeit ist *nicht* unendlich teilbar.

Genau wie es für die längste sinnvolle Zeitspanne (die Zeit vom Ur- bis zum Endknall) eine in Milliarden Jahren gemessene Grenze gibt, so könnte es eine kleinste natürliche Zeiteinheit geben. Die übliche Physik setzt selbst eine solche Grenze. Das Heisenbergsche Unschärfeprinzip besagt, daß wir, wenn wir ein kurzes Zeitintervall mit immer größerer Genauigkeit messen wollen, Strahlungsquanten mit immer größerer Energie und kürzeren Wellenlängen benutzen müssen. Weil sich die Lichtquanten mit endlicher Geschwindigkeit bewegen, muß sich diese zunehmende Energiemenge auf einen immer kleineren Raum konzentrieren. Eine Grenze entsteht, wenn die Energiekonzentration so groß ist, daß das Quantum in ein Schwarzes Loch hineinfällt. Das tritt bei etwa 10^{-43} s ein, der Planckzeit. Es ist nach den Gesetzen der Quantentheorie nicht möglich, Ereignisse mit größerer Genauigkeit als dieser chronologisch anzuordnen. Einige Physiker behaupten sogar, daß es eine fundamentale Grenze gibt, die noch größer ist als die Planckzeit, obwohl Experimente uns sagen, daß die Quantelung der Zeit sich sicherlich nicht in Zeiträumen bemerkbar macht, die größer sind als 10^{-26} s.

Ein anderes großes Geheimnis ist der »Zeitpfeil«, die Unumkehrbarkeit des Zeitstroms vom Urknall in die Zukunft. Die Gesetze der Mikrophysik sind zeit-umkehrbar. Wenn wir mikrophysikalische Wechselwirkungen filmten und den Film rückwärts laufen ließen, könnten wir im allgemeinen nicht erkennen, daß die Zeit »umgekehrt« sei. Die makroskopische Welt ist keineswegs in dieser Weise zeit-umkehrbar. Dinge altern und nutzen sich ab – und dieses Altern und die Abnutzung wird durch die Gesetze der Thermodynamik beschrieben. Wir haben nur Erinnerungen an die Vergangenheit, nicht an die Zukunft, und im allgemeinen fällt es leichter, hinterher klüger zu sein, als die Zu-

* Das erinnert uns an Zenos Paradoxon, das »beweist«, daß Bewegung unmöglich ist: Bevor ein Pfeil sein Ziel erreichen kann, muß er zuerst die halbe Strecke zurücklegen, davor ein Viertel des Weges, davor ein Achtel und so weiter, eine unendliche Anzahl von Wegstrecken, die alle durchlaufen werden müssen, bevor der Pfeil seine Bahn ziehen kann.

kunft vorherzusagen. Dieselbe Pfeilrichtung der Zeit scheint auch für das expandierende Weltall zu gelten. Der Urknall gehört dabei der Vergangenheit an, und »spätere« Zeiten sind Zeiten, in denen sich Galaxienhaufen weiter voneinander weg bewegt haben. Diese universelle Zeitrichtung könnte von allen intelligenten Beobachtern überall im Weltall wahrgenommen werden. Was würde passieren, wenn das Weltall seine Ausdehnung beendete und zusammenstürzte? Der Endknall, das Gegenstück zum Urknall, läge dann in der Zukunft, nicht in der Vergangenheit. »Spätere« Zeiten wären die Zeiten, in denen Galaxienhaufen näher beieinander sind – oder nicht? Thomas Gold war um 1960 einer der Theoretiker, die spekulierten, daß dann die Zeit rückwärts laufen würde. Bedeutet das, wir könnten uns an die Zukunft »erinnern«? Würden intelligente Beobachter in einem kollabierenden Universum immer noch denken, daß »spätere« Zeiten die sind, in denen Haufen weiter voneinander entfernt waren?

Diese Vermutung scheint sehr unwahrscheinlich. Nirgendwo im Universum ereignet sich in der Epoche der größten Ausdehnung lokal etwas Besonderes. Und doch ist der Gedanke ernst genommen und im letzten Jahrzehnt von Stephen Hawking und anderen Forschern wiederbelebt worden, als sie versuchten, eine quantenmechanische Beschreibung des Weltalls zu entwickeln. Paul Davies von der Universität in Newcastle upon Tyne hat kürzlich behauptet, daß dies eines der grundlegendsten Gesetze der Physik in Frage stellt.

Damit ist der zweite Hauptsatz der Thermodynamik gemeint, der besagt, daß Unordnung (Entropie) immer zunimmt. Hawking zeigte, daß ein Schwarzes Loch Entropie aufweist und daß die Oberfläche des Lochs ein Maß für seine Entropie ist. Wenn die Entropie immer zunehmen muß, muß ein Schwarzes Loch immer größer werden (außer es verdampft, aber das ist ein Quantenprozeß, der selbst wieder die Entropie vergrößert). Wenn das Weltall geschlossen ist und das dreidimensionale Äquivalent der Oberfläche einer Kugel bildet, ähnelt es in vieler Hinsicht einem von innen gesehenen Schwarzen Loch. Wenn aber das Weltall dazu bestimmt ist, daß seine Expansion einmal aufhört und es wieder zusammenfällt, muß die »Fläche« des

»Schwarzen Lochs« eines Tages schrumpfen – die Entropie muß abnehmen. Dann versagt der zweite Hauptsatz der Thermodynamik also in Bereichen von Raum und Zeit, die so normal sind wie das heutige Weltall. Es könnte aber einen Ausweg aus diesem Dilemma geben. Roger Penrose von der Universität Oxford hat den Gedanken vertreten, daß der Zeitpfeil mit dem Unterschied zwischen der Dynamik des Weltalls beim Urknall und beim Endknall zu tun hat. Aus Gründen, die wir noch nicht verstehen, war das Weltall nach dem Urknall erstaunlich glatt. Penrose behauptet, daß die Anfangssingularität dadurch ganz besonders und ungewöhnlich war. Der Endknall andererseits wird (falls es ihn gibt) viel chaotischer, unordentlicher und unsynchronisierter sein. Runzlige Bereiche der Raumzeit, die schon im Universum Schwarze Löcher bilden, werden sich weiter zusammenklumpen und den Raum immer krümeliger werden lassen, während das Weltall kollabiert. Penrose meint, daß es ein physikalisches Gesetz geben könnte – das noch niemand formuliert hat –, nach dem frühere Singularitäten ihrer Struktur nach immer einfacher sind als spätere und daß wir deshalb die Zeit als etwas erleben, das vom Urknall ausgehend in die Zukunft des expandierenden Weltalls fließt.

Ein anderes Rätsel betrifft zeitlich geschlossene Wege. Wenn es möglich wäre, eine solche Zeitschleife zu umlaufen und wieder in der eigenen Vergangenheit anzukommen, ergäben sich sofort offensichtliche Widersprüche. Wenn es möglich ist, die eigene Großmutter in der Wiege zu erwürgen, stellen sich nicht nur ethische, sondern auch logische Fragen – woher kommt der Würger, wenn Großmutter nie erwachsen wurde? Erstaunlicherweise gibt es einige Lösungen der Einsteinschen Feldgleichungen der Allgemeinen Relativitätstheorie, die kosmologischen Modellen zu entsprechen scheinen, in denen Zeitschleifen erlaubt sind. Diese Weltmodelle (in den 40er Jahren von Kurt Gödel mathematisch erforscht) unterscheiden sich von unserem Universum, aber sie scheinen physikalisch nicht unmöglich zu sein.

Man kann zu diesen Schleifen zwei Meinungen vertreten. Einerseits könnte die Tatsache, daß Einsteins Gleichungen sie zulassen, uns sagen, daß die Allgemeine Relativitätstheorie unvollständig ist und daß ein weiteres Naturgesetz solche Absurditäten ausschließen müßte. Andererseits könnte man der Ansicht sein, daß diese Paradoxa, die sich zweifellos für den bewußten Beobachter ergeben, der solche Zeitschleifen durchläuft, in einer Welt, in der es keine Erinnerung gibt, nicht unbedingt absurd sind. Eine Gödel-Welt könnte nach Definition keine intelligenten Lebewesen zulassen – eine Art anti-anthropische Bedingung –, obwohl sie sicherlich keinen praktischen Schaden anrichten könnten, weil die Reise um eine solche Schleife fast unendliche Energie bräuchte und fast so lange dauern würde, wie dieses Universum alt ist. Trotzdem haben Physiker etwas gegen alle Modelle, in denen das Kausalitätsprinzip verletzt werden könnte. Die meisten Physiker haben gleichermaßen viel gegen Theorien, die eine Umkehrung des Zeitpfeils fordern – aber auch dies wäre nicht unbedingt logisch absurd, wenn es zu einer Zeit geschähe, zu der alle Sterne und Massen zerfallen und alle Schwarzen Löcher verdampft wären und das Weltall nur noch reine Strahlung enthielte. Es gäbe dann keinen bewußten Beobachter, der bemerken könnte, was abläuft.

Es gibt, so scheint es, viel Raum für Spekulationen über die Zeit. Aber es gibt weniger Raum für Spekulationen über die Möglichkeit, daß Welten eine andere Anzahl von Dimensionen haben könnten als unsere eigene. Die Tatsache, daß das Weltall aus drei plus einer Dimension besteht, ist in der Tat eine so grundlegende Beobachtung, daß sie zumindest einige Menschen angeregt hat, anthropisch zu denken, bevor noch der Gedanke an ein anthropisches kosmologisches Prinzip entstanden war. Einer der ersten, der die Folgerungen aus der Dreidimensionalität des Raums durchdachte, war William Paley, ein Philosoph und Kleriker des achtzehnten Jahrhunderts, der allerdings seine Gedanken nicht in genau diesen Begriffen ausdrückte.

An Paley erinnert man sich heute am ehesten wegen seiner mit Entschiedenheit vertretenen Behauptung, Lebewesen seien viel zu kompliziert, um zufällig entstanden zu sein, und die Existenz von Geschöpfen, die so wunderbar für ihre Lebensweise ausgerüstet sind wie wir (oder eine Fliege oder eine Primel), verrate die Gegenwart eines Schöpfers, die Hand Gottes. Diese Behauptung wird drastisch durch einen Mann veranschaulicht, der, ohne Uhren zu kennen, auf der Erde eine Uhr liegen sieht und einer Untersuchung des Objekts entnimmt, daß es für einen Zweck entworfen und gebaut wurde. Ein »blinder Uhrmacher«, der vor einem Haufen von Uhrenteilen sitzt und sie *zufällig* zusammensetzt, würde, so behauptet Paley, niemals eine funktionierende Uhr zusammenbauen.* Die Behauptung mag zutreffen, ist aber unpassend, weil die Evolution durch natürliche Auslese nicht so vorgeht, daß sie alle Komponenten eines Lebewesens zufällig zusammensetzt, sondern indem sie sie auf erfolgreichen Vorläufern schrittweise aufbaut. Diese Debatte gehört nicht zum Thema unseres Buchs. Richard Dawkins hat den Mythos in seinem hervorragenden Buch *Der blinde Uhrmacher* zur letzten Ruhe gebettet, das wir jedem empfehlen, der sich heute noch durch den »Beweis durch Zweckmäßigkeit« verführen (oder verwirren) läßt. Für unser Thema ist wichtig, daß Paley auch von dem von Newton um 1680 aufgestellten Gravitationsgesetz fasziniert war.

Paley erkannte, daß das Gravitationsgesetz, nach dem die zwischen zwei Körpern wirkende Kraft proportional zum Reziproken des Quadrats ihrer Entfernung ist, auf einzigartige Weise zu stabilen Umlaufbahnen führen kann. Wenn die Kraft zum Beispiel dem Reziproken einer dritten Potenz proportional wäre, würden Planetenbahnen instabil sein. Ein Planet, der der Sonne zu nahe käme, würde sofort und unabwendbar auf sie zufallen, während einer, der nur etwas nach außen geriete, sich immer mehr entfernen müßte. Winzige Schwankungen wie der Aufprall eines Meteoriten hätten verheerende Folgen. In unserem Universum hat der Planet die Neigung, auf seine alte, regelmäßige Bahn zurückzukehren, wenn sich die Bahn zum Beispiel durch den Aufprall eines Felsbrockens aus dem Raum verschiebt. Paley sah in dieser »Wahl« des Gravitationsgesetzes ein weiteres gutes Beispiel für Gottes Walten, das das Weltall für das menschliche Leben geeignet machen wollte. Er äußerte sich jedoch nicht dazu,

* Paleys Argumente stammen hauptsächlich aus der Biologie; als Astronomen sind wir belustigt, wenn wir lesen, wie wenig Bedeutung er unserem Fach zubilligte: »Meine Meinung von der Astronomie war immer, daß sie nicht das beste Medium ist, mit dessen Hilfe die Wirkung eines intelligenten Schöpfers zu beweisen wäre, sondern daß sie, wenn das einmal bewiesen ist, mehr als alle anderen Wissenschaften die Großartigkeit seiner Handlungen aufzeigt.«

daß das Gravitationsgesetz aus der Dreidimensionalität des Raums folgt – obwohl das schon früher im achtzehnten Jahrhundert von Immanuel Kant bemerkt worden war.

Die Bedeutung der Raumdimensionen interessierte die Wissenschaftler erst im zwanzigsten Jahrhundert in der Folge von Einsteins Arbeit, die dem Raum (oder der Raumzeit) eine dynamische Rolle für die Physik zuschrieb. Einstein zeigte, daß der Exponent im Gravitationsgesetz immer um eins kleiner ist als die Dimension des Raums – ein reziprokes Quadrat in einem dreidimensionalen Raum, eine reziproke dritte Potenz in einem vierdimensionalen Raum und so weiter. Die Planetenbahnen sind nur in einem dreidimensionalen Raum stabil, weil ein Gravitationsgesetz mit einer reziproken zweiten Potenz nur in einem dreidimensionalen Raum natürlich ist. Etwa zur selben Zeit erkannten Forscher, daß die Gleichungen für den Elektromagnetismus, die der Schotte James Clerk Maxwell im neunzehnten Jahrhundert entdeckt hatte, nur dann brauchbare Lösungen haben, wenn sie in einer Raumzeit angewendet werden, die drei plus eine Dimensionen hat.

Zu dieser Einsicht kam 1955 G. J. Whitrow. Er behauptete, daß wir ein dreidimensionales Weltall beobachten, weil es Beobachter *nur* in Universen geben kann, die drei räumliche (und eine zeitliche) Dimensionen haben. Leben kann nur im dreidimensionalen Raum existieren. Wir leben, und also ist es keine Überraschung, daß wir uns im dreidimensionalen Raum befinden. Aber in der Mitte unseres Jahrhunderts ergaben sich aus dem Nachdenken über diese Einsicht ganz andere Folgerungen, als sie Kant oder Paley für die Bedeutung des Gravitationsgesetzes gezogen hatten. Statt unser Weltall als einzigartig und seine Eignung für das Leben als Ergebnis seiner Erschaffung zu betrachten, erwogen einige Forscher die Möglichkeit, daß es viele Universen geben könnte, und zwar so, daß zum Beispiel alle Möglichkeiten der Dimensionalität zugelassen sind. Nach dieser Vorstellung gibt es alle möglichen Universen, aber Leben existiert nur in der Untermenge der für das Leben tauglichen Universen, und ein Schöpfer ist überhaupt nicht nötig. Es überrascht kaum, daß einige der ersten Erörterungen dieses Themas aus der Sowjetunion kamen, wo die Hand Gottes nicht für eine vernünftige Erklärung der Zufälle im Weltall gehalten wurde. Auch Fred Hoyle erwog die Möglichkeit, daß die Energieniveaus zum Beispiel beim Kohlenstoff in verschiedenen Teilen des Welt- oder Superweltalls verschiedenen Gesetzen gehorchen, so daß Leben wie das unsere nur in kleineren Bereichen existiert, in denen die Übereinstimmungen sich als gerade richtig herausstellen. Anders als die sowjetischen Forscher hatte Hoyle eigene Vorstellungen von der Hand eines Schöpfers, der bei der Herstellung dieser scheinbaren Zufälle mitwirkt.

Einige Menschen nehmen diese Gedanken jetzt sehr ernst. John Wheeler zum Beispiel stellt sich eine Reihe von Universen mit anderen physikalischen Gesetzen und anderen Werten der Fundamentalkonstanten vor, die in der anfänglichen Singularität, dem Augenblick der Schöpfung, »festgelegt« wurden. In diesen Universen wirkt dann eine Art Evolution durch natürliche Auslese. Die meisten von ihnen sind »totgeboren« in dem Sinn, daß die in ihnen herrschenden Gesetze die Entwicklung von allem einigermaßen Interessanten ausschließen. Aber in einigen könnten sich komplexe Strukturen entwickeln. Es wäre eine große Leistung, wenn jemand zeigen könnte, daß jedes Universum, in dem Interessantes passieren kann, schließlich so aussehen *muß* wie unser Weltall. Zur Zeit jedoch können wir bestenfalls zeigen, wie selbst eine kleine Veränderung auch nur einer der entscheidenden Zahlen ein Weltall ergeben würde, das wahrscheinlich unbewohnbar und wohl nicht wiederzuerkennen wäre. Es gibt Hunderte von Wegen, an den Naturgesetzen herumzubasteln. Da wir uns mit der Schwerkraft schon beschäftigt haben, verändern wir in unserem Gedankenexperiment ihre Stärke.

Ein alternatives Weltall

Es ist nichts wirklich Fundamentales an den Einheiten, in denen wir Dinge hier auf der Erde messen – ob Pfund oder Kilogramm, Fuß oder Kilometer, alle sind gleich willkürlich. Wenn die Philosophen unter den Physikern über die Natur des Weltalls spekulieren, verwenden sie gern die sogenannten »natürlichen Einheiten«, jene, die durch die wirklich fundamentalen Naturkonstanten definiert sind, wie etwa die Lichtgeschwindigkeit und die nach Max Planck benannte Konstante der Quantenmechanik (wobei wir für den Augenblick voraussetzen, daß diese Konstanten wirklich konstant sind). Unter Verwendung dieser Fundamentalkonstanten lassen sich die Stärken der verschiedenen Wechselwirkungen als reine Zahlen angeben, deren Größe anzeigt, wie wichtig sie auf einer gewählten Skala sind. Gewöhnlich definieren Physiker diese Zahlen durch die Masse und die elektrische Ladung eines Protons, einem der größten Elementarteilchen. Auf dieser Skala ist die Schwerkraft relativ bedeutungslos; ihre Stärke wird durch die Feinstrukturkonstante der Gravitation beschrieben, eine Zahl, die ungefähr 10^{-40} beträgt – die elektrische Feinstrukturkonstante beträgt in denselben Einheiten 1/137, etwas weniger als 10^{-2}, und ist etwa 10^{-38}mal stärker als die Schwerkraft

Die Stärke der Schwerkraft ist winzig im Vergleich mit der Stärke der elektrischen Kräfte, aber wie wir sahen, beherrscht sie das Universum im Großen, weil sich alle elektrischen Kräfte gegenseitig aufheben, während sich die Gravitationskräfte aller Protonen und überhaupt aller subatomarer Teilchen addieren. Was würde passieren, wenn die Schwerkraft etwas stärker wäre?

Betrachten wir ein Weltall, in dem die Feinkonstante der Gravitation 10^{-30} statt 10^{-40} betrüge, alles andere aber bliebe wie gewohnt. Galaxien, Sterne, Planeten, Berge und Mikroorganismen könnten noch existieren, wären aber ganz anders als ihre Gegenstücke in unserem Weltall.

Die Masse eines Sterns hängt von dem Reziproken der $^3/_2$. Potenz der Gravitationskonstanten ab (ist also 1 dividiert durch die Quadratwurzel aus der dritten Potenz der Konstanten). Die Lebensdauer von Sternen andererseits hängt vom Reziproken der Konstanten ab. In unserem Weltall ist die Sonne ein gewöhnlicher Stern. Sie hat (natürlich) die Masse einer Sonne und eine Lebensdauer von etwa 10^{10} Jahren. In unserem alternativen Weltall hätten die Sterne in der Regel Massen von etwa 10^{-15} Sonnenmassen (etwa 10^{12} Tonnen, ungefähr die Masse eines Asteroiden bei uns). Die Lebenszeit eines Sterns hängt davon ab, wie lange ein Photon braucht, vom Zentrum zur Oberfläche zu diffundieren (mit »Zufallsbewegungen«). Diese Zeit hängt vom *Quadrat* der geradlinigen Entfernung ab. Unsere Ministerne also, die etwa so dicht verteilt wären wie die Sterne in unserem Universum, aber hunderttausendmal (10^5) kleiner wären, hätten eine Lebensdauer, die um das Zehnmilliardenfache (10^{10}) kürzer wäre – sie lebten also nur eines von unseren Jahren. Wenn wir nach dem Ursprung des Lebens fragen, das mit schweren Elementen zu tun hat, die sich in der ersten Sterngeneration entwikkeln, so wäre dieses Weltall im Alter von etwa einem Jahr interessant, wenn sein Hubbleradius etwa ein Lichtjahr beträgt. Die kritische Dichte, bei der dieses kompakte Weltall flach wäre, betrüge dann das 10^{10}fache der Dichte unseres Weltalls – immer noch wesentlich dünner als dünne Luft, aber gehaltvoller als das Gas zwischen den Sternen der Milchstraße.

In dem alternativen Weltall gäbe es so viele Galaxien, wie wir im beobachtbaren Universum sehen (etwa 10^{10}, 10 Milliarden), aber jede hätte einen um das 10^{10}fache kleineren Durchmesser als das Milchstraßensystem und wäre um ebensoviel dichter. Jede Galaxie enthielte etwa hunderttausend Sterne – aber die Sterne wären ganz anders als die uns bekannten.

Wenn die Masse eines jeden Sterns und damit auch sein Energievorrat nur das 10^{-15}fache dessen der Sonne betrüge, wäre jeder Stern etwa 10^{-5}mal so hell wie die Sonne. Diese schnell verbrennenden Sterne wären etwas heißer als typische Sterne in unserem wirklichen Universum, denn sie erreichten im Inneren Temperaturen von etwa 50 Millionen K, die Sonne dagegen erreicht nur 15 Millionen K. Der ganze Stern hätte einen Durchmesser von etwa zwei Kilometern; er wäre ein winziger Kernbrennofen, der mit einem blaueren Licht als die Sonne, also stärkerem Ultraviolett, strahlte. Die Energie zur Entwicklung von Leben wäre vorhanden, falls diese Sterne in der richtigen Entfernung Planeten hätten.

Die richtige Entfernung betrüge das $10^{-2,5}$fache der Entfernung der Erde von der Sonne, weil die Helligkeit des Sterns um 10^{-5} geringer wäre und die Intensität des Lichts bei jeder Entfernung von dem Stern vom Quadrat der Entfernung abhängt, was den zusätzlichen Faktor 2 in der Zehnerpotenz erklärt. Ein Planet mit dieser Entfernung, etwa 500000 km (weniger als die doppelte Entfernung Erde–Mond) von »seiner Sonne«, hätte dann eine angenehme mittlere Temperatur von etwa 25°C. Genau wie »seine Sonne« etwa 10^{-5} unserer Sonnenmassen hätte, so hätte diese »andere Erde« eine Masse von etwa 10^{-5} Erdmassen. Dieser Planet – von der Größe eines kleinen Mondes in unserem Universum – würde seine Sonne nach unserem Kalender ungefähr einmal in zwanzig Tagen umlaufen; das hätte die kuriose Folge, daß der Planet, in den »Jahren« seines eigenen Systems gerechnet, in einer Welt »lebte«, die erst achtzehn »Jahre« alt wäre.* Eine Variation des anthropischen Prinzips, mit dessen Hilfe wir in Kapitel 1 die Größen der Planeten in unserem Sonnensystem erklärten, behauptet jedoch, daß es in jedem dieser Jahre sehr viele »Tage« geben müsse. Wenn der Planet fast so schnell rotierte, wie es ihm ohne zu zerbrechen möglich wäre, hätte jedes seiner relativen langen »Jahre« etwa 2 Millionen Tage. Jeder »Tag« in dieser Miniwelt dauerte etwas weniger als eine unserer Sekunden.

Science-fiction-Schreiber hätten sicher ein großes Vergnügen daran, eine Zivilisation zu beschreiben, die einen solchen Planeten bewohnt und sich auf einer Zeitskala entwickelt, die durch die Tageslänge bestimmt ist, während der Planet seine Sonne auf einer zweimillionenmal längeren Zeitskala umläuft. Leider müssen solche Spekulationen eher als Fantasie denn als echte Science-fiction bezeichnet werden, weil kaum anzunehmen ist, daß sich auf einem solchen Planeten Leben und Kultur entwickeln könnten.

Das erste Problem besteht darin, daß in diesem hypothetischen, kompakten, beschleunigten Weltall die Sterne selbst im Vergleich zu ihrer eigenen Größe viel enger gepackt wären als in unserer Milchstraße. In jenem Weltall betrüge der Abstand zwischen zwei Sternen nur etwa ein Hundertstel der Entfernung Erde–Sonne, sie lägen also mitten im Bereich angenehm warmer Planetenbahnen. Planeten auf diesen Bahnen würden durch die

* Die Veränderung in der Stärke der Gravitation sollte, so scheint es auf den ersten Blick, den Planeten enger an seinen Stern binden und die Bahn schneller machen. Aber die kleinere Sternmasse überkompensiert das alles und läßt einen Faktor von hunderttausend (10^5) in die andere Richtung wirken.

Schwerkraft vorbeiziehender Sterne ihrem Stammstern buchstäblich entzogen, und nur Planeten in sehr engen und ungemütlich heißen Bahnen blieben ihrem eigenen Stern verbunden. Wenn Ihnen solche Spekulationen gefallen, können Sie sich bewohnbare Planeten als Wanderer zwischen den Sternen vorstellen, die hierhin und dorthin gehen, aber immer etwa die richtige Entfernung vom einen oder anderen Stern halten, um die für die komplexe Chemie nötigen Bedingungen auf ihren Oberflächen zu erhalten. Wie sähen diese Oberflächen aus und wie die Lebewesen, die sie bewohnen könnten?

Die größtmöglichen Berge wären nur wenig kleiner als die Masse, die nötig ist, die Materie an ihrer Basis durch Druck zu schmelzen, nämlich nur dreißig Zentimeter hoch. Aber die Masse eines Lebewesens, das gerade noch umfallen könnte, ohne zu zerbrechen (was, bezogen auf die Schwerkraft der Erde, unserer eigenen Masse vergleichbar ist), wäre so klein, daß jedes Lebewesen höchstens 10^{20} Atome schwerer Elemente wie Kohlenstoff, Stickstoff und Sauerstoff enthalten könnte. Unsere eigenen Körper enthalten etwa 10^{28} solche Atome, zehntausendmillionenmal mehr. Ein Bergsteiger in unserer alternativen Welt hätte eine Masse von etwa einem tausendstel Gramm und nicht hundert Kilogramm. Es wäre sehr verwunderlich, wenn ein solch kleiner Organismus die komplexen chemischen Verbindungen enthalten könnte, die eine Vorbedingung für intelligentes Leben zu sein scheinen.*

Das ist besonders bedauerlich, weil die Mikroorganismen, falls sie ein intelligentes Interesse an ihrer Umgebung hätten, Astronomie und Kosmologie in »echter Zeit« betreiben könnten. Zu ihren Lebzeiten könnten sie einen beträchtlichen Teil der Entwicklung der Sterne und des beschleunigten Universums verfolgen.

Die Beziehung zwischen Schwerkraft und Leben entwickelt sich aus zwei Eigenschaften dieser merkwürdigen Kraft, die ein-

* Sehr verwunderlich, aber vielleicht nicht unmöglich. Ein Bakterium hier auf der Erde mit einem Durchmesser von etwa einem hundertmillionstel Meter (einhundert Mikron) wiegt etwa ein halbes Millionstel Gramm. Unsere hypothetischen Bewohner der Miniwelt wären mindestens tausendmal größer. Der Science-fiction-Autor Greg Bear untersucht die Möglichkeiten der Intelligenz in seinem faszinierenden Buch *Blutmusik* im Maßstab von Bakterienzellen.

zelne Sterne und ganze Galaxien zusammenhält. Diese Eigenschaften sind für kosmogonische Prozesse ganz entscheidend. Der erste Punkt ist, daß die Schwerkraft die Dinge *aus dem Gleichgewicht* bringt und nicht hinein. Wenn unter dem Einfluß der Schwerkraft stehende Systeme Energie *verlieren*, werden sie *heißer*. Ein künstlicher Satellit zum Beispiel wird *beschleunigt*, wenn er unter dem Sog der Atmosphäre in spiralförmigen Bewegungen nach unten sinkt. Ein anderes Beispiel ist die Sonne. Wenn die Wärme, die sie verliert, nicht durch die Freisetzung von Energie bei der Kernfusion in ihrem Inneren ausgeglichen würde, würde sie sich zusammenziehen und schrumpfen – aber sie würde dabei im Innern *heißer* werden als zuvor. Es braucht *mehr* Druck im Innern, um den stärkeren Zug der Schwerkraft auszugleichen, wenn sie stärker komprimiert ist. Das widerspricht der allgemeinen Regel der Thermodynamik, die besagt, daß heiße, sich selbst überlassene Objekte (etwa ein glühender Klumpen heißen Stahls) Wärme ausstrahlen und kälter werden. Vom Urknall bis zu unserem Sonnensystem hat dieses anti-thermodynamische Verhalten der Schwerkraft die Dichtekontraste verstärkt und Temperaturgradienten geschaffen – Vorbedingungen für die Entwicklung jeglicher Komplexität im Universum.

Die zweite entscheidende Eigenschaft der Schwerkraft ist in unserem Universum ihre *Schwäche*. Unser Universum ist groß und diffus und entwickelt sich langsam, *weil* die Schwerkraft so schwach ist. Die extravagante Größe des Weltalls mit seinen Milliarden Lichtjahren ist nötig, damit die Zeit ausreicht, die Elemente im Inneren von Sternen zu kochen, und damit sich, sei es auch nur um einen Stern in nur einer Galaxie herum, interessantes und komplexes Leben entfalten kann. In dem oben betrachteten beschleunigten Weltall, in dem die Schwerkraft stärker wäre als bei uns, gäbe es weniger Zeit und weniger Gelegenheit für eine solche Entwicklung. Eine Kraft wie die Schwerkraft ist notwendig, wenn sich Strukturen aus amorphen Anfangsbedingungen entwickeln sollen. Aber je schwächer die Kraft ist, um so größer und komplexer sind paradoxerweise die Folgen.

Obwohl die Schwerkraft diese einzigartige Rolle spielt, scheint die genaue Stärke der anderen Grundkräfte für die Existenz von Leben ebenso wichtig zu sein. Das hier im einzelnen ausgeführte Beispiel ist für solche Überlegungen typisch. Wenn wir den Wert einer der Fundamentalkonstanten verändern, geht unweigerlich etwas schief und führt im Ergebnis zu einer Welt, die für Leben, wie wir es kennen, ungeeignet ist. Wenn wir eine zweite Konstante so anzupassen versuchen, daß das Problem behoben wäre, erhalten wir damit im allgemeinen für jedes »gelöste« Problem drei neue. Die Bedingungen in unserem Weltall scheinen wirklich in einzigartiger Weise für Lebensformen wie uns Menschen geeignet zu sein; vielleicht bieten sie sogar für jede komplexe organische Lebensform die bestmöglichen Bedingungen. Aber die Frage bleibt: Ist das Weltall dem Menschen auf den Leib geschneidert? Oder ist es, um im Bild zu bleiben, eher so, daß es ein ganzes Angebot von Universen gibt, unter denen »gewählt« werden kann, und daß wir durch unsere Existenz das eine Universum, das zufällig paßt, gleichsam von der Stange weg gekauft haben? Und was sind, wenn es so wäre, die anderen Universen und wo verstecken sie sich?

11. Ein Weltall von der Stange?

Beweise, die mit Hilfe von Überlegungen zur Feinabstimmung geführt werden, haben eine lange Geschichte. Lawrence Henderson, ein Professor an der Harvard Universität, schrieb Anfang des zwanzigsten Jahrhunderts zu diesem Thema das wichtige Buch *The Fitness of the Environment*. Er bemerkte darin unter anderem, wie die ungewöhnliche Eigenschaft des Wassers, die höchste Dichte nicht am Gefrierpunkt zu erreichen, bei der Entwicklung des Lebens auf der Erde eine entscheidende Rolle gespielt hat. Er wies auch auf spezielle Eigenschaften anderer Moleküle, darunter die des Kohlendioxids, hin und behauptete, daß »wir verpflichtet sind, diese Eigenschaften als eine irgendwie vernünftige Vorbereitung auf eine planetarische Entwicklung zu sehen. Deshalb müssen die Eigenschaften der Elemente zunächst einmal so gesehen werden, als ob sie ihrem Wesen nach teleologisch wären.« Sein Zeitgenosse Homer Smith andererseits war nicht beeindruckt und sagte, daß »die Tauglichkeit der Lebewesen für ihre Umwelt und umgekehrt zueinander passen wie ein Gipsabguß und seine Form, wie der Strudel und das Flußbett«.

Was jedoch fangen wir an mit den merkwürdigen Zufällen, den Übereinstimmungen zwischen den bei der Kernsynthese auftauchenden physikalischen Konstanten? Sie können nicht so leicht abgetan werden wie andere Überlegungen. Ein komplizierter biologischer Organismus muß sich in der Tat in Übereinstimmung mit seiner Umgebung entwickeln; aber die grundlegenden physikalischen Gesetze sind »gegeben«, und nichts kann sie rückwirkend verändern. Diese Gesetze ließen es schließlich zu, daß im Weltall etwas Interessantes geschah, obwohl es so leicht ein »totgeborenes« Weltall hätte sein können, ohne Entwicklungsmöglichkeiten für komplexe Strukturen. Der kanadische Philosoph John Leslie hat einen treffenden Vergleich gefunden. Stellen Sie sich vor, Sie stünden vor Ihrer Hinrichtung durch eine Staffel von fünfzig Soldaten. Die Kugeln sind abgeschossen, und Sie sehen, daß alle ihr Ziel verpaßt haben. Sonst wären Sie nicht mehr am Leben und könnten nicht über die Sache nachdenken. Aber wenn Sie merken, daß sie noch am Leben sind, ist es legitim, daß Sie darüber verblüfft sind und nach dem Grund fragen. In seiner schwächsten Form läuft solch anthropisches Nachdenken einfach auf die Freiheit hinaus, die Beobachtungen auszuwählen. Angesichts der ernüchternden Tatsache, daß wir eine auf Kohlenstoff beruhende Lebensform sind, die sich langsam um einen Stern der Klasse G herum entwickelte, gibt es einige Züge des Weltalls und einige Einschränkungen für die physikalischen Konstanten, die sich ganz direkt herleiten lassen.

Können wir jedoch über eine subjektive Äußerung unserer Verwunderung darüber hinausgehen, daß ein delikates Gleichgewicht vorzuherrschen scheint? Einige angesehene Wissenschaftler haben ihre Reaktion im Druck vorgelegt, in allgemeinverständlichen Artikeln und auch in Facharbeiten. Freeman Dyson sagt, in gewissem Sinne habe »das Universum [gewußt], daß wir kommen«. Entsprechend sagt Fred Hoyle in *Galaxies, Nuclei, and Quasars:* »Die physikalischen Gesetze sind vorsätzlich auf die Folgen hin entworfen, die sie für das Sterninnere haben. Wir existieren nur in Teilen des Weltalls, in denen die Energieniveaus in Kohlenstoff- und Sauerstoffkernen zufällig die richtigen sind.«

Als Reaktion auf Hoyles Bemerkung könnten wir fragen, ob die mikrophysikalischen Konstanten in verschiedenen Teilen des Weltalls oder zu verschiedenen Zeiten verschieden sein könnten. Paul Dirac vermutete vor einem halben Jahrhundert, daß die Gravitationskonstante sich mit dem Alter des Weltalls ändern könnte. Das wurde inzwischen durch Beobachtungen ausgeschlossen, und es gibt auch keine Hinweise darauf, daß andere mikrophysikalische Konstanten sich verändert haben – die Beobachtungen der Spektren ferner Objekte, des radioaktiven Zerfalls der geologischen Vergangenheit und andere Untersuchungen lassen keine anderen Schlußfolgerungen zu. Zudem stellen sich begriffliche Probleme, wenn wir sagen müßten, was wir zum Beispiel mit einer Variation der Planckschen Konstanten meinten. Die Atome und Kerne, deren Eigenschaften im Labor untersucht werden, verhalten sich anscheinend ganz genauso wie die im entferntesten Quasar oder in den ersten Minuten des Urknalls. Wäre das nicht so – gäbe es keine feste Verbindung zwischen dem Weltall und der Physik auf der Erde – hätte die wissenschaftliche Kosmologie wenig Fortschritte machen (und dieses Buch niemals geschrieben werden) können.

Aber könnte es nicht, selbst wenn die Konstanten im ganzen beobachtbaren Universum feststehen, andere Universen geben, in denen sie verschieden sind? Dieser Gedanke wurde von dem Biologen C.F.A. Pantin vorgetragen. Er sagte, daß »die Eigenschaften des materiellen Universums für die Entwicklung von Lebewesen einzigartig geeignet sind. Wenn wir wissen könnten, daß unser Universum nur eines aus einer unbestimmten Anzahl von Welten mit unterschiedlichen Eigenschaften wäre, könnten wir vielleicht eine zum Prinzip der natürlichen Auslese analoge Lösung finden: Nur in bestimmten Welten, zu denen unsere zufällig gehört, sind die Bedingungen für die Existenz des Lebens geeignet. Wenn diese Bedingungen nicht erfüllt sind, kann es keine Beobachter geben, die das bemerken können.«

Wenn jemand in ein Kleidungsgeschäft geht und einen Anzug kauft, der ausgezeichnet sitzt, gibt es zwei Möglichkeiten. Entweder haben die Schneider, die dort arbeiten, die Maße der Person sorgfältig bestimmt und den Anzug passend gemacht – Maßarbeit – oder das Geschäft hat einen solchen Vorrat an Kleidung in allen Formen und Größen, daß die fragliche Person die Kleidung von der Stange kaufen kann. Der Gedanke, daß das Weltall in gewisser Weise zu unserem Vorteil oder doch jedenfalls als ein geeignetes Heim für Intelligenz konstruiert ist, entspricht der ersten Möglichkeit. In vieler Hinsicht ist die zweite Möglichkeit die reizvollere. Aber sie erfordert die Existenz einer ungeheuren Anzahl anderer Universen, aus denen wir das unsere durch die Tatsache unserer Existenz »ausgewählt« haben. In diesem Bild gibt es unzählig viele andere Universen, in denen die Gesetze der Physik und die Naturkonstanten sich wenig oder viel von denen unterscheiden, die wir kennen. In den meisten dieser Universen gibt es kein – sicherlich kein intelligentes – Leben. Jedes Weltall, in der unsere Art von intelligentem Leben sich entwickeln kann, muß unserem Universum stark ähneln, weil dieses Leben ohne die vertrauten Übereinstimmungen und Konstanten nicht sein könnte. Wir glauben, daß unser Universum außergewöhnlich ist, weil wir darin wohnen. Aber das bedeutet nicht, daß es in irgendeinem tieferen Sinn etwas Besonderes ist. Hier ist ein Vergleich mit einer Lotterie hilfreich. Stellen wir uns vor, es wäre eine Million numerierter Lose verkauft und eine Gewinnzahl ausgewählt worden. Der Inhaber des Loses mit dieser Zahl erhält den Preis, und deshalb scheint die Zahl außergewöhnlich zu sein. Aber genaugenommen ist sie nicht spezieller als irgendeine der anderen Zahlen in der Lotterie. Es entspricht der Natur der Lotterie, daß *irgend jemand* gewinnen muß, und jede der Zahlen hat dieselbe Gewinnchance. Erst nach der Gewinnziehung erhält eine Zahl eine Sonderrolle. Der Inhaber mag sich daraufhin glücklich fühlen. Aber jemand *mußte* einfach glücklich werden!

Vielleicht verhält es sich so. Es könnte eine Vielzahl von Universen geben, die alle steril beginnen. Intelligenz tritt in einigen (oder vielleicht auch nur in einem) dieser Universen als ein Ergebnis der Anhäufung von Zufallsereignissen (»Glück«) auf. Aber diese Zusammentreffen sind bedeutungslos, und dieses Universum unterscheidet sich von den übrigen nur im nachhinein, wenn bereits intelligente Wesen aufgetaucht sind, die sich über ihre eigene Vergangenheit wundern.

Die Wirklichkeit der Quanten

Das Entscheidende bei dieser Art des Nachdenkens über anthropische Zufälle ist, daß es wirklich eine Vielfalt von Universen gibt, aus der eines ausgewählt werden kann. Leser von Sciencefiction sind mit dem Sachverhalt vertraut.* Er hat jedoch auch eine durchaus seriöse wissenschaftliche Grundlage, die Quantentheorie.

In der Quantenphysik geht es um Wahrscheinlichkeiten. In einer ehrlichen Lotterie haben alle Lose die gleichen Gewinnchancen; in der Welt der Quanten ist das nicht so. Die Lage, in der

* Olaf Stapledons klassischer *Star Maker* zum Beispiel wurde bereits 1937 veröffentlicht, enthält jedoch einige überraschend modern klingende Beschreibungen von Universen mit verschiedenen physikalischen Gesetzen, in denen selbst die Anzahl der Dimensionen von Raum und Zeit anders ist.

ein Elektron gefunden wird, wenn wir eine Messung zum Beispiel an einem Atom vornehmen, hängt von der Quantenwahrscheinlichkeit ab. Die Wahrscheinlichkeit ist sehr groß, daß das Elektron auf einer der Energiestufen gefunden wird, die den »Stufen« auf der Energieleiter dieses bestimmten Atoms entsprechen, und sie ist sehr klein, daß es ganz woanders gefunden wird, vielleicht nicht einmal mehr in Verbindung mit dem Atom, wo wir es zu finden erwarten. Es ist, als ob die Lotterie manipuliert sei, etwa so, daß jede Zahl mit der Endziffer 9 eine gute Gewinnchance hat, während jede andere Zahl nur mit ganz geringer Wahrscheinlichkeit gezogen wird. Wenn wir eine Messung vornehmen, können wir sagen, wir hätten die Lage des Elektrons bestimmt oder zumindest beobachtet, auf welcher Energiestufe es sitzt. Aber das bedeutet nicht, daß eine andere Messung dasselbe Ergebnis hat. In der Quantenwelt löst sich ein Elektron sofort, kaum daß wir nicht mehr hinschauen, in einem Nebel von Wahrscheinlichkeiten, einer sogenannten Superposition von Quantenzuständen, auf. Es ist wie bei der Lotterie, bevor die Gewinnzahl gezogen wird. Wenn die Beobachtung wiederholt wird, ergibt sich eine neue Antwort, als ob wir die Gewinnzahl wieder in die Lostrommel getan hätten und eine zweite Ziehung vornähmen – wobei wir vermutlich wieder eine Zahl mit der Endziffer 9 erhalten, möglicherweise dieselbe wie zuvor, vielleicht auch eine ganz andere Zahl. Die Messung selbst zwingt das Elektron, unter den möglichen Zuständen einen auszuwählen und eine erkennbare Identität anzunehmen. Jede Identifizierung ist jedoch das Ergebnis einer anderen, davon unabhängigen Vereinigung, die als »Kollaps der Wellenfunktion« bekannt ist.

Dies ist die Grundlage der üblichen Deutung der Quantenmechanik, der sogenannten Kopenhagener Deutung. Sie bewährt sich gut, wenn zum Beispiel unter Anwendung der Quantenregeln ein Laser entworfen oder die Zusammensetzung von Atomen zu Molekülen berechnet werden soll. Aber sie versagt vollständig, wenn man versucht, sich vorzustellen, wie das Weltall in Übereinstimmung mit der Quantentheorie beschrieben werden kann. Jedes Quantensystem existiert nach der Kopenhagener Deutung als eine Überlagerung von Zuständen, eine nebelhafte Ansammlung von Wahrscheinlichkeiten, solange es nicht von draußen beobachtet wird. Aber was ist »draußen«, um das Weltall zu beobachten und seine Wellenfunktion kollabieren zu lassen? Dieses Rätsel hat einige Kosmologen veranlaßt, eine andere Deutung der Quantenmechanik, die sogenannte »Viele-Welten«-Deutung, zu bevorzugen.

Die Viele-Welten-Quantenmechanik ist von Physikern lange mit Argwohn betrachtet worden. Wo die Kopenhagener Theorie sagt, daß keine der Quantenmöglichkeiten wirklich ist, wenn sie nicht beobachtet wird, behauptet die Viele-Welten-Theorie, daß es alle Quantenmöglichkeiten wirklich gibt, jede in ihrem eigenen Raum und in ihrer eigenen Zeit, und daß jede Messung, die wir vornehmen, einfach klarstellt, in welchem Zweig der Vielfachwelt wir uns befinden. Es gibt in diesem Bild für jedes mögliche Energieniveau, auf dem sich das Elektron befinden kann, ein eigenes Weltall. Wenn wir das Atom messen, finden wir das Elektron in dem einen Energiezustand, der dem Weltall entspricht, in dem wir leben. Aber unsere Doppelgänger im Weltall nebenan könnten gleichzeitig die gleiche Messung vornehmen und eine andere Antwort erhalten.*

Sowohl die Kopenhagener als auch die Viele-Welten-Deutung geben genau die gleichen »Antworten«, wenn sie auf praktische Probleme wie die Konstruktion eines Lasers angewandt werden. Es ist einfach eine Frage des philosophischen Geschmacks, mit welcher man auf dieser Ebene lieber arbeitet. Die meisten Physiker und Ingenieure kümmern sich nicht um die Philosophie und verwenden die von der Kopenhagener Deutung abgeleiteten Regeln, die zuerst da waren. (John Polkinghorne meinte dazu: »Quantenmechaniker sind im Durchschnitt nicht philosophischer als Automechaniker.«) Aber es gibt ein Problem, das die Theorie der Viele-Welten-Deutung behandeln kann, die Kopenhagener Deutung jedoch nicht. Dieses ist sogar so wichtig, daß es den Ausschlag für die Viele-Welten-Deutung geben kann – es ist das Problem der quantenmechanischen Beschreibung des Weltalls.

* »Nebenan« und »gleichzeitig« sind in diesem Zusammenhang ziemlich schwierige Begriffe. Es ist besser, sich all die verschiedenen Universen rechtwinklig zueinander vorzustellen, senkrecht also und nicht parallel. Das wird von John Gribbin in seinem Buch *Auf der Suche nach Schrödingers Katze* beschrieben.

Nach der Kopenhagener Theorie kann das Weltall im gewöhnlichen Sinn des Wortes nicht existieren, wenn nicht etwas außerhalb dieses Weltalls mißt und die Wellenfunktion kollabieren läßt. In der Viele-Welten-Theorie aber existieren alle möglichen Universen. Die Unterschiede zwischen einigen von ihnen sind trivial: Hier ist ein Elektron auf der ersten Stufe einer Energieleiter, dort auf der zweiten. Die Unterschiede zwischen anderen sind extremer – vielleicht eine Veränderung der Stärke der Schwerkraft um den Faktor 10^{10}. Aber jedes Weltall ist »wirklich« im gewöhnlichen Sinn des Wortes, und es überrascht nicht länger, wenn wir finden, daß das von uns bewohnte Weltall genau zu uns paßt, weil wir es durch unsere Existenz einfach von der Stange gewählt haben. Unter den vielen möglichen Universen tragen wir das uns passende.

Das ist nicht die einzige Möglichkeit, uns eine Menge von Universen vorzustellen, aus denen wir durch unsere Existenz ein für uns geeignetes »wählen«. Wenn das Weltall unendlich ist, dann kann irgendwo in dieser Unendlichkeit alles passieren, was möglicherweise passieren kann oder passiert sein könnte oder einmal passieren wird. Es könnte irgendwo im unendlichen Weltall eine Welt geben, in der Sie dieses Buch schreiben und wir die Leser sind; eine Welt, in der Virginia heute noch eine englische Kolonie ist (und eine, in der England eine Kolonie von Virginia ist) und so weiter. Diese Welten sind in einem unendlichen Weltall von uns nur durch die Entfernung, nicht durch irgendwelche verwirrenden zusätzlichen Dimensionen von Raum und Zeit, die rechtwinklig zueinander stehen, getrennt. Wir können sie jedoch nicht sehen, weil ihr Licht noch nicht genug Zeit hatte, uns zu erreichen.

Dies erscheint auf den ersten Blick eine noch unerhörtere Ausgeburt der Science-fiction zu sein als die Viele-Welten-Theorie. Aber sie wird inzwischen nicht als eine Ausgeburt der Sience-fiction, sondern als inflationäre Theorie der Kosmologie sehr ernst genommen.

Inflation in der Nußschale

Mit »Inflation« bezeichnen wir eine Reihe von Theorien, die zu erklären versuchen, wie das gesamte heute beobachtbare Weltall sich homogenisiert haben könnte, während es sich von einem ursprünglich überdichten Zustand zu einer Zeit, die 10^{-43} Sekunden (der Planck-Zeit) nach dem Augenblick der Schöpfung entspricht, zu einem Zustand weniger als eine Millisekunde später entwickelte, in dem seine Dichte etwa die eines Atomkerns war. Von da an läßt sich alles im Rahmen der üblichen Urknalltheorie durch die physikalischen Gesetze beschreiben, die wir durch unsere Experimente und Beobachtungen auf der Erde kennen. Aber was geschah vor dieser Zeit?

Die Inflation beschreibt diese Ereignisse durch die Art und Weise, wie die ursprünglichen Symmetrien zwischen den Naturkräften gebrochen wurden, als das Weltall jung war. Mit Hilfe der besten uns bekannten Theorien, der Großen Vereinheitlichten Feldtheorien, ist es möglich, die Energie zu berechnen, bei der dies passiert sein sollte, und diese entspricht wiederum einer Zeit, als das Alter des Weltalls etwa 10^{35} Sekunden betrug. Das Einfachste, was zu der Zeit passiert sein könnte, war, daß die Kräfte stillschweigend ihre eigenen Wege gingen. Aber das hätte nicht den Anstoß zur Ausdehnung gegeben, der nötig ist, alle Runzeln der Raumzeit zu glätten und das Weltall flach zu machen. Hier kommt die Inflation ins Spiel.

Die Art und Weise, wie sich das Weltall zu jener Zeit abkühlte und von einem Zustand in den anderen überging, läßt sich damit vergleichen, wie Wasserdampf abkühlt und zu flüssigem Wasser kondensiert. Die vergleichbare Veränderung im frühen Universum, bei der die Symmetrie gebrochen wurde, ist als ein Phasenübergang bekannt und setzt ebenfalls Energie frei. 1980 schlug Alan Guth vom MIT, der Technischen Universität von Massachusetts, eine Ausdehnung dieser Analogie vor. Manchmal kann Wasserdampf unter 100°C gekühlt werden, unter die Temperatur also, bei der er flüssig werden »sollte«. Die Energie, die bei dem Übergang freigesetzt werden sollte, bleibt eingeschlossen, und das unterkühlte System wird bei weiterer Abkühlung immer instabiler, bis plötzlich aller Dampf zu Flüssigkeit wird und ein Hitzeschwall abgegeben wird. Guth behauptete, ein äquivalenter Vorgang könne sich im frühen Weltall abgespielt haben, wobei der Phasenübergang verzögert wurde, während sich das ganze Weltall unterkühlte und dann in einen Zustand mit gebrochener Symmetrie hineinsprang, wobei die ganze eingeschlossene Energie des Phasenübergangs freigesetzt wurde.

Während der Unterkühlungsphase, so zeigen die Rechnungen, wird das Weltall in eine wilde, exponentiale Explosion getrieben – die Inflation. Es verdoppelt etwa alle 10^{-34} s seine Größe, was vielleicht gar nicht so ungeheuerlich erscheint, bis man sich vorstellt, daß das in einer Zeitspanne von 10^{-32} s hundert Verdopplungen bedeutet, genug, um einen Tennisball zur Größe des ganzen beobachtbaren Weltalls auszudehnen. Am Ende der Inflation war das Weltall *extrem* flach; alle Runzeln und Falten waren ausgebügelt. Der Energieausbruch des verzögerten Phasenübergangs heizte es dann auf, und es stellten sich die vertrauten Bedingungen der Standard-Urknall-Theorie ein, als die ungebärdige Explosion schließlich abklang.

Es gibt Hoffnungen – noch sind sie nicht ganz erfüllt –, daß diese Theorien die Fluktuationen erklären können, die schließlich zu der Bildung von Galaxien führten. Die Amplitude dieser Fluktuationen (wie stark das Kräuseln ist, das den flachen Welthintergrund in Unruhe versetzt) ist eine wichtige kosmische Zahl, für die noch eine gute Erklärung fehlt.

Seit Guth die Hypothese einer kosmischen Inflation vortrug, wurde sie oft verändert; sie hat jetzt viele unterschiedliche Formen, die von verschiedenen Physikern vorgeschlagen wurden. Der Grundgedanke ist sehr reizvoll und löst viele Rätsel darüber, wie die Welt in einen Urknallzustand gekommen ist. Aber das Rätsel bleibt, wie zur Zeit 10^{-43} s der Same entstand, den die Inflation zu unserem Weltall aufblies – eine heiße, dichte Konzentration der Raumzeit, kleiner als ein Proton, aber mit all der Massenenergie, die das beobachtbare Weltall darstellt. Eine Möglichkeit besteht darin, daß der Grundzustand des Universums im ganz Großen, das Meta-Universum, ein Chaos ist, in dem sich einige Bereiche ausdehnen, andere schrumpfen, einige heiß sind und andere kalt. In einigen Teilen dieses unendlichen

Meta-Universums sind die Bedingungen zufällig genau richtig, um die Inflation zu starten, und also passiert das auch. Ein Universum wird geboren. Aber am dramatischsten ist die Möglichkeit, daß das unendliche Meta-Universum selbst in einem Zustand inflationärer Ausdehnung ist, war und immer sein wird, mit einer Temperatur von etwa 10^{31} K und einer Dichte von etwa 10^{93} g pro Kubikzentimeter. Der Gedanke stammt in seiner 1980 entstandenen Form aus der Arbeit von Richard Gott von der Princeton Universität und Andrei Linde vom P. N. Lebedev Institute in Moskau – obwohl er in seltsamer Weise ein Echo in der Steady-State-Theorie findet, die von Fred Hoyle und Jayant Narlikar entwickelt wurde und die in den sechziger Jahren in Ungnade fiel. Das alles leitet sich von einer der ersten Lösungen für Einsteins Gleichungen für die Allgemeine Relativitätstheorie (also aus dem Jahre 1917) her.

Blasen auf dem Fluß der Zeit

»Viele Welten sind es und seltsam sind sie, die wie Blasen im Schaum auf dem Fluß der Zeit treiben.« Als Arthur C. Clarke vor fast vierzig Jahren seine Science-fiction-Erzählung »The Wall of Darkness« mit diesen Worten beginnen ließ, kann er keine Vorstellung davon gehabt haben, wie genau sie um 1990 herum die modernen kosmologischen Vorstellungen beschreiben würde. Theoretiker erwägen heute die Möglichkeit, daß unser Universum in der Tat nur eine Blase unter vielen in einem größeren Meta-Universum ist.

Eine Möglichkeit, sich die Entstehung des Samens eines Weltalls wie unseres eigenen als winzige Konzentration von Massenenergie mit einem »Alter« von 10^{-43} s vorzustellen, ist die, einfach an eine Quantenfluktuation des Vakuums zu denken, an einen Vorgang, den das Unschärfeprinzip ebenso erlaubt wie das Auftreten eines virtuellen Teilchenpaars aus dem Nichts. Der Gedanke kam zuerst Anfang der siebziger Jahre auf, aber in seiner ursprünglichen Form half er nicht viel. Eine solche ungeheuer massereiche Fluktuation könnte zwar tatsächlich im Prinzip stattfinden, aber sie würde ein winziges Raumvolumen einnehmen, kleiner als das eines Protons, und nach Definition ein enormes Schwerefeld haben. Das Ergebnis wäre ein extrem schneller Kollaps, der dem embryonischen Weltall so rasch seine Existenz rauben könnte, wie heute im Vakuum ein Paar virtueller Teilchen entsteht. Die Inflation liefert jedoch einen Ausweg aus diesem Dilemma. Im winzigen Sekundenbruchteil ihrer Existenz kann sie sich an die Arbeit machen und den Samen zu einem ausgewachsenen Universum aufblasen. »Volle Größe« bedeutet in diesem Fall etwa die Größe eines Fußballs, der soviel Massenenergie enthält wie das ganze heute sichtbare Weltall und der einen Urknall erlebt. Der Rest folgt ganz natürlich aus den bekannten physikalischen Gesetzen.

Aber warum sollte nach der Erschaffung des einen Weltalls Schluß sein? Blasen von Massenenergie entstehen nach dieser Theorie aus dem Nichts und explodieren exponentiell als voll ausgewachsene Universen ins Leben hinein. Könnten sich die gleichen Vorgänge – Quantenfluktuationen – nicht auch heute im Raum zwischen den Sternen abspielen? Und könnte es nicht recht unbequem für uns werden, wenn in unserer Nähe ein neues Weltall ins Dasein platzte? Ja und nein. Andere Universen könnten tatsächlich immerzu im leeren Raum geboren werden; wir hätten dennoch keine Möglichkeit, etwas von ihnen zu erfahren.

Die Möglichkeiten sind von mehreren Forschern untersucht worden, unter anderen von Edward Fahri und Alan Guth. Sie stellen sich in einer Arbeit mit dem Titel »Ein Hindernis bei der Erschaffung einer Welt im Labor« vor, andere Universen würden künstlich erschaffen. Man braucht nicht viel Masse, um anfangen zu können. Die Quanteneffekte liefern die Massenenergie eines Universums, wenn der Vorgang einmal in Gang ist. Aber damit die Inflation beginnt, muß man Bedingungen schaffen, in denen die Dichte sehr hoch ist und die Temperatur etwa 10^{24} K entspricht. Wir haben in Form von Wasserstoffbomben schon genug Energie, um das halbe Kunststück durchzuführen. Die andere Hälfte besteht darin, diese Energie in ein sehr kleines Volumen (so groß wie ein Atom) zu pressen. Dies ist womöglich das einzige Hindernis, weshalb nicht schon heute in einem Hobbyraum Universen hergestellt werden. Wenn die Energie jedoch derartig begrenzt werden *könnte*, würde nach den Berechnungen der Allgemeinen Relativitätstheorie ein Schwarzes Loch entstehen. Das ist auch nicht uninteressant, aber kein neues Weltall. Oder doch?

Guth und andere haben gezeigt, daß das, was innerhalb des begrenzten Bereichs passiert, davon abhängt, wie der Druck ausgeübt wird. In vielen Fällen stellt sich heraus, daß der komprimierte Bereich »nur« ein Schwarzes Loch ist. Aber es gibt Lösungen für die Gleichungen, die bei den richtigen Anfangsbedingungen auch Inflation zulassen. Der verdichtete Bereich kann sich jedoch nicht wieder zurück in unser Weltall entwickeln. Vielmehr dehnt er sich in eine Richtung aus, die senkrecht steht zu unseren vertrauten Dimensionen von Raum und Zeit, in ein eigenes Universum hinein. Genau dasselbe wird mit jedem inflationären Samen passieren, der durch Quantenfluktuationen im leeren Raum unseres Weltalls erschaffen wird.

Oft wird unser expandierendes Weltall mit der Haut eines Ballons verglichen, der immer größer wird. Die zweidimensionale Haut dieses Ballons stellt *alle* uns vertrauten Dimensionen dar. Wenn sich der Ballon ausdehnt, wird das Universum größer. Alle »neuen« Universen, die innerhalb unseres Weltalls entweder auf natürliche Weise oder von jemandem mit einer Wasserstoffbombe im Hobbykeller erschaffen werden, sind wie kleine Blasen auf dem Ballon. Sie lösen sich von unserer Raumzeit (der Haut des Ballons) und expandieren aus eigener Kraft in ihren eigenen Raum und in ihre eigene Zeit hinein.

Aus unserer Sicht scheint nichts geschehen zu sein. Vielleicht ist ein Schwarzes Loch entstanden, vielleicht auch nicht. Aus der Sicht eines jeden Beobachters, der die Extrembedingungen im Innern des superdichten Bereichs aushalten könnte, sähe die Lage ganz anders aus. Der Bereich würde sich exponentiell aufblasen, dann in einen Urknall übergehen und sich anschließend mäßiger ausdehnen. Sterne, Galaxien und intelligente Wesen könnten sich entwickeln, ihre Umgebung erforschen und sich fragen, ob die Möglichkeit besteht, in ihrem Hobbyraum neue Welten zu erschaffen. (Falls die Gesetze der Physik im neuen Universum die Entwicklung von Intelligenz zulassen. Das ist keineswegs sicher, weil jede Welt ihre eigenen Gesetze und Konstanten haben kann.) Die Quantenkosmologie läßt die Möglichkeit zu, nicht nur ein Weltall, sondern eine unendliche Anzahl von Universen aus dem Nichts zu erschaffen. Diese Universen können miteinander in komplizierter Weise verbunden sein, wenn neue Universen im Innern des Vakuums alter Universen entstehen und sich dann lösen, wobei ein komplexer, vieldimensionaler Schaum entsteht. Unser Universum könnte einfach ein Raumzeitbereich sein, der sich von einer anderen Blase abtrennte. Aber die Blasen können niemals miteinander kommunizieren, und ihre Eigenschaften könnten sich stark voneinander unterscheiden. Das Ende der Inflation hängt mit der Brechung der Symmetrie zwischen den vier Naturkräften zusammen. Nichts jedoch besagt, daß die Symmetrie in jeder Blase gleich gebrochen wird. In einigen Blasen werden die Kräfte andere Stärken haben als in unserem Weltall, und dort könnte es statt der uns bekannten vier Grundkräfte auch drei oder fünf oder beliebig viele geben.

Wir befinden uns wieder in den Welten Arthur Clarkes. Wenn es eine unendliche Vielzahl von Universen gibt, ist alles möglich. Dann muß es unendlich viele Universen geben, in denen die Schwerkraft zu gering ist, als daß Leben entstehen könnte, unendlich viele, in denen die Schwerkraft zu stark ist, und unendlich viele weitere, in denen etwas anderes schiefgeht. Doch dann ist es kein Rätsel mehr, warum es uns gibt, denn es muß auch eine unendliche Anzahl von Blasen geben, in denen die Bedingungen stark denen ähneln, die wir in der uns umgebenden Welt vorfinden, und dieses Weltall ist »gerade richtig«.

Kosmische Drachen

Das anthropische Prinzip kann nicht für sich in Anspruch nehmen, im eigentlichen Sinne eine wissenschaftliche Erklärung zu liefern. Im besten Fall ist es ein Notbehelf, der unsere Neugierde in bezug auf Phänomene befriedigt, für die wir noch keine physikalische Erklärung haben. Die wichtigste dieser Einsichten könnte der Hinweis darauf sein, daß unser Weltall nicht einzigartig ist, sondern nur eines unter einer ganzen Reihe von Universen, wie immer auch eine solche Ansammlung aussehen mag. Andrei Linde stellt sich ein unendliches Weltall vor, das in Bereiche geteilt ist, innerhalb deren die Physik jeweils verschieden ist. Der größte Teil dieser Meta-Universen wäre leblose Wüste; komplexe Evolution wäre nur in »Oasen« möglich, wo die Konstanten – die Dimensionszahlen und so weiter – günstige Werte haben. Unsere Oase muß dann mindestens 10 Milliarden Lichtjahre Durchmesser haben, weil die Gesetze der Physik überall, wohin wir auch schauen, die gleichen zu sein scheinen. Auch die jenseitigen Wüsten könnten im Prinzip in ferner Zukunft beobachtbar sein, wenn in vielleicht tausend Milliarden Jahren oder mehr Licht vom Rand unseres Bereichs Zeit gehabt hat, uns zu erreichen. Dies ist eine derart ferne Möglichkeit, daß sie sich zur praktischen Überprüfung wenig eignet – auf der begrifflichen Ebene unterscheiden sich diese Gedanken nicht von den Vermutungen, die frühe Geographen über Kontinente jenseits der Horizonte der damals bekannten Welt hegten. Wir versuchen lieber, wenigstens die Umrisse der Kontinente anzudeuten, die jenseits unserer heutigen Horizonte liegen könnten, als nur an die Ränder der kosmologischen Karte zu schreiben: »Hier sind Drachen.« Anthropisches Denken behauptet, daß es jene anderen Universen wirklich gibt, selbst wenn wir sie niemals direkt kennen können.

»Das Unverständlichste am Weltall ist seine Verständlichkeit« – einer der bekanntesten Aussprüche Einsteins ist zu einem Gemeinplatz geworden. Er meinte damit, daß die grundlegenden physikalischen Gesetze, die unsere Gehirne erfassen können, einen solch breiten Geltungsbereich haben, daß sie nicht nur einen Rahmen für die Deutung der Alltagswelt, sondern sogar für das Verständnis des fernen Kosmos liefern. Der Physiker Eugene Wigner beschreibt dies als die unvernünftige Effektivität der Mathematik in der Physik. Kosmologen benutzen zuerst die Physik, die sich lokal bewährt hat, und wenden sie unter vereinfachenden Voraussetzungen an, um herauszufinden, wie das Universum im Großen funktioniert. Diese einfachen Regeln scheinen sich bei der Beschreibung des Weltalls zu bewähren. Doch es gibt anscheinend keinen vernünftigen Grund, warum das Weltall so strukturiert sein sollte, daß dieses Verfahren echten Fortschritt gewährleistet – warum die Physik, die wir in irdischen Laboratorien erforschen, auch in Quasaren, die Tausende von Lichtjahren entfernt sind, und in den Anfangsstadien des Urknalls gelten sollte. Vielleicht aber gibt es doch eine Verbindung zwischen der Einfachheit der Welt und ihrer Eignung als Heimat für intelligentes Leben. Die Beobachtung, daß wir unter anderen Umständen nicht hier wären, braucht jedenfalls unsere Neugierde noch nicht zu befriedigen und unsere Überraschung über das Ergebnis nicht zu mildern, daß die Welt so ist, wie sie ist.

Die Philosophie der Kosmologie

Was ist nun der physikalische Status der anthropischen Kosmologie heute? Manche Menschen meinen eher herablassend, anthropisches Denken könne im eigentlichen Sinne keine wissenschaftlichen Erklärungen geben. Im besten Falle, sagen sie, kann es eine Notlösung sein, die unsere Neugierde in bezug auf Erscheinungen stillt, für die wir bis jetzt noch keine physikalische Erklärung haben. Die Welt wäre in der Tat ganz anders, wenn sich das Kräfteverhältnis zwischen den nuklearen und elektromagnetischen Wechselwirkungen irgendwie änderte. Man hofft sogar noch immer auf eine vereinheitlichte physikalische Theorie, die die wirklichen Konstanten vorhersagt oder sie untereinander verbindet. Vor etwas mehr als einem Jahrhundert könnten Theoretiker sich vorgestellt haben, daß die elektrischen und magnetischen Kräfte und die Lichtgeschwindigkeit veränderlich wären – bevor die Arbeit von James Clerk Maxwell zeigte, daß alle drei zusammenhängen. Wenn wir das verallgemeinern, könnte eine umfassendere Theorie schließlich einmal alle Grundkräfte miteinander in Beziehung setzen. Die meisten Theoretiker hoffen tatsächlich, daß die Naturkonstanten nicht immer als Zahlen behandelt werden müssen, die aus Experimenten abgeleitet werden, sondern eines Tages durch eine Vereinheitlichte Theorie aufeinander bezogen werden. Sie werden dann mathematisch berechenbar sein, genau wie sich der Umfang eines Kreises (wesentlich einfacher!) aus dem Durchmesser berechnen läßt.

Eher feindselig sieht Heinz Pagels das anthropische Prinzip in seinem 1985 geschriebenen Buch *Perfect Symmetry:*

Physiker und Kosmologen, die sich auf anthropische Begründungen berufen, scheinen mir ohne jeden Grund das erfolgreiche Programm der herkömmlichen Physik zu verlassen, die die quantitativen Eigenschaften unseres Weltalls auf der Grundlage allgemeingültiger physikalischer Gesetze erklärt. Vielleicht haben ihre Wut und ihre Verärgerung Oberhand bekommen... Der Einfluß des anthropischen Prinzips auf die Entwicklung der heutigen kosmologischen Modelle hat nichts gebracht. Es hat nichts erklärt und sogar einen schlechten Einfluß gehabt, wie die Tatsache zeigt, daß die Werte bestimmter Konstanten, z. B. das Verhältnis der Photonen zu den Kernteilchen, das man einmal anthropisch begründete, heute durch neue physikalische Gesetze erklärt werden können... Ich wäre dafür, das anthropische Prinzip als einen für die Begriffsbildung der Naturwissenschaft unnötigen Ballast abzuwerfen.

Diese Äußerungen setzen anthropisches Denken unserer Meinung nach zu sehr herab. Schließlich enthält es in seiner schwachen Form wenig mehr als die routinemäßige Einstellung eines Experimentators, der die ihm durch die Laborausrüstung und -verfahren auferlegten Beschränkungen berücksichtigt.

Die Verteidigung des anthropischen Prinzips übernehmen geradezu barock ausschweifend John Barrow und Frank Tipler in ihrem umfangreichen Buch *The Anthropic Cosmological Principle.* Ohne ihnen in allen Einzelheiten zu folgen, stimmen wir mit ihnen darin überein, daß das Prinzip ernsthafte Aufmerksamkeit verdient. Sein Status wird schließlich davon abhängen, wie die Naturgesetze wirklich sind. Wenn eine endgültige vereinheitlichte Theorie für alle Konstanten *eindeutige* Zahlen vorschreibt, könnte es unmöglich sein, sich ein andersgeartetes Weltall vorzustellen. Wenn sich aber herausstellt, daß die Grundgesetze statistische oder Zufallselemente enthalten, dann könnte der Gedanke an eine Reihe von Universen, wie wir ihn in diesem Kapitel beschrieben, wohlbegründet sein. Es könnte dann in der Tat das Ergebnis natürlicher Auslese sein und nicht reiner Zufall, daß in unserem Weltall (also in dem beobachtbaren Teil der Raumzeit) die physikalischen Konstanten eben die von uns gemessenen Werte haben.

Das »schwache anthropische Prinzip« – die Erkenntnis, daß die Existenz von Beobachtern wie uns selbst eine Selektion dessen bedeutet, was wir um uns herum sehen – ist fast banal. Jede anspruchsvollere Rolle des anthropischen Denkens ist umstritten und hängt von der wahren Natur der physikalischen Gesetze ab. Wir zitieren aus einem Interview, das Steven Weinberg 1984 der BBC gab: »Ich würde sicherlich den Versuch nicht aufgeben, das anthropische Prinzip überflüssig zu machen, indem ich eine theoretische Basis für die Werte aller Konstanten suche. Es ist den Versuch wert, und wir müssen annehmen, daß wir Erfolg haben werden, sonst ist uns das Versagen sicher.«

Es ist deshalb wohl am besten, daß theoretische Physiker, die ihre wissenschaftliche Motivation behalten wollen, das starke anthropische Prinzip, den Gedanken also, das Weltall sei auf den Menschen zugeschnitten, nicht *zu* ernst nehmen. Wenn es eine einzige »allumfassende Theorie« gibt, dann gibt es sicherlich einen Grund, warum die physikalischen Gesetze nicht anders sein können. Wir müßten dann als echten Zufall, vielleicht auch als vorherbestimmt, akzeptieren, daß die von der Hochenergiephysik gemessenen Konstanten in dem eng begrenzten Bereich liegen, in dem es möglich ist, daß Komplexität und Bewußtsein sich in der von uns bewohnten Welt mit niedriger Energie entwickeln konnten. Die Kniffligkeit, die in diesen einzig möglichen und eindeutigen Gesetzen steckt, mag uns überraschen, aber unsere Reaktion wäre genauso subjektiv wie die Überraschung eines Mathematikers angesichts der reichen intellektuellen Strukturen, die sich aus einfachen Axiomen ergeben können. Alles wäre eine Folge eindeutiger Gesetze. Aber das brauchte nicht das Ende der wissenschaftlichen Erforschung unserer Umwelt zu bedeuten.

Das Ende der Physik?

Physiker sprechen manchmal von einer allumfassenden Theorie in Form eines einzigen Gleichungssystems für das Weltall und seinen gesamten Inhalt. Aber das wäre nicht wirklich das Ende der Naturwissenschaft und würde auch nicht alle Physiker über Nacht arbeitslos machen. Kein Gleichungssystem erklärt, warum es ein Universum *gibt*. Um Stephen Hawking zu zitieren: »Was haucht Feuer in die Gleichungen? Warum macht sich das Universum die Mühe seiner Existenz?« Jedenfalls betreffen die meisten der schwierigen Fragen, die wir in bezug auf die natürliche Welt stellen, ob mit astronomischen oder mit irdischem Maßstab gemessen, die »altmodische« Atom- und Kernphysik (wenn es nicht um die Anfangsbedingungen oder den »Ursprung« geht). Die subnukleare Welt und die Unschärfen der Hochenergiephysik sind im allgemeinen für Phänomene im Großen bedeutungslos, genau wie die Atomstruktur der Flüssigkeiten bei der Lösung noch unerklärter Komplexitäten der Wirbel in der Luft und in den Meeren keine praktische Hilfe ist. Wir können die das System bestimmenden Gleichungen im Prinzip niederschreiben (es sind im wesentlichen jene, die Erwin Schrödinger in den zwanziger Jahren entwickelte) – aber wir können sie nicht einmal für ein gewöhnliches einzelnes Molekül *lösen*, geschweige denn für ein größeres System. Und selbst wenn wir die Gleichungen lösen könnten, hätten wir nicht genug genaue Information über die Anfangsbedingungen (die Lage und Geschwindigkeit eines jeden Moleküls), um genaue Vorhersagen machen zu können. Selbst wenn wir »Reduktionisten« sind und glauben, daß sich alle Phänomene auf physikalische Grundsätze zurückführen lassen, sind wir damit noch keine »Konstruktivisten« in dem Sinne, daß wir komplexe Systeme vollkommen verstehen können, wenn wir die atomaren Bestandteile kennen. Die Wissenschaften sind immer Teil einer Hierarchie, in der jede Strukturebene neue irreduzible Konzepte mit sich bringt.

Nehmen wir einmal an, Ihnen wären die Regeln des Schachspiels fremd; dann könnten Sie sie durch Beobachten einer Partie herleiten. Entsprechend findet der Physiker in der natürlichen Welt Muster und Strukturen und lernt, welche Kräfte und Transformationen die Grundelemente bestimmen. Aber beim Schach stellt die Kenntnis der Regeln nur eine triviale Vorbedingung für die fesselnde Entwicklung vom Anfänger zum Großmeister dar. Das Wesentliche und Entscheidende des Spiels liegt in der Erforschung der Komplexität, die in einigen wenigen täuschend einfachen Regeln liegt. Wenn wir eine allumfassende Theorie hätten, würde das nicht mehr (vermutlich sogar viel weniger) bedeuten, als daß wir in den Status eines Schachanfängers versetzt würden, der eben sein Buch mit den Regeln öffnet – nicht einmal einem Experten erlaubt die Kenntnis aller Schachregeln, das Ergebnis eines Spiels zwischen zwei Großmeistern vorherzusagen, von den einzelnen Zügen ganz zu schweigen.

Biologen möchten 3,5 Milliarden Jahre der Evolutionsgeschichte des Lebens auf der Erde nachzeichnen. Sie möchten, mit Darwins Worten, erkennen, »wie sich aus so einfachen Anfängen endlos allerschönste und wunderbarste Formen entwickelten und weiter entwickeln, während dieser Planet nach den ehernen Gesetzen der Schwerkraft ständig kreiste«. Astrophysiker und Kosmologen möchten die Erde und das ganze Sonnensystem im größeren Zusammenhang der kosmischen Evolution sehen. Der Fortschritt ist bescheiden, aber es ist erstaunlich, daß es überhaupt einen Fortschritt gibt. Wir haben mehr als 10 Milliarden Jahre der Weltgeschichte zu erwägen und viel mehr als 10 Milliarden Jahre Zukunft zu bedenken. Die Aufgabe des Evolutionsbiologen verblaßt im Vergleich damit – aber niemand würde ernsthaft behaupten, daß wir jeden Aspekt des Lebens auf der Erde verstehen. Wenn wir das Problem in Teilfragen zerlegen, können wir die Möglichkeit erwägen, eine »Lösung« zum Beispiel für das Rätsel der Galaxienbildung zu finden, aber wir haben eigentlich keine Idee, wo wir beginnen sollen herauszufinden, wie Leben begann. Wir können nicht sagen, ob Leben im Weltall selten oder häufig ist und auch nicht, ob es auf einen einzigen Planeten beschränkt ist. Da gibt es für Physiker und andere noch viel zu tun!

Astronomen würden zuversichtlich behaupten, daß Planetensysteme, mögliche Heimstätten für Leben, in unserer Galaxie (und vermutlich in jeder anderen) weit verbreitet sind. Aber wie gut sind, selbst in einer geeigneten Umwelt, die Chancen, daß Leben erschaffen wird und sich bis zu einem »interessanten« Stadium entwickelt? Wir behaupten nicht, auf diesem Gebiet Fachleute zu sein, haben aber den Eindruck, daß selbst unter den Experten keine Übereinstimmung herrscht. Die Wahrscheinlichkeit *könnte* groß sein, und eine Suche nach außerirdischer Intelligenz ist angesichts des bei Erfolg möglichen kolossalen Gewinns sicherlich der Mühe wert; andererseits könnte sie so niedrig sein, daß Leben sehr selten ist. Wenn die Chancen etwa 1 zu 10^{20} oder weniger stünden, könnte es innerhalb unseres Weltalls kein anderes Leben geben.

Brandon Carter hat ein *anthropisches* Argument vertreten, das nahelegt, Leben sei sehr selten. Er bemerkte ein interessantes biologisches Zusammentreffen, nämlich daß die Sonne ihre halbe Lebenszeit hinter sich hat und daß es so lange brauchte, bis sich auf der Erde intelligentes Leben entwickelte. Die Lebensdauer von Sternen folgt unmittelbar aus den physikalischen Gesetzen und den Naturkonstanten. Die biologische Evolution andererseits ist ein ungeheuer komplexer und vielschichtiger Vorgang. Es scheint keinen Grund zu geben, warum diese Zeiten so gut vergleichbar sein sollten. Carter vermutet deshalb, daß die Zeit, die die biologische Evolution *gewöhnlich* braucht, *viel größer* ist als ein Sternalter. Die Evolution, so behauptet er, muß auf der Erde besonders schnell erfolgt sein.* Auf der Grundlage dieser Hypothese läßt sich mit Bestimmtheit vorhersagen, daß intelligentes Leben im Weltall selten ist. Gewöhnlich würde die biologische Evolution selbst dann, wenn sie in Gang käme, nicht viel Zeit zu ihrer Entwicklung haben, bevor der lichtspendende Stern stirbt.

Selbst wenn Leben selten ist und wir in nur einer von vielen Blasenwelten im Schaum auf dem Fluß der Zeit leben, könnte noch unendlich viel Zeit vor uns liegen und unendlicher Raum zur Entwicklung da sein. In dieser kosmischen Perspektive könnten wir immer noch den »einfachen Anfängen« des Entwicklungsprozesses nahe sein – und sicherlich nicht seinem Höhepunkt. So könnten Lebewesen einmal ein wichtiger Teil des Weltalls werden und die astronomische Umwelt ähnlich beeinflussen, wie die Menschheit heute schon die irdische Umwelt beeinflußt – obwohl wir hoffen möchten, daß unsere Nachfahren mit ihren Veränderungen an Sternen und Galaxien etwas behut-

* Es gibt andere mögliche Gründe, warum unser Planet in dieser Hinsicht außergewöhnlich sein könnte. Wir erwähnen nur einen: Die Erde hat einen ungewöhnlich großen Mond, was das System Erde–Mond fast zu einem Doppelplaneten macht. Könnten die dadurch bewirkten ungewöhnlich großen Gezeitenströme die Entwicklung des Lebens beeinflußt haben?

samer umgehen als wir mit unserer Erde. Es wurde manchmal behauptet, daß das Leben, wäre es selten, ein unbedeutender Glücksfall in einem sinnlosen und feindlichen Kosmos wäre. Wir dagegen nehmen den entgegengesetzten Standpunkt ein: Wenn es nirgendwo sonst Leben gibt, wird die Erde für das Weltall besonders wichtig, weil sie der Funken ist, der die einzigartige Möglichkeit hat, Leben und Bewußtsein in den Kosmos hineinzusäen. Wir sollten das Leben auf der Erde heute als den Beginn eines Vorgangs betrachten, der noch Milliarden von Jahren und vielleicht eine buchstäblich unendliche Zeitspanne dauern kann – wir könnten unsere Galaxis und die Welt jenseits davon zu einem Garten machen und in ihr von der Erde aus Leben und Intelligenz anpflanzen. Wir ersticken die Evolution, falls wir unsere Biosphäre schon auslöschen, bevor sie kaum beginnen konnte, ihre grenzenlosen Möglichkeiten zu verwirklichen. Damit wären wir zurück in den Science-fiction-Gefilden von Olaf Stapledon – eine zum Abschluß unserer Überlegungen zur Beziehung zwischen Mensch und Kosmos höchst angebrachte Vorstellung. Denn zur Wissenschaft gehört unabdingbar etwas, das sich durch die Entwicklung der anthropischen Kosmologie besonders gut erläutern läßt – ein Sinn für Wunder.

Empfohlene Lektüre

Appenzeller, I. (Hrsg.): *Kosmologie und Teilchenphysik*. Heidelberg, Spektrum der Wissenschaft 1990.

Appenzeller, I. (Hrsg.): *Kosmologie*. Heidelberg, Spektrum der Wissenschaft 1986.

Barrow, John und Frank Tipler: *The Anthropic Cosmological Principle*. New York und London, Oxford University Press 1986.

Bear, Greg: *Blutmusik*. A. d. Englischen von Walter Brumm, München, Heyne 1988.

Börner, Gerhard und Jürgen Ehlers (Hrsg.): *Gravitation*. Spektrum der Wissenschaft, Heidelberg 1987.

Breuer, Reinhard: *Das anthropische Prinzip*. München, Meyster 1981.

Chandrasekhar, Subrahmanyon: *The Mathematical Theory of Black Holes*. Oxford, Oxford University Press 1982.

Davies, Paul: *Die Urkraft. Auf der Suche nach einer einheitlichen Theorie der Natur*. Hamburg, Rasch und Röhring 1987.

– und Julian Brown (Hrsg.): *Superstrings*. A. d. Englischen von H.-P. Herbst, Basel, Boston, Berlin, Birkhäuser 1989.

Dawkins, Richard: *Der blinde Uhrmacher*. A. d. Englischen von Karin de Sousa Ferreira, München, Kindler 1987.

Fritzsch, Harald: *Eine Formel verändert die Welt*. München, Piper 1990.

– *Quarks: Urstoff unserer Welt*. München, Piper 1981.

– *Vom Urknall zum Zerfall*. München, Piper 1983.

Gribbin, John: *Auf der Suche nach Schrödingers Katze*. A. d. Englischen von Friedrich Griese, München, Piper 1987.

– *Auf der Suche nach dem Omega-Punkt*. A. d. Englischen von Hainer Kober, München, Piper 1990.

Hawking, Stephen: *Eine kurze Geschichte der Zeit*. A. d. Englischen von Hainer Kober, Reinbek, Rowohlt 1988.

Henderson, Lawrence: The *Fitness of the environment*. Cambridge, Mass., Harvard University Press, Nachdruck 1970.

Hoyle, Fred: *Galaxies, Nuclei, and Quasars*. London, Heinemann 1965.

Hubble, Edwin: *Das Reich der Nebel*. Braunschweig 1938.

Kippenhahn, Rudolf: *Licht vom Rande der Welt*. Stuttgart, Deutsche Verlagsanstalt 1984.

– *Unheimliche Welt: Planeten, Monde und Kometen*. Stuttgart, Deutsche Verlagsanstalt 1987.

– *Hundert Milliarden Sonnen*. München, Piper 1980.

– *Der Stern, von dem wir leben. Den Geheimnissen der Sonne auf der Spur.* Stuttgart, Deutsche Verlagsanstalt 1990.

Murdin, Paul: *Flammendes Finale. Spektakuläre Ergebnisse der Supernovaforschung.* A. d. Englischen von Hilmar Duerbeck, Basel, Birkhäuser 1991.

Nowikow, Igor D.: *Schwarze Löcher im All.* A. d. Russischen, Frankfurt, Harry Deutsch 1989.

Pagels, Heinz: *Perfect Symmetry.* New York, Bantam 1985.

Patin, C. F. A.: *The Relations Between the Sciences.* Cambridge, Cambridge University Press 1968.

Quantum World. Princeton und London, Princeton University Press und Penguin 1985.

Rees, Martin: *Quasars, Black Holes, and Galaxies.* New York und Oxford, Freeman o.J.

Sexl, Roman und Hannelore: *Weiße Zwerge – Schwarze Löcher.* Braunschweig, Vieweg 1979.

Stapledon, Olaf: *Der Sternenschöpfer.* München, Heyne 1982.

Silk, Joseph: *Der Urknall.* A. d. Englischen von Hilmar Duerbeck, Basel, Heidelberg, Birkhäuser, Springer 1990.

Stagulin, Gerhard: *Das Lachen Gottes. Der Mensch und sein Kosmos.* München, Hanser 1990.

Trefill, James: *Fünf Gründe, warum es die Welt nicht geben kann.* A. d. Englischen von Hubert Mania, Reinbek, Rowohlt 1990.

Weinberg, Steven: *Die ersten drei Minuten.* A. d. Englischen von Friedrich Griese. München, Piper 1986.

Will, Clifford M.: *Und Einstein hatte doch recht!* A. d. Englischen von Anne und Gerd Leuchs, Berlin, Springer 1989.

Index

A
α-Teilchen 243
Allumfassende Theorie 180, 286
Alternatives Weltall 261, 262, 265, 266
Anthropisches Prinzip 19-24, 280, 282, 283, 284
Antineutrinos 117
Arp, Halton 50, 51, 52
Atome
– Zusammensetzung 18
Ausdehnung des Weltalls
– Beginn der 28, 29, 30
– Beobachtung 18
– Beschleunigung 55, 56
– Entdeckung 52
– Geschwindigkeit der 29, 30
– Quasare 45, 49, 51, 52
– Unregelmäßigkeiten 80
Ausdehnungsfaktor 54, 55, 56
Axione 121, 122, 124, 136

B
Barrow, John 283
Baryonen
– Galaktische Kennzeichen 60
– Zusammensetzung 40
Baryonendichte 76, 77, 78, 80, 81, 114
Becklin, Eric 143
Beryllium-8 243, 244
Born, Max 32
Bosonen 111, 123, 185
Braune Zwerge 143, 144, 145, 148, 149, 150, 155, 218, 220, 222
Brownsche Bewegung 32
Burbridge, Geoffrey und Margaret 246

C
CCD, siehe Ladungskopplung
CDM (kalte dunkle Materie) siehe Dunkle Materie
CERN, siehe Europäisches Kernforschungszentrum
Chandrasekhar, Subrahmanyan 159, 160, 161, 162
Clarke, Arthur C. 277
COBE 95
Corona-Borealis-Superhaufen 65
Cygnus A 163

D
Darwin, Charles 286
Davies, Paul 256
Dawkins, Richard 259
Deutsches Elektronensynchroton, DESY 88
Di-Proton 22
Dichte
– der sichtbaren Materie 28, 29
Dirac, Paul 269
Doppelsternsysteme 157, 158, 173, 174, 175
Dopplereffekt 47, 207
Dressler, Alan 172
Dunkle Galaxien 221, 222
Dunkle Halos 139, 140, 220, 221
Dunkle Materie 88
– Anteil an kosmischen Strings 203
– Arten der 153
– Auswirkung auf die Rotation der Galaxien 139, 140

– Baryonen 222
– Baryonendichte 83
– kalte (CDM) 88, 91, 93, 95, 228, 231, 232
– kalt oder heiß 86
– Menge 141
– Verhältnis zu sichtbarer Materie 81
– Verteilung 71
Dunkle Materie, Formen 73, 74, 80, 81, 82, 83; siehe auch Dunkle Wolken; Dunkle Galaxien; Dunkle Halos
Dunkle Wolken 222
Dyson, Freeman 106, 269

E
Eddington, Arthur 160, 161
Eichsymmetrie 120
Einstein, Albert
– Allgemeine Relativitätstheorie 31, 32, 53, 159, 204, 207, 208, 213, 257, 277
– $E = mc^2$ 86, 125
– Einsteinringe 216
– Spezielle Relativitätstheorie 32
– Verständlichkeit des Weltalls 281
– Vorhersage des Verhaltens von Schwarzen Löchern 169
Eisen-56 249
Elektromagnetismus
– Reichweite 113
Elektronen
– Beschreibung 111
– Elektronenmasse 112
– Energieniveaus 223
– Masse 86
– Symmetrie 120
Elektronen-Neutrino 112, 115, 116, 117, 118, 119
Elektroschwache Theorie 120
Endknall 254, 255, 256, 257
Entropie 256
Eschers unendliches Gitter 53, 54
Europäisches Kernforschungszentrum (CERN) 88, 125
Expansion des Weltalls
– Expansionsrate 185
– Verglichen mit einem Ballon 279
Exposition du Systeme du Monde (Laplace) 159

F
Fahri, Edward 278
Feinstrukturkonstante der Gravitation 262
Fermionen 111, 112, 114, 123
Filippenko, Alexander 171
Flaches Weltall 114, 115, 119
Fort, Bernard 216
Fowler, Willy 244, 245, 246

G
Galaxien
– bevorzugte Bildung von 232
– Bildung 58, 90, 91, 92
– Chemische Elemente 43, 44, 45
– Computersimulationen von 153, 154, 155
– Dunkle Galaxien 221, 222
– Dunkle Halos 139, 140, 141
– dynamische Einheiten 45
– elliptische 62
– Entstehung 234
– Erzeugung von Röntgenstrahlung 149
– Gleichgewicht zwischen elektrischen und Gravitationskräften 75
– Größe 71

– Große Magellansche Wolke 42, 116, 118, 208
– Gruppen 62, 63
– Haufen 63
– helle 74, 81, 82, 83, 84, 85, 91
– irreguläre Zwerge 62
– kosmische Stringschleifen 195, 196, 197
– Kugelhaufen 81
– Kühlströme 150, 155
– Milchstraße 44, 172
– Pisces-Cetus-Komplex 65
– Quasare 163, 164, 165, 166
– Rotation 138, 139, 140, 141
– Scheibengalaxien 61, 62, 138
– Superhaufen 63, 64, 65
– Verteilung 80, 81, 85
– Vorhandensein von Schwarzen Löchern 171, 172
Gamow, George 242
Giclas 29-38, 143, 144
Gödel, Kurt 258
Gold, Thomas 256
Gott, Richard 277
Gravitation, siehe Schwerkraft
Gravitationsgesetz 259, 260
Gravitationslinsen 213, 214, 215
Gravitationsmulde 94
Gravitationstheorie 32
Gravitationswellen
– als Hintergrundstrahlung 212
– Auswirkungen auf den Raum 205, 206
– kosmische Strings 192, 211
– Laser-Interferometer 209, 210, 211, 212
– Messung 210, 211, 212
– Quadrupolmoment 205
– Resonanz-Gravitationswellendetektor 209
– Schwarze Löcher 211
– und Pulsare 207, 212, 213
Gravitinos 124
Gravitonen 124, 180, 181
Große Magellansche Wolke, siehe Galaxien
Guth, Alan 275, 276, 277, 278, 279

H
Halos 138-156
Hawking, Stephen 133, 256, 285
Hawking-Effekt 133
Hazard, Cyril 164
Heisenbergsches Unschärfeprinzip 255
Helium
– Bildung 23, 187
– Rolle bei der Bildung höherer Elemente 242
– Urknall 229, 230
Henderson, Lawrence 268
Herkules-Superhaufen 65
Hills, Jack 173
Hintergrundstrahlung 84, 85, 86, 93, 94, 95, 96, 97
– Bestandteile 95, 96
– Temperatur 99
Hoyle, Fred 244, 245, 246, 247, 261, 269, 277
Hubble, Edwin
– expandierendes Universum 52
– Klassifizierung der Galaxien 234, 235
– Rotverschiebung 46, 47
Hubble-Raum-Teleskop 92
Hubblelänge 193
Hubbleradius 263
Hubbles Gesetz 46-53

I
Inflation des Weltalls, siehe Weltall
Inflationstheorie 38, 39, 127

Institut für Theoretische und Experimentelle Physik (ITEP) 116

J

Jupiter-Ähnliche, siehe Braune Zwerge

K

Kant, Immanuel 260
Keck-Teleskop 236
Kernsynthese in Sternen 242
Kibble, Tom 191
Kohlenstoff
– Entstehung 241, 242, 243
– Resonanz 244, 245, 246, 247
– Verbrennung 248, 249
Kompaktifizierung 183
Kopenhagener Deutung 271, 272, 273, 274
Kopernikus, Nikolaus 71
Kormendy, John 172
Kosmische Geschichte 76, 77, 79
Kosmische Hintergrundstrahlung
– Messung 66, 67
– Temperatur 67
Kosmische Hintergrundstrahlung, durch kosmischen String beeinflußt 200
Kosmische Strings
– als Supraleiter 196
– Auswirkung auf kosmische Hintergrundstrahlung 200
– Definition 179-185, 188, 191-196, 199, 200, 201, 204
– Entstehung 188, 189
– Entstehung von Galaxien 195, 196, 197
– Erzeugung von Gravitationswellen 192, 193
– Erzeugung von Vielfachbildern 201
– konische Verzerrung des Raumes 198, 199, 200, 201
– Masse 192, 202
– Schleifen 181, 192-200, 202
– Spannung 192
– Verteilung 194, 195
kosmische Zufälle
– Flachheit des Universums 241
– Kohlenstoff-12-Resonanz 246, 247
– kosmische Strings und die Materieverteilung in der Galaxis 194, 195, 196, 197
– Stärke der schwachen Kraft 253
– Verhältnis Dunkle Materie/Baryonen 241
Kosmologie
– anthropische 15, 24
– Definition 33
– Modelle 33
– Philosophie der 282, 283, 284
Kugelhaufen 61
Kühlstrom 150, 155

L

Ladungskopplung (CCD) 236
Landau, Lev 161
Laplace, Pierre 159
Laser-Interferometrie (Gravitationswellen) 209, 210, 211
Latham, David 144
Leichtester symmetrischer Partner (LSP) 124
Leptonen 111, siehe auch Elektronen
Leslie, John 268
Leuchtende Bögen 216, 217
Linde, Andrei 277
Lokale Superhaufen 63
Lubimow, Valentin 115
Lyman, Theodore 224

Lyman-α-Linien
– Definition 224
– Rotverschiebung 228-234
– und Quasare 225, 226, 228, 232
Lyman-Serie 224
Lyman-Wald 223-237
Lyman-Wolken 230, 231, 232, 233
Lynds, Roger 216

M
μ–Teilchen 111
Magnesium-24 248, 249
Materie
– Dichte 28, 29
– Dichte der sichtbaren 35
– dunkle 31
– Speicherung 27
Maxwell, James Clerk 260
Menschlicher Körper
– Bedingungen seiner Größe 22
Meta-Universum 276, 277
Michell, John 157
Mikrolinsen 218, 219, 220
Milchstraße 69, 172
Milchstraßensystem 45, 71
Millisekundenpulsare 212
Minilöcher 128, 132, 133, 134, 135
Monopole, magnetische 191

N
Nanopoulos, Dimitri 184
Narlikar, Jayant 277
Naturwissenschaft
– Definition 17
Neon-20 248, 249
Neutrinos
– im Weltall 86, 87, 90, 92
– Antineutrinos 117
– Anzahl im Weltall 114, 115
– Detektoren 117
– Entstehung in Supernovae 117
– Erzeugung beim Urknall 86
– Geschwindigkeit 87
– im Weltall 87
– Masse 112, 116, 117, 118
Neutronen
– Verschmelzung mit Protonen 22, 23, 27
– Zusammensetzung 112
Neutronensterne 43, 44, 129, 130, 161, 251, 252
Newton, Isaac 17, 31, 259

O
Olive, Keith 184
Oppenheimer, Robert 161, 162
Orionnebel 149
Ostriker, Jeremiah 197

P
Pagels, Heinz 283
Paley, William 258, 259
Pantin, C.F.A. 270
Parität (P) 121
Peccei, Roberto 122
Penrose, Roger 257
Perfect Symmetry (Pagels) 283
Petrosian, Vahe 216
Phasenübergänge 189, 190
Photinos 123, 124, 136
Photonen 29, 86, 111, 118, 123, 124
Pisces-Cetus-Komplex 65
Plancklänge 182
Planckmasse 182
Planckzeit 37, 77, 102, 254, 255
Polkinghorne, John 273
Positronen 117, 120, 121, 133, 135

Prinzip
– anthropisches 24, 25
Protonen
– elektrische Ladung 262
– Zusammensetzung 112
Pulsare 162, 207, 210

Q
QCD, siehe Quantenchromodynamik
Quadrupolmoment 205
Quantenchromodynamik (QCD) 180
Quantenmechanik
– Kopenhagener Deutung 272, 273, 274
– Viele-Welten-Deutung 273
– Wahrscheinlichkeiten 273
Quark-Klumpen 127, 128
Quarks 112, 179
Quasare
– Cygnus A 163
– Definition 48, 49
– Gravitationslinsen 214, 215
– Herkunft der Bezeichnung 164, 165
– Lyman-α-Linien 225, 226, 227, 228, 229, 232
– Rotverschiebung 51, 52, 57, 58, 164, 165, 166, 177, 228
– Seyfert-Galaxien 163, 166, 171
– Superdichte 131
– Supermassive Schwarze Löcher 166, 167, 168, 169, 170
Quinn, Helen 122

R
Raumzeit
– flache 27
Resonanz 244, 245, 246, 247
Resonanz-Gravitationswellendetektor (Gravitationswellen) 209
Richstone, Douglas 172
Roter Riese 41, 144
Rotverschiebung
– Entfernungsmessung 53, 54, 55, 224, 225, 226
– nahe Galaxien 53
– Quasare 49, 52, 164, 165, 166, 177, 226
– Urknall 54

S
Sakharow, Andrei 188
Salpeter, Ed 243
Sandage, Allen 164
Sargent, Wallace 171
Schattenmaterie 186, 187, 188
Scheibengalaxien 60, 61, 62, 63, 138
Schmidt, Maarten 164
Schrödinger, Erwin 285
Schwach wechselwirkende massereiche Teilchen (SWMT) 152, 153, 154
Schwache Kraft 112, 184, 185, 253, 254
Schwarz, John 182
Schwarze Löcher
– Anteil an galaktischem Material 166, 167
– Aufflackern der Aktivität 176
– Chandrasekhar, Subrahmanyan 159
– Energieerzeugung 166, 167, 168, 169
– Entdeckung 147
– Explosion von 134
– Geschichte 157, 178
– Gravitationswellen 211

– im Zentrum der Milchstraße 173
– Interaktion mit Doppelsternen 174, 175, 176
– Interaktion von einfallender und ausgesandter Materie 176, 177
– Minilöcher 128, 134, 135
– Präsenz in Galaxien 171, 172
– Röntgenstrahlung 162
– Schwarzschildfläche 130, 169, 170
– Schwarzschildradius 130, 167
– Sternmasse 131
– virtuelle Teilchenpaare 133
– von Einstein vorhergesagtes Verhalten 159, 169
Schwarze Materie
– Entdeckung 156
– kalte 155, 156
Schwarzes Loch
– Gravitationsmulde 94
– Schwerefeld 73
– Zukunft des Weltalls 103
Schwarzes Loch mit Sternmasse 131
Schwarzschildfläche 130, 169, 170
Schwarzschildradius 130, 167
Schwerkraft
– Auswirkung auf das Leben 265, 266, 267
– Feinstrukturkonstante 262
– Gesetz 259, 260
– mit langer Reichweite 113
– Schwäche 266
– und Elektrizität 18, 19, 20
Sehr massereiche Objekte (VMOs) 218, 219, 220
Selektronen 123
Seyfert-Galaxien 163, 166, 171
Smith, Homer 268
Snyder, Hartland 161
Stapledon, Olaf 271
Starke Kraft 112, 122
Sterne
– Größe 20
– Anzahl 24
– Braune Zwerge 143, 144, 145, 148, 149, 150, 155, 218, 220, 222
– Doppelsternsysteme 157
– Halo 60
– Hauptreihe 41
– Kernsynthese 242
– Kohlenstoffbildung 242, 243, 244, 245, 246
– Kugelhaufen 60
– Lebensdauer 262, 263, 264
– Masse 21, 22, 263, 264
– Milchstraßensystem 44
– Neutronen 161
– Neutronensterne 42, 43, 130, 251, 252
– Population I, II, III 61, 62, 146, 147
– Rote Riesen 41, 144
– Strings, siehe kosmische Strings; Superstrings
– Supernovae 41, 42, 43, 44
– Temperatur 66, 67
– Überschnelligkeit 174
– Verbrennung von Elementen 248, 249
– Weiße Zwerge 41, 104, 143, 144, 160
– Zwergsterne 129
Supernova 1987A 117, 129, 252
Supernovae 41, 42, 43, 44, 116, 117, 118, 129
– Bildung von 116, 250, 251, 252, 253
– Neutrinoproduktion 117
Superstrings 180, 181, 183, 184, 186

Supersymmetrie von Teilchen 123, 124, 181, 186, siehe auch Eichsymmetrie
Supraleiter 196
SWMT, siehe Schwach wechselwirkende massereiche Teilchen
Symmetrie von Teilchen
– Ladungskonjugation (C) 121
– Parität (P) 121
– Positronen und Elektronen 121

T
t'Hooft, Gerard 121
T-Symmetrie 121
Teilchen, siehe Supersymmetrie von Teilchen; Symmetrie von Teilchen; Schwach wechselwirkende massereiche Teilchen; τ-Teilchen τ-Teilchen 111
Teilchensymmetrie
– Schattenmaterie 186, 187, 188
– Symmetriebrechung 189
Thermodynamik
– allgemeine Regel der 266
– zweiter Hauptsatz der 256, 257
Thompson, Christopher 197
Tipler, Frank 283
Tonry, John 172
Tully, Brent 65

U
Unebenheit 100
Universum, siehe Weltall
Urknall
– Anfangsfluktuationen 77
– Auswirkung auf Bosonen 185
– Bedingungen 18, 19
– Beginn der Zeit 254
– energiereiche Teilchen 98
– Entstehung der Elemente 241, 242
– Frühstadium 18, 19, 77, 82, 83, 86
– Galaxienbildung 57
– Helium 188, 229, 230, 242
– Modelle 241, 242
– Neutronenerzeugung 86
– Photonenerzeugung 86
– Rotverschiebung 54, 55
– Temperatur 78, 79, 113

V
Verpaßte Galaxien 222
Viele-Welten-Deutung 273, 274
Vilenkin, Alexander 191
Virgohaufen 63
Volkoff, George 161
Von-unten-, Von-oben-Szenarien 80, 81, 87
Vorgalaktische Objekte 93

W
Wasserstoff
– Energieniveaus 223, 224
Weinberg, Steven 284
Weiße Zwerge 41, 104, 143, 144, 160
Weltall
– Alter 55
– alternatives 261-267
– anthropisch 19-24
– Aufbau 17, 18
– Ausdehnung, siehe Ausdehnung des Weltalls
– Dimensionalität des Weltalls 254-261
– Entstehung 97, 98
– Feinstrukturkonstante der Gravitation 262
– flach 31, 36, 37, 38, 39, 40, 73, 78, 82, 83, 85, 86, 89, 92, 96, 104, 105

– früh 29, 39, 40, 228
– Fundamentalkonstanten 261, 262, 267
– Gravitationswellen 205, 206
– homogen 34
– Inflation 38, 39, 275-280, siehe auch Inflationstheorie
– Inflationstheorie 275-280
– isotrop 34
– kalte dunkle Materie 88, 136
– Lebensfähigkeit 268, 269, 270
– Lyman-Wald 223-234
– menschliches Verständnis des 237
– Neutrino-dominiert 86, 87, 90, 93
– Phasenübergang 275, 276
– Rand 58
– Temperatur 78, 79, 106
– Zukunft 103, 104, 105, 106, 107
Weyl, Hermann 32
Wheeler, John 157, 261
Whitrow, G. J. 260
Witten, Ed 127, 196
Wolken 224, 226, 228, 229, 230, 231

Z
Zeitpfeile 255, 258
Zeitschleifen 257
Zel'dowitsch, Yakov 191
Zenos Paradoxon 255
Zuckerman, Benjamin 143
Zufall 19, 88, 96
Zwergsterne 129

Zu dieser Ausgabe

insel taschenbuch 1579
John Gribbin
Martin Rees
Ein Universum nach Maß

Der Text folgt der Ausgabe: John Gribbin / Martin Rees, *Ein Universum nach Maß. Bedingungen unserer Existenz*, Birkhäuser Verlag, Basel 1991. Die englische Originalausgabe erschien 1989 unter dem Titel Cosmic Coincidences. Dark Matter, Mankind, and Anthropic Cosmology, New York: Bantam Books. Die deutsche Übersetzung besorgte Anita Ehlers.

Weitere Bücher zur Kosmologie im Insel Verlag:

Am Fluß des Heraklit
Neue kosmologische Perspektiven
Herausgegeben von Eberhard Sens
Kartoniert

Der Band versucht den neuen kosmologischen Denkbewegungen in vielen Bereichen nachzugehen: den Paradoxien der Physik oder der Entstehung der Zeit, den Theorien der Selbstorganisation oder der Verbindung von Bewußtsein und Materie. Erst in einer breit angelegten Suche läßt sich ein vertieftes Verständnis der Natur gewinnen.

Friedrich Cramer Der Zeitbaum
Grundlegung einer allgemeinen Zeittheorie
Gebunden

Daß die Zeit selbst eine Geschichte hat, daß sie entstanden ist und sich entwickelt, ist eine der aufregendsten Entdeckungen der letzten Jahre. Friedrich Cramer stellt hier einen neuen, umfassenden Zeitbegriff vor, der den aktuellen Erkenntnissen in Physik und Biologie, in Philosophie und Kosmologie Rechnung trägt.

Elisabet Sahtouris Gaia
Vergangenheit und Zukunft der Erde
Gebunden

Die Gaia-Theorie, die die Erde als einen einzigen großen Organismus betrachtet, steht inzwischen im Brennpunkt der ökologischen und politischen Debatten. Elisabet Sahtouris, Schülerin von James Lovelock, hat das Konzept weiterentwickelt und differenziert.

Carol Zaleski Nah-Todeserlebnisse und Jenseitsvisionen
Gebunden

Carol Zaleski vergleicht gegenwärtige Berichte von Nah-Todeserlebnissen und historisch-literarische Jenseitsvisionen. Überraschende Übereinstimmungen werden sichtbar: ein neuer Ansatz zur Deutung eines vielschichtigen Themas.

Jacob Needleman Vom Sinn des Kosmos
Moderne Wissenschaften und alte Wahrheiten
Gebunden

Auch die moderne Wissenschaft bedarf der Rückbesinnung auf alte Weisheitslehren. Needleman plädiert, bei aller nötigen Differenzierung, für eine umfassende Reintegration und damit auch für eine Humanisierung der Wissenschaften.

Michio Kaku / Jennifer Trainer Jenseits von Einstein
Die Suche nach der Theorie des Universums
Gebunden

Die Suche nach einer einheitlichen Theorie zur Erklärung des Universums ist die zentrale Aufgabe der Astrophysik und der Quantentheorie. Das Buch gibt eine Zusammenfassung der kosmologischen Grundgedanken der letzten Jahre und Einblick in neueste Erklärungsversuche.

Werner Künzel / Peter Bexte Allwissen und Absturz
Der Ursprung des Computers
Gebunden

Auch der Computer und seine Theorie haben ihre Geschichte. Sie reicht zurück bis zu kosmologischen, religiösen und sprachphilosophischen Konzepten in Mittelalter und Barock. Die alten Texte und die neuen Maschinen demonstrieren auf ihre besondere Weise die Logik des Universums.

Friedrich Cramer Chaos und Ordnung
Die komplexe Struktur des Lebendigen. Mit zahlreichen Abb.
insel taschenbuch 1496

Natur ist keineswegs nur Ordnung, die Vorstellung des durch und durch geregelten Kosmos ist erschüttert. Alles Lebendige bewegt sich auf dem schmalen Grat zwischen Chaos und Ordnung. Diese Polarität gehört heute zu den wichtigsten Fragen der Wissenschaft. Cramers Buch beschreibt das neue Paradigma in der Anwendung auf zahlreiche Disziplinen.

Richard M. Bucke Kosmisches Bewußtsein
Zur Evolution des menschlichen Geistes
insel taschenbuch 1498

R. M. Bucke hat mit diesem Buch auf dem Gebiet der Bewußtseinsforschung und Tiefenpsychologie innovativ gewirkt. Auf nüchtern-sachliche Weise beschreibt Bucke Möglichkeit und Wirklichkeit einer Bewußtseinsveränderung und untersucht zahlreiche historische Fälle.

Fred Alan Wolf Körper, Geist und neue Physik
Eine Synthese der neuesten Erkenntnisse von Medizin und moderner Naturwissenschaft
insel taschenbuch 1497

Die klassische Physik eines Galilei und Newton hat auch die Mechanik des menschlichen Körpers verständlich gemacht. Doch erst die Quantenphysik versetzt uns in die Lage, den letzten Geheimnissen des Lebens ein Stück näher zu kommen. Der amerikanische Physiker F. A. Wolf vermittelt neue Einsichten in den Zusammenhang von Geist und Materie, Seele und Körper.

Der Geist im Atom
Eine Diskussion der Geheimnisse der Quantenphysik
Herausgegeben von P. C. Davies und J. R. Brown
insel taschenbuch 1499

Anlaß dieses Buches waren die Experimente von Alain Aspect in Frankreich, die neues Licht auf die Debatte zwischen Niels Bohr und Albert Einstein warfen. Julian R. Brown und Paul C. W. Davies interviewten führende Physiker, die einen besonderen Anteil an der Entwicklung der Quantentheorie haben. Eine klare und knappe Einführung erläutert die Grundlagen der Quantentheorie, ihre Rätsel und Paradoxa sowie ihre unterschiedlichen philosophischen Deutungen.